10	11	12	13	14	15	16	17	18
	1B	2B	3B	4B	5B	6B	7B	0
								(1s)² ₂He 4.003
			(2s)²(2p)¹ ₅B 10.81	(2s)²(2p)² ₆C 12.01	(2s)²(2p)³ ₇N 14.01	(2s)²(2p)⁴ ₈O 16.00	(2s)²(2p)⁵ ₉F 19.00	(2s)²(2p)⁶ ₁₀Ne 20.18
			(3s)²(3p)¹ ₁₃Al 26.98	(3s)²(3p)² ₁₄Si 28.09	(3s)²(3p)³ ₁₅P 30.97	(3s)²(3p)⁴ ₁₆S 32.07	(3s)²(3p)⁵ ₁₇Cl 35.45	(3s)²(3p)⁶ ₁₈Ar 39.95
(3d)⁸(4s)² ₂₈Ni 58.69	(3d)¹⁰(4s)¹ ₂₉Cu 63.55	(3d)¹⁰(4s)² ₃₀Zn 65.41	(4s)²(4p)¹ ₃₁Ga 69.72	(4s)²(4p)² ₃₂Ge 72.64	(4s)²(4p)³ ₃₃As 74.92	(4s)²(4p)⁴ ₃₄Se 78.96	(4s)²(4p)⁵ ₃₅Br 79.90	(4s)²(4p)⁶ ₃₆Kr 83.80
(4d)¹⁰ ₄₆Pd 106.4	(4d)¹⁰(5s)¹ ₄₇Ag 107.9	(4d)¹⁰(5s)² ₄₈Cd 112.4	(5s)²(5p)¹ ₄₉In 114.8	(5s)²(5p)² ₅₀Sn 118.7	(5s)²(5p)³ ₅₁Sb 121.8	(5s)²(5p)⁴ ₅₂Te 127.6	(5s)²(5p)⁵ ₅₃I 126.9	(5s)²(5p)⁶ ₅₄Xe 131.3
(5d)⁹(6s)¹ ₇₈Pt 195.1	(5d)¹⁰(6s)¹ ₇₉Au 197.0	(5d)¹⁰(6s)² ₈₀Hg 200.6	(6s)²(6p)¹ ₈₁Tl 204.4	(6s)²(6p)² ₈₂Pb 207.2	(6s)²(6p)³ ₈₃Bi 209.0	(6s)²(6p)⁴ ₈₄Po (210)	(6s)²(6p)⁵ ₈₅At (210)	(6s)²(6p)⁶ ₈₆Rn (222)
₁₁₀Ds (269)	₁₁₁Rg (272)	₁₁₂Cn (277)	₁₁₃Uut (284)	₁₁₄Uuq (289)	₁₁₅Uup (288)	₁₁₆Uuh (292)		₁₁₈Uuo (294)

(5d)¹(6s)² ₆₄Gd 157.3	(4f)⁹(6s)² ₆₅Tb 158.9	(4f)¹⁰(6s)² ₆₆Dy 162.5	(4f)¹¹(6s)² ₆₇Ho 164.9	(4f)¹²(6s)² ₆₈Er 167.3	(4f)¹³(6s)² ₆₉Tm 168.9	(4f)¹⁴(6s)² ₇₀Yb 173.0	(4f)¹⁴(5d)¹(6s)² ₇₁Lu 175.0
₉₆Cm (247)	₉₇Bk (247)	₉₈Cf (252)	₉₉Es (252)	₁₀₀Fm (257)	₁₀₁Md (258)	₁₀₂No (259)	

(*　新 IUPAC による族
(** 従来の族名

2族 (Zn, Cd, Hg) については，これを遷移元素とみなすか典型元素とみなすか，
化学者の間でまだ完全に一致していない。

金属錯体の機器分析 上

大塩 寛紀 編著

三共出版

巻 頭 言

　科学の大きな目的は自然のしくみを理解することで，そのために観察・観測・実験を行い，理論モデルを構築して理解の度合いを深めてゆきます。物質に外部から摂動（刺激）を与え，どのような応答をするかを調べるのが実験です。時代と共に実験の種類も増え，観測の時間スケールもフェムト秒からキロ秒に広がり，観測の対象も原子核・電子・原子・分子・固体・液体・気体と様々です。さらに，物質の静的・動的いずれの側面を明らかにするのか，あるいは物質の構造とエネルギーのいずれの側面を明らかにするのかなど，多種多様の実験手法が開発されています。

　生まれた時から目が見えない人達が象に触れ，象とはどのような動物かを言い当てる寓話があります。この寓話を研究に当てはめると分り易いので，筆者は折に触れ紹介することにしています。象の鼻に触れた人は「象とは蛇のようにくねくねと動く動物」と答えました。牙に触れた人は「大理石のようにすべすべして硬い動物」，胴体に触れた人は「ざらざらした大きな壁のような動物」，脚に触れた人は「大きな木の幹のような動物」と答えました。いずれの人も象という動物の一面を正しく言い当てています。しかし残念ながら，象全体の描像にはなっていません。象を自然現象や物質に置き換え，目の見えない人達を研究者に置き換えると，研究の実態に類似しています。個々の研究者は，自分が得意とする実験手法で，物質の構造・反応・物性のいずれかの側面を明らかにすべく努力しています。しかし限られた手法，限られた側面からだけの追求では，物質の解明にはなかなか到達できません。様々な情報を相補的に組み合わせ，真の描像に近づく努力が必要です。そのためには，自分が得意としない分野の情報も，できるだけ正確に理解することが肝要です。

　わが国には，日本化学会編「実験化学講座 第5版（全31巻）」という優れた実験書があり，それ以外にも分野ごとの専門書が数多く出版されています。しかし，有機物と無機物のハイブリッドとして形成される金属錯体の研究には，純粋な有機物や無機物のときとは異なる錯体特有の実験上の留意点や実験結果の解析が必要となります。本書は17のテーマにわたって，得意とする分野の執筆者が熱意を込めて2巻にわたって解説したものであり，様々な実験を能率

よく理解できるという点で，時宜にかなった出版といえます．わが国の錯体化学研究者の層が厚いからこそ実現できたものであり，祝意を表します．

ところで，年代の相違のせいでしょうか，本の題名には少し違和感を覚えます．筆者が現役で若かった頃は，研究者は得意とする分野のプロを目指し，何々屋と呼ばれていました．たとえば，X線屋，分光屋，磁性屋，熱屋などなどです．研究費も潤沢でない時代ですから，実験装置を自作したり，市販の装置に改良を加えるなどして，その分野のスキルを身につけ，この分野では誰にも負けないぞという意気込みで情熱を傾けました．近年の錯体化学では，シナジーに注目した研究が増えており，限られた少ない研究手法だけでは理解できないため，解析ソフトが完備した市販の機器を数多く用いて，手軽に物質のキャラクタリゼーションを行っています．そのこと自体に文句を言うつもりはありませんが，既存の便利な機器のユーザーに甘んじ，実験装置開発のプロになることを断念している研究者が増えているのではないでしょうか．「機器分析」という標題からは，既存の機器による物質同定という響きが強く，新しい実験手法を開拓するという意気込みが伝わってこないような気がします．新しい原理に基づく実験手法が開発されると，物質の新しい側面が必ず見えてきます．装置開発は時間がかかるので敬遠されがちですが，世界の中で，抜きん出た研究をするには，すばらしい機能を有する錯体の創製と並んで，独創的な実験装置の開発が重要だと思います．本の題名に関する筆者の違和感が，単なる杞憂であることを願っています．

2010年9月

大阪大学名誉教授
祖徠　道夫

はじめに

19世紀になるといろいろな錯化合物が合成されるようになった。配位結合という概念の提案につながった一連のコバルト(III)アンミン錯体は，19世紀後半 S. M. Jørgensen により合成された。当初，これら化合物は J. J. Berzelius により窒素と水素で作る鎖状構造を持つと考えられ，S. M. Jørgensen も支持したが，後に A. Werner は「イオン化と配位数を混同した鎖状構造の矛盾」を解決する配位説を提案し，配位結合の礎を創った。一方，A. Werner の元で研鑽を積んだ柴田雄治は日本に錯体化学を導入し，その後の槌田龍太郎による分光化学系列の発見や田辺・菅野ダイヤグラムの発表へと繋がっていった。このように新しい現象の発見と概念の創出には，常に分光法や機器分析が重要な役割を担っているといっても過言ではない。金属錯体の電子状態は，原子価結合理論（L. Pauling），結晶場理論（H. Bethe）を経て，配位子場理論により理解されるようになった。配位子場理論については『The Theory of Transition-Metal Ions』(J. S. Griffith 著)，『配位子場理論　無機化合物への応用』(B.N. Figgis 著，山田祥一郎訳) や『配位子場理論入門』(C. J. Ballhausen 著，尼子義人・田中信行訳)，金属錯体の理論から機器分析まで網羅した『キレート化学』(上野景平編) 等の名著があったが，そのほとんどが絶版になっていることは誠に残念である。金属錯体機器分析については，本書がこれに代わる総合解説書になることを目標に，執筆・編集した。

無機化合物のルネッサンスとよばれた 1950 年代以来，錯体化学の重要性が認識されるようになったのは 20 世紀も後半になってからである。当初は，金属錯体の研究といえば単核錯体の電子状態と構造化学が主体であったが，その後，生物無機化学，触媒化学，磁気化学，固体物性を目指した集合体の化学，超分子化学，金属錯体が創る空間の化学，金属錯体素子へと研究は進展している。錯体化学の研究は合成に始まり，反応・構造・物性など多岐にわたっており，このような研究を進めるには金属錯体の機器分析が必要不可欠である。また，このような測定で思わぬ現象に出くわすことがあり，これが研究の醍醐味でもある。

錯体化学の研究には種々の測定機器を利用することができるが，まず，金属

錯体の何を調べたいのかを明確にした上で，それに最も適した測定法を選ぶ必要がある．また，得られた実験データを理解するには，配位子場理論だけでなく，量子化学，熱力学，速度論，平衡論，分析化学，界面化学，固体物理などの幅広い基礎化学の理解が必要となる．本書では単に測定法の解説にとどまらず，測定データを正しく解釈し，必要な情報を取り出せるよう，測定法の原理と，それを理解するための基礎理論までわかりやすく解説している．本書で取り扱われている機器分析は，固体・液体・気体状態や固体・表面分析にまでおよび，古くから使われてきた電子スペクトルや振動スペクトルから，最新の分析手法，また一般的でない機器分析で，適当な解説書がない分光法や測定法についても解説している．錯体化学をこれから学ぼうとする大学院生や錯体化学を含む融合領域の研究者が，機器分析を始める際，最初に手にする本であることを期待している．また，本書はほとんど全ての分析機器を網羅しており，金属錯体だけでなく有機化合物や無機化合物を研究対象とする研究者にもお役にたてば編者として幸いである．

　最後に，本書をまとめるにあたり，三共出版の高崎久明氏には終止適切な助言を頂きました．厚く御礼申し上げます．

2010年9月

大塩　寛紀

目 次

巻　頭　言
はじめに

上　巻

1章　配位子場理論の基礎　（海崎　純男）　　1

　　はじめに …………………………………………………………………… 1
1-1　配位子場理論誕生の歴史 ……………………………………………… 1
1-2　群論の要点 ……………………………………………………………… 3
1-3　軌道エネルギー ………………………………………………………… 6
1-4　結晶場分裂 ……………………………………………………………… 6
1-5　高スピン型錯体のオーゲルダイヤグラム …………………………… 8
　　1-5-1　弱い場の取り扱い ……………………………………………… 8
　　1-5-2　強い場の取り扱い ……………………………………………… 10
1-6　田辺・菅野ダイヤグラム ……………………………………………… 14
1-7　低対称場の配位子場パラメーター …………………………………… 17
1-8　角重なりモデル（Angular Overlap Model：AOM）………………… 18

2章　電子スペクトルと円二色性および磁気円二色性　（海崎　純男）　　31

　　はじめに …………………………………………………………………… 31
2-1　電子スペクトル ………………………………………………………… 31
　　2-1-1　測定実験 ………………………………………………………… 31
　　2-1-2　配位子場 d-d 遷移スペクトル ………………………………… 32
　　2-1-3　配位子と中心金属による配位子場遷移スペクトルの変化 …… 39
　　2-1-4　配位子場 d-d 遷移スペクトルと錯体の立体構造 ……………… 45
　　2-1-5　ランタニド錯体の 4f-4f 遷移 …………………………………… 49
　　2-1-6　配位子場遷移以外の電子遷移 ………………………………… 50
　　2-1-7　吸収強度と遷移の選択則 ……………………………………… 54

	2-1-8　吸収帯のバンド幅 ……………………………………………	60
	2-1-9　クロモトロピズム …………………………………………	61
2-2	円二色性（Circular Dichroism：CD）…………………………	61
	2-2-1　配位子場 d-d 遷移の円二色性 ……………………………	62
	2-2-2　配位子内遷移による励起子円二色性 ……………………	65
	2-2-3　円偏光ルミネッセンス（Circular Polarized Luminescence：CPL）…	67
	2-2-4　磁気円二色性（Magnetic Circular Dichroism：MCD）………	68

3章　酸解離定数，生成定数，錯形成反応の熱力学パラメータの決定法
（石黒　慎一，神崎　亮）　75

はじめに ………………………………………………………………… 75

3-1　溶液内平衡 …………………………………………………… 75
- 3-1-1　配位子の酸解離定数 ……………………………………… 75
- 3-1-2　金属錯体の生成定数 ……………………………………… 77
- 3-1-3　溶媒和と溶媒効果 ………………………………………… 79
- 3-1-4　マスバランス式 …………………………………………… 79

3-2　平衡定数の決定 ……………………………………………… 81
- 3-2-1　電位差滴定法による酸解離定数の決定 ………………… 81
- 3-2-2　電位差滴定法による金属錯体の生成定数の決定 ……… 84
- 3-2-3　分光光度法による金属錯体の生成定数の決定 ………… 86
- 3-2-4　その他の方法 ……………………………………………… 91

3-3　錯形成反応の熱力学的パラメータ ………………………… 92
- 3-3-1　Gibbs エネルギー ………………………………………… 92
- 3-3-2　支持電解質とイオン強度 ………………………………… 93
- 3-3-3　エンタルピーとエントロピー …………………………… 95
- 3-3-4　反応速度定数 ……………………………………………… 98

4章　電気化学（西原　寛，坂本　良太）　103

はじめに ………………………………………………………………… 103

4-1　ネルンスト式 ………………………………………………… 103

4-2	電解質溶液	104
	4-2-1 溶　媒	104
	4-2-2 支持電解質	105
4-3	電　極	105
	4-3-1 作用電極	105
	4-3-2 参照電極	106
	4-3-3 対　極	109
	4-3-4 電極の配置	110
4-4	電気二重層	112
4-5	電位窓	113
4-6	機　器	114
4-7	電荷移動律速と拡散律速	114
	4-7-1 電荷移動律速	115
	4-7-2 拡散律速（物質移動律速）	117
	4-7-3 物質移動を考慮に入れた電位−電流曲線	119
	4-7-4 可逆系，準可逆系，非可逆系	120
4-8	測定法	121
	4-8-1 クロノアンペロメトリー（電位ステップ法）	121
	4-8-2 クロノクーロメトリー	122
	4-8-3 回転ディスク電極を用いた測定	123
	4-8-4 ターフェルプロット	124
	4-8-5 パルスボルタンメトリー	125
	4-8-6 サイクリックボルタンメトリー	127
	4-8-7 バルク電解法	132
	4-8-8 電解紫外可視近赤外分光法	133
	4-8-9 表面修飾電極を用いた測定	134

5 章　熱　測　定　(齋藤　一弥)　137

　　　　はじめに　137

5-1	熱分析	137

5-1-1	熱分析概説	137
5-1-2	示差熱分析と示差走査熱量測定	139
5-1-3	熱重量測定	154

5-2 熱容量測定 … 159

5-2-1	熱容量と他の熱力学量	159
5-2-2	固体熱容量概観	159
5-2-3	熱容量測定法	161
5-2-4	正常熱容量（ベースライン）の取り扱い	166
5-2-5	エントロピーの解析	170
5-2-6	磁気熱容量	173
5-2-7	ガラス転移について	178

6章　単結晶X線構造解析　（尾関　智二）　183

はじめに … 183

6-1 結晶の対称性 … 184

6-1-1	結晶とは何か	184
6-1-2	結晶格子	185
6-1-3	対称性，対称操作と対称要素	187
6-1-4	対称操作の分類	189
6-1-5	結晶中にみられる対称操作	191
6-1-6	結晶点群	196
6-1-7	空間群	198
6-1-8	空間群の分類：結晶点群，Laue対称と晶系	200
6-1-9	反転中心を持たない点群および空間群	200
6-1-10	Bravais格子	203

6-2 空間群の記号 … 205

6-2-1	三斜晶系（triclinic）	205
6-2-2	単斜晶系（monoclinic）	206
6-2-3	斜方晶系（orthorhombic）	208
6-2-4	正方晶系（tetragonal）	210

	6-2-5	三方晶系（trigonal）	213
	6-2-6	六方晶系（hexagonal）	214
	6-2-7	立方晶系（cubic）	215
	6-2-8	International Tables	217
6-3	**結晶によるX線の回折**		220
	6-3-1	原子散乱因子	220
	6-3-2	X線回折パタンを決めるもの	221
	6-3-3	Braggの条件，面指数と反射の指数	223
	6-3-4	回折パターンのLaue対称性とFriedel則	225
	6-3-5	異常散乱と絶対構造の決定，Flackのパラメータ	225
6-4	**回折データの収集：二次元検出器を前提に**		226
	6-4-1	波長の選択	227
	6-4-2	測定温度の選択	227
	6-4-3	目視による結晶の選択	227
	6-4-4	結晶のマウンドとセンタリング	228
	6-4-5	回折パターンの確認	229
	6-4-6	格子定数の決定	230
	6-4-7	測定領域の決定とデータの測定	231
	6-4-8	積分と各種補正	232
	6-4-9	対称性の決定	233
6-5	**構造モデルの決定と精密化**		234
	6-5-1	初期位相の決定	234
	6-5-2	直接法の結果の解釈	235
	6-5-3	ディスオーダー	236
	6-5-4	最小2乗法	239
	6-5-5	収束の決定	240
6-6	**結果の解釈と評価**		240
	6-6-1	分子の構造	240
	6-6-2	解析精度の評価	241
	6-6-3	決定された絶対構造の確からしさ	242

	6-6-4	温度因子	242
	6-6-5	データベースとの比較	244
	6-6-6	CIF	244
6-7	おわりに		245

7章 赤外・ラマンスペクトル （寺岡 淳二）　247

	はじめに		247
7-1	光と分子の相互作用		247
7-2	分子振動		252
	7-2-1	2原子分子の振動	252
	7-2-2	3原子分子の振動（CO_2）	253
	7-2-3	分子振動の量子論	256
7-3	分子の対称性		258
	7-3-1	点群 C_{2v} と C_{3v}	258
	7-3-2	点群 $D_{\infty h}$	262
	7-3-3	赤外・ラマンの選択律	263
7-4	共鳴ラマンスペクトル		266
	7-4-1	選択的なラマン強度増強	266
	7-4-2	共鳴する発色団のすべての振動が強くなるか	268
	7-4-3	ポルフィリン錯体	268
7-5	à la carte		269
	7-5-1	同位体シフト	270
	7-5-2	非調和性とフェルミ共鳴	273
	7-5-3	飽和ラマン分光	273
	7-5-4	逆供与	275
	7-5-5	振動円偏光二色性（Vibrational Circular Dichroism）	276

索　引　297

下 巻

8章 磁気測定 （大場 正昭, 美藤 正樹）

9章 ESRスペクトル （黒田 孝義, 中野 元裕）

10章 固体NMR （武田 定）

11章 メスバウアー分光法 （速水 慎也, 大塩 寛紀）

12章 X線吸収スペクトル （菊地 晶裕）

13章 光電子分光 XPS, UPS （石井 久夫）

14章 表面分析 AFM STM （吉本 惣一郎）

15章 電子顕微鏡 （倉田 博基）

16章 リン光・蛍光スペクトル （菊地 和也）

17章 質量スペクトル （山口 健太郎）

1 配位子場理論の基礎

はじめに

　宝石，貴石や顔料などには美しい色を持っているものが多い。これらの色のほとんどは遷移金属イオンによるものである。たとえば，ルビーは主成分の酸化アルミニウム（Al_2O_3）のアルミニウム(III)イオンの一部が微量のクロム(III)イオンに置き換わったために，あの輝くような赤色を呈するようになる。このような呈色は，遷移金属化合物一般にみられることであって，その代表的なものの1つである金属錯体にとっても，最も特徴的な性質である。これらの色は中心金属の違いのみならず，その回りの配位子によっても変幻自在に変わり，私達の目を楽しませてくれる。ここでは，色の原因となる電子状態を明らかにして，金属錯体の構造や結合性などを理解する上で，欠かせない配位子場理論の基礎を述べる。配位子場理論については，すでに，本選書の第2巻（金属錯体の光化学）と第3巻（金属錯体の現代物性化学）でも，概説されているので，ここでは，次章との関連した基礎を述べることにする。

1-1　配位子場理論誕生の歴史

　金属錯体の最も特徴的な性質は美しい色である。錯体化学の黎明期である19世紀半ばにS. M. Jørgensenが多くの錯体を合成して，その色に因んだ名称で，区別したことでも，十分窺える。例えば，$[Co(NH_3)_6]^{3+}$はルテオ（黄色），trans-$[CoCl_2(en)_2]^+$はプラセオ（緑色），cis-$[CoCl_2(en)_2]^+$はビオレオ（紫色）と呼ばれていたが，これらの組成はともかく，どのような化学式で表記すれば良いかは，当時はわからなったので，その最も特徴的な属性である色に由来する名称を使った。その後，S. M. Jørgensenの後継者で，近代錯体化学の創始者で配位説を提唱したAlfred Wernerは，錯体の組成（配位子）と色の傾向に注目して，のちの分光化学系列発見の先駆けとなる深色効果系列を見出した。より定量的な分光学的研究は，Wernerのもとに留学した柴田雄次によって始め

られ，コバルト(III)錯体の第一，第二，第三吸収帯の発見や溶液中での錯形成の分光学的検出法（いわゆる Job 法）の発見など先駆的な研究成果をあげた。柴田によって日本に導入された錯体化学は，彼の教え子らによる活発な研究活動で花開いた。特に大阪大学の槌田龍太郎による分光学系列 (1938) は，錯体の色と構造を解明する上で，のちの結晶場理論さらに配位子場理論へと繋がる大きな成果である。その後，日本では 2 つの重要な量子力学に基づく理論的成果が生まれた。1 つは，田辺行人と菅野暁による田辺・菅野ダイヤグラムで有名な配位子場理論 (1956) であり，他方は，山寺秀雄による半経験的な分子軌道法 (1958) による山寺則で，これはその後 C. K. Jørgensen と C. E. Schäffer によって，一般化された角重なり理論 (AOM) (1970) へと発展して結実した。

　結晶場理論に先立ち，金属錯体の結合は初め L. Pauling の混成軌道による原子価結合理論 (1931) で説明が行われた。しかし，この理論では基底状態の磁気モーメントは説明できても，吸収スペクトルを解釈する上で必要な励起状態については説明できない。Bethe による結晶場理論 (1929) では，基底状態ばかりでなく励起状態も説明でき，これに基づき，Van Vleck と小谷正雄らは磁性の解釈に成功した。Van Vleck (1940) がこの結晶場理論を電子スペクトルに始めて適用し，Cr(III)錯体の細線状スピン禁制帯の帰属を行ったが，スピン許容帯は吸収端とみなして確認されなかった。本格的に電子スペクトルへ適用したのが，Else と Hartmann (1951) および Orgel (1952) であって，高スピン型錯体の説明に成功した。さらに 1956 年には，金属-配位子結合の共有結合を考慮した配位子場理論による田辺・菅野ダイヤグラムが誕生し，高スピン型のみならず低スピン型を含めて，d 電子数が 2 個から 8 個の八面体六配位錯体の電子スペクトルの帰属が半定量的にできるようになった。

　一方，半経験的な分子軌道法に基づく角重なりモデル (AOM) では，幾何異性体の吸収スペクトルの分裂成分を予想することができ，また，配位子の σ と π 結合性に基づき，分光化学系列の序列を説明することが可能となった。これらの配位子場パラメーターは第一原理計算ではなく，あくまで，実験データに基づき得られるものであるが，それでも，金属錯体の物性を説明するのに成功していることは，いかに配位子場理論と角重なりモデルが有用な理論であるかを示している。

1 配位子場理論の基礎

まず，軌道と電子状態（項）を表す記号を含めて，配位子場理論でよく使われる群論の要点を簡単に説明する。

1-2 群論の要点

原子軌道を表す s, p, d, f の記号は，群論では，原子が属する球対称群 K_h の既約表現である。K_h の指標表（表 1-1：左端欄に既約表現，最上行に対称要素，その係数は要素（類）数を，数字は指標）の右端欄の基底を見れば，原子軌道の直交座標系の波動関数と同じであることがわかる。原子が正八面体対称群 O_h（表 1-2）になると，s と p の縮重度は恒等操作の指標と同じで，変化がなく，それぞれ，既約表現は a_{1g} と t_{1u} となる。a は非縮重，t は三重縮重を意味し，下付の 1 と 2 は指標が主軸に垂直な C_2 または σ の操作に対してそれぞれ対称（正）か反対称（負）かである。下付の g と u は反転対称操作 i に対してそれぞれ指標が正か負つまり偶関数か奇関数かを示す。d 軌道は O_h ではもはや既約表現ではなく，可約表現になることは，O_h 群の指標表の右端欄の基底を見れば e_g と t_{2g} の 2 つの既約表現に属することからわかる。e は二

表 1-1　K_h 群の指標表（O 群と共通の指標のみを示す。）

	K_h	l	E	C_4	C_2	C_3	i	σ	基底
既約表現	s	0	1	1	1	1	1	1	$x^2+y^2+z^2$
	p	1	3	1	-1	0	-3	1	x, y, z
	d	2	5	-1	1	-1	5	1	xy, yx, xz, x^2-y^2, z^2

表 1-2　O_h 群の指標表

O_h	E	$8C_3$	$6C_2$	$6C_4$	$3C_2(=C_4^2)$	i	$6S_4$	$8S_6$	$3\sigma_h$	$6\sigma_d$	
A_{1g}	1	1	1	1	1	1	1	1	1	1	$x^2+y^2+z^2$
A_{2g}	1	1	-1	-1	1	1	-1	1	1	-1	
E_g	2	-1	0	0	2	2	0	-1	2	0	$(2z^2-x^2-y^2, x^2-y^2)$
T_{1g}	3	0	-1	1	-1	3	1	0	-1	-1	(R_x, R_y, R_z)
T_{2g}	3	0	1	-1	-1	3	-1	0	-1	1	(xz, yz, xy)
A_{1u}	1	1	1	1	1	-1	-1	-1	-1	-1	
A_{2u}	1	1	-1	-1	1	-1	1	-1	-1	1	
E_u	2	-1	0	0	2	-2	0	1	-2	0	
T_{1u}	3	0	-1	1	-1	-3	-1	0	1	1	(x, y, z)
T_{2u}	3	0	1	-1	-1	-3	1	0	1	-1	

重縮重を意味する。電子項の既約表現は $^2T_{2g}$ のように大文字で記され，左肩の数字はスピン多重度（2S+1）を表す。群論では可約表現 Γ_{red} はいくつかの既約表現 Γ_{irred} の集まりである。可約表現の指標がわかれば，簡約化して既約表現がいくつ存在しているかを見つけることができる。

簡約化は次式を用いて，既約表現 i の数 $a(i)$ を求めることができる。

$$a(i) = 1/g \cdot \sum n_R \chi_i(R)\chi(R)$$

ここで，R は対称要素で，n は対称要素数（類の数），g は対称要素数の合計である。

D 項の O 群（O_h 群の対称心 i の右側の要素をなくした部分群）での簡約化による既約表現 E と T_2 の数 a は，g＝1+6+3+8+6＝24 であるので，

$a(E) = (1/24) \times (1 \times 5 \times 2 + 6 \times (-1) \times 0 + 3 \times 1 \times 2 + 8 \times (-1) \times (-1) + 6 \times 1 \times 0) = 1$

$a(T_2) = (1/24) \times (1 \times 5 \times 3 + 6 \times (-1) \times (-1) + 3 \times 1 \times (-1) + 8 \times (-1) \times 0 + 6 \times 1 \times 1) = 1$

となる。

同様に，O_h から D_{4h} に対称が低下すると，表 1-3 のように D_{4h} で，$T_{2g} \rightarrow B_{2g} + E_g$ と $E_g \rightarrow A_{1g} + B_{1g}$ となることは，指標表の基底からわかるが，O_h での指標を D_{4h} で簡約化することでも同じ結果が得られる。O_h 群の対称要素を除いて生じた群が部分群で，そのような対称性の低下に伴う既約表現間の相関表を表 1-4 に示す。

既約表現 Γ_j と Γ_j の直積（同じ対称要素の指標同士の積 $\chi_i(R)\chi_j(R)$）は可約

表 1-3　D_{4h} 群の指標表

D_{4h}	E	$2C_4$	C_2	$2C_2'$	$2C_2''$	i	$2S_4$	σ_h	$2\sigma_v$	$2\sigma_d$		基底
A_{1g}	1	1	1	1	1	1	1	1	1	1		$2z^2-x^2-y^2$
A_{2g}	1	1	1	−1	−1	1	1	1	−1	−1		
B_{1g}	1	−1	1	1	−1	1	−1	1	1	−1		x^2-y^2
B_{2g}	1	−1	1	−1	1	1	−1	1	−1	1		xy
E_g	2	0	−2	0	0	2	0	−2	0	0		(xz, yz)
A_{1u}	1	1	1	1	1	−1	−1	−1	−1	−1		
A_{2u}	1	1	1	−1	−1	−1	−1	−1	1	1	z	
B_{1u}	1	−1	1	1	−1	−1	1	−1	−1	1		
B_{2u}	1	−1	1	−1	1	−1	1	−1	1	−1		
E_u	2	0	−2	0	0	−2	0	2	0	0	(x, y)	

表 1-4 O_h 群とその部分群の既約表現間の相関表

O_h	O	T_d	D_{4h}	D_{2d}	C_{4v}	C_{2v}	D_{3d}	D_3	C_{2h}
A_{1g}	A_1	A_1	A_{1g}	A_1	A_1	A_1	A_{1g}	A_1	A_g
A_{2g}	A_2	A_2	B_{1g}	B_1	B_1	A_2	A_{2g}	A_2	B_g
E_g	E	E	$A_{1g}+B_{1g}$	A_1+B_1	A_1+B_1	A_1+A_2	E_g	E	A_g+B_g
T_{1g}	T_1	T_1	$A_{2g}+E_g$	A_2+E	A_2+E	$A_2+B_1+B_2$	$A_{2g}+E_g$	A_2+E	A_g+2B_g
T_{2g}	T_2	T_2	$B_{2g}+E_g$	B_2+E	B_2+E	$A_1+B_1+B_2$	$A_{1g}+E_g$	A_1+E	$2A_g+B_g$
A_{1u}	A_1	A_2	A_{1u}	B_1	A_2	A_2	A_{1u}	A_1	A_u
A_{2u}	A_2	A_1	B_{1u}	A_1	B_2	A_1	A_{2u}	A_2	B_u
E_u	E	E	$A_{1u}+B_{1u}$	A_1+B_1	A_1+B_1	A_1+A_2	E_u	E	A_u+B_u
T_{1u}	T_1	T_2	$A_{2u}+E_u$	B_2+E	B_2+E	$A_1+B_1+B_2$	$A_{2u}+E_u$	A_2+E_u	A_2+2B_u
T_{2u}	T_2	T_1	$B_{2u}+E_u$	A_2+E	A_2+E	$A_2+B_1+B_2$	$A_{1u}+E_u$	A_1+E_u	$2A_u+B_u$

表 1-5 O 群の直積表

O	A_1	A_2	E	T_1	T_2
A_1	A_1	A_2	E	T_1	T_2
A_2	A_2	A_1	E	T_2	T_1
E	E	E	A_1+A_2+E	T_1+T_2	T_1+T_2
T_1	T_1	T_2	T_1+T_2	$A_1+E+T_1+T_2$	$A_2+E+T_1+T_2$
T_2	T_2	T_1	T_1+T_2	$A_2+E+T_1+T_2$	$A_1+E+T_1+T_2$

表現になるので,例えば,e_g と t_{2g} 軌道に 1 個の電子が入った場合の電子項を求めると,直積で得られた可約表現を簡約化によって,下記のように $T_{1g} + T_{2g}$ となる。

$$a(T_{1g}) = 1/48(1\times6\times3+6\times0\times(-1)+3\times(-2)\times(-1)+8\times0\times1+1\times0\times1+$$
$$1\times6\times3+6\times0\times(-1)+3\times(-2)\times(-1)+6\times0\times1+8\times0\times1)=1$$

$$a(T_{2g}) = 1/48(1\times6\times3+6\times0\times1+3\times(-2)\times(-1)+8\times0\times(-1)+1\times0\times1+$$
$$1\times6\times3+6\times0\times1+3\times(-2)\times(-1)+6\times0\times(-1)+8\times0\times1)=1$$

他の既約表現は a = 0 である。

O 群の既約表現同士の直積による可約表現の簡約化で得られる既約表現を示す直積表を表 1-5 に示す。

直積は電子遷移の選択則を求める上で有用である。

1-3 軌道エネルギー

錯体のdまたはf電子の軌道エネルギーは配位子場(LF), 電子間反発(ER)とスピン軌道相互作用(LS)によって決まり, それらの大小関係は, 次のように, 主量子数と角運動量量子数に依存している。

① 第一, 第二遷移金属(3d, 4d)系列　　　LF ≒ ER > LS
② 第三遷移金属(5d)系列　　　　　　　　LF ≒ ER ≒ LS
③ ランタニド(4f)系列　　　　　　　　　ER ≧ LS > LF
④ アクチニド(5f)系列　　　　　　　　　ER ≧ LS ≒ LF

3d, 4d金属系列では, 配位子場と電子間反発が重要であるが, 5d, 4f, 5f系列になると, スピン軌道相互作用の寄与は大きくなる。配位子場理論は, おもに電子間反発と配位子場に関わる軌道エネルギーを論じることから始めているので, おもに3d金属錯体を対象としている。配位子場理論からは電子間反発, 配位子場分裂やスピン軌道相互作用の知見が得られるが, これらは, いろいろな物性, 例えば, 基底状態では, 磁性, 熱力学的性質(安定性・反応速度), 構造や振動スペクトルに, 励起状態では, 電子スペクトル, 核磁気共鳴や電子スピンスペクトル共鳴を解釈する上で重要な情報となっている。

1-4 結晶場分裂

配位子を点電荷または電気双極子と仮定した静電モデルで考えると, つぎのようになる。八面体六配位錯体の生成にともなって, 配位子の影響で金属の五重縮重したd軌道が図1-1のように, 三重縮重のt_{2g}軌道と二重縮重のe_g軌道に分裂する。これは, 直交座標の原点に置かれた金属イオンに向かってx, y, z軸方向から配位子が接近することによって, 5つのd軌道間で静電的な相互作用に違いが生じるためである。3つの軸(配位子)方向に向いた$d_{x^2-y^2}$とd_{z^2}軌道(e_g軌道)が, 軸(配位子)の間に最大電子密度を持つd_{xy}, d_{yz}, d_{zx}軌道(t_{2g}軌道)よりも, 配位子との静電的相互作用が大きく, その結果より不安定化するために分裂する。この八面体の6つの配位子の結晶場による分裂エネルギーを$10Dq$とし, qは$(2er^4/105)$ (rはd軌道の大きさ, eは電荷の大きさ), Dは点電荷モデルでは$35Ze/4a^5$ (aは原点から陰イオンまでの距離)で, 電気双極子モデルでは$35\mu/4a^6$ (μは電気双極子モーメント)となる。配位子場理論

1 配位子場理論の基礎

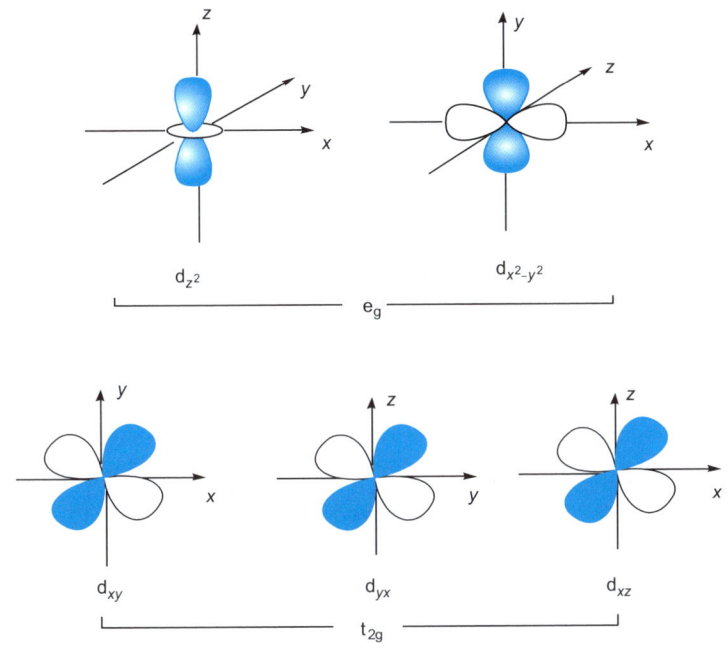

図 1-1　d 軌道が八面体対称場で分裂した t_{2g} と e_g 軌道の形

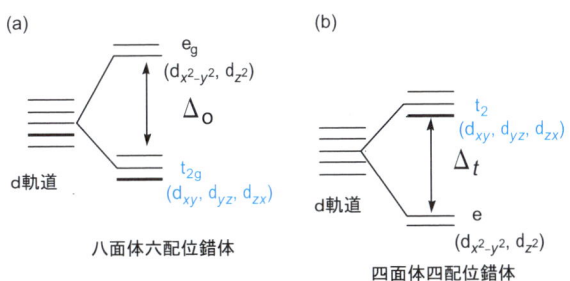

図 1-2　d 軌道の八面体対称場 (a) と四面体対称場 (b) での分裂の様子

では $10Dq$ のかわりに，Δ_o（o は八面体 octahedral の略）（図 1-2）が用いられる。

　四面体四配位錯体では，4 つの配位子は八面体構造の 3 回軸方向（立方体の頂点）に位置する。したがって，配位子と d 軌道は直接向き合わない。八面体

の場合とは逆に，$d_{x^2-y^2}$ と d_{z^2} 軌道が d_{xy}, d_{yz}, d_{zx} 軌道よりも配位子に近いことを考えると，d 軌道の分裂順位（図 1-2）は八面体とは逆になる。結晶場分裂エネルギー Δ_t（t は四面体 tetrahedral の略）は，金属-配位子間距離が同じと仮定すると，結晶場理論に基づく計算では $\Delta_t = -4/9\, \Delta_o$ となる。

1-5　高スピン型錯体のオーゲルダイヤグラム

1-5-1　弱い場の取り扱い

配位子の影響のない状態である自由原子または自由イオンでは，d^1, d^4, d^6, d^9 電子配置は電子間反発はないので D 状態だけある。また，d^2, d^3, d^7, d^8 電子配置は電子間反発によって，三重項スピン状態だけを考えれば，F と P 状態で F が基底状態となる。これらの自由イオンの電子状態が，八面体対称の結晶場が徐々に大きくなって，どのように分裂し変化するかを示したのがオーゲルダイヤグラムである。高スピン型錯体の 1d 電子系（$n = 1, 4, 6, 9$）および 2d 電子系（$n = 2, 3, 7, 8$）の遷移エネルギー（縦軸）は配位子場の強さ（横軸）によって，図 1-3 と図 1-4 のように表される。中心の縦軸には，自由イオンの電子状態が 1d 電子系では D, 2d 電子系では F と P で，フント則によって F が基底状態になる。八面体対称では D は E と T_2 に分裂し，F は T_1, T_2, A_1, P は T_1 となる。D と F の結晶場分裂の順番は，それぞれ，d^1, d^5 配置で $T_2 < E$（図

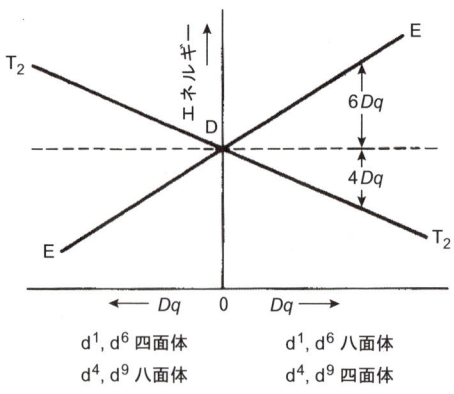

図 1-3　1d 電子系のオーゲルダイヤグラム

1 配位子場理論の基礎

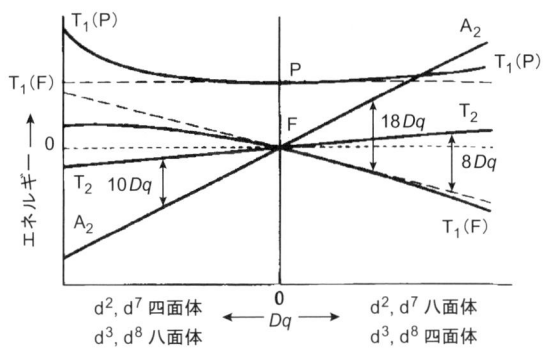

図 1-4　2 電子系のオーゲルダイヤグラム

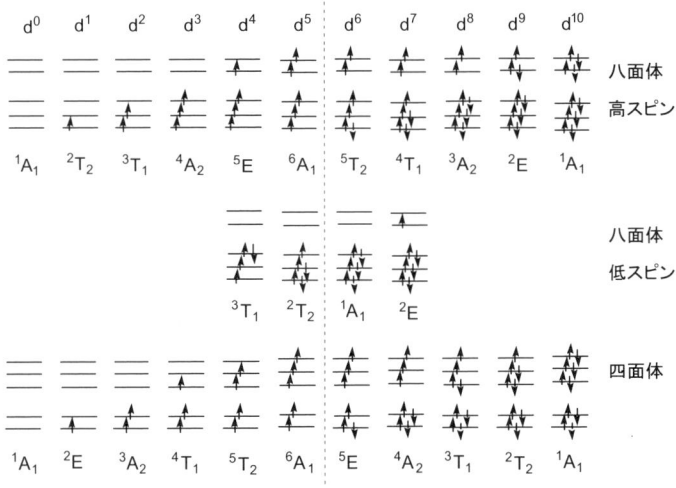

図 1-5　八面体対称場と四面体対称場での基底状態の d^0 から d^{10} 電子配置

1-4 の右側），d^4, d^9 配置で $T_2 > E$（図 1-4 の左側），また d^2, d^7 配置で $T_1 < T_2 < A_2$（図 1-5 の右側），d^3, d^8 配置では $A_2 < T_2 < T_1$ 図 1-5 の左側）となる。このような順位は，d 軌道と f 軌道の結晶場分裂での配位子と電子軌道の方向性を考慮する場合の類推から得られる。また，d 電子数の違いによる順位の逆転

9

は，d^4, d^9配置とd^3, d^8配置ではホール（正孔）の数すなわち正電荷の電子が仮想的にそれぞれ1個と2個あるとすると，負電荷電子のd^1, d^5とd^2, d^7配置とは逆に，配位子と正電荷電子と引き合うことになるためと考えると理解できる。このような，d^1, d^5とd^4, d^9配置およびd^2, d^7とd^3, d^8配置の相補関係は，多電子系のエネルギー計算を行う上で重要で，d^1からd^5までの計算で済み，残りの電子配置の計算をする必要がなくなる。

図1-5の左上方で，$T_1(F)$と$T_1(P)$が交差していないのは，同じ既約表現であるので，これらが交差できない非交差則で配置間相互作用によって反発しているためである。なお，エネルギーの重心を自由イオンの電子状態に置いているので，図1-3と図1-4のように，基底状態はDqが大きくなると右下がりや左下がりとなる。

1-5-2 強い場の取り扱い

これに対して，結晶場で分裂したd軌道からスタートして，軌道に電子を加えることで生じる状態を考察する方法が強い場の取り扱いである。弱い場と強い場の取り扱いで得られた状態は，それぞれ1対1の相関ダイヤグラムで関連つけられる。

強い場の取り扱いでは，八面体錯体のd電子数が2, 3, 8個では，一通りの電子配置しかないが，4個から7個では，電子の入り方に二通りが可能となる。これは結晶場分裂の大小で決まる。すなわち，結晶場分裂が小さい場合は，図1-5のようにフント則にしたがって4つ目と5つ目の電子はe_g軌道に入り，6つ目と7つ目はt_{2g}軌道に入って，スピン多重度の大きい高スピン型となる。一方，スピンが対をつくった方がエネルギー的に得な強い結晶場では，まず，1つ目から6つ目まではt_{2g}軌道に電子が詰まっていき，7つ目の電子がe_g軌道に入って，スピン多重度が小さい低スピン型となる。d^4からd^7配置で高スピン型か低スピン型になるのは配位子の種類によって決まるもので，この違いは吸収スペクトルや磁性などの性質に大きく反映する。四面体四配位錯体では，結晶場分裂が小さいのですべて高スピン型となる。

高スピン型錯体について考えてみると，図1-5からわかるように空軌道，半充填軌道または完全充填軌道のt_{2g}^n ($n = 0, 3, 6$)とe_g^m ($m = 0, 2, 4$)配置では，

1 配位子場理論の基礎

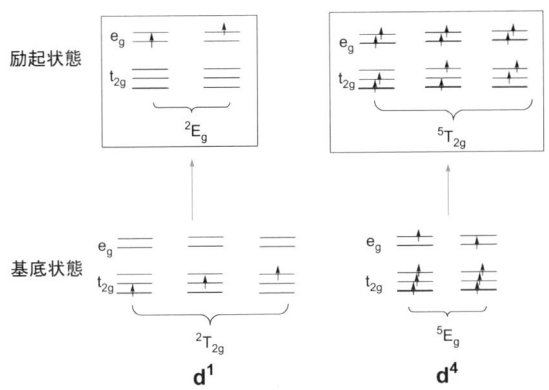

図1-6 d^1とd^4電子配置の基底状態と励起状態

いずれも，一通りの詰め込み方しかない非縮重の基底状態（A_1またはA_2）となる。一方，t_{2g}^n ($n = 1, 2, 4, 5$) 配置の場合は，三通りのつまり方がある三重縮重の基底状態（T_1またはT_2）となり，それに対してe_g^m ($m = 1, 3$) 配置では，二通りのつまり方の二重縮重の基底状態（E）になる。さらに，$t_{2g}^n e_g^m$配置では，それぞれの配置から得られる可約表現に含まれる既約表現となる。このことを踏まえて，励起状態を考えてみる。

図1-6の右側のように，t_{2g}^1配置では基底状態は$^2T_{2g}$ (t_{2g}^1) であるが，$t_{2g} \to e_g$遷移の励起状態は^2E_g (e_g^1) となる。この電子配置に，5つの電子が高スピン型$t_{2g}^3 e_g^2$ (A_{1g}) で加わると，基底状態t_{2g}^1 (T_{2g}) ×$t_{2g}^3 e_g^2$ (A_{1g}) = $t_{2g}^4 e_g^2$ (T_{2g}) および励起状態e_g^1 (E_g) ×$t_{2g}^3 e_g^2$ (A_{1g}) = $t_{2g}^3 e_g^3$ (E_g) となり，群論の直積からも明らかである。つまり，d^1とd^6配置の基底状態と励起状態の軌道の既約表現は同じである。ただし，スピン多重度は2重項から5重項に変わる。図1-6の左側のように，d^4では基底状態はE_g ($t_{2g}^3 e_g^1$)，励起状態はT_{2g} ($t_{2g}^2 e_g^2$) と逆になる。この場合も，5つの電子を加えたd^9配置の基底状態E_g ($t_{2g}^6 e_g^3$) と励起状態T_{2g} ($t_{2g}^5 e_g^4$) は同じで，スピン多重度はd^4は5重項とd^9配置は2重項である。

高スピン型t_{2g}^2配置のスピン許容一電子遷移の励起状態$t_{2g}^1 e_g^1$配置は3 (T) ×2 (E_g) = 6 となって，図1-7に示すように三通りのつまり方がある三重縮重状態（T_1とT_2）が2つになる。このT_{1g}とT_{2g}の波動関数は，それぞれ，(d_{xy}

11

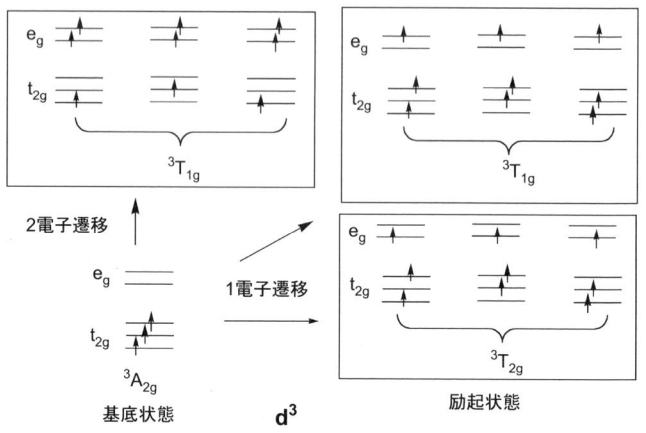

図 1-7　d^2 電子配置の基底状態と励起状態

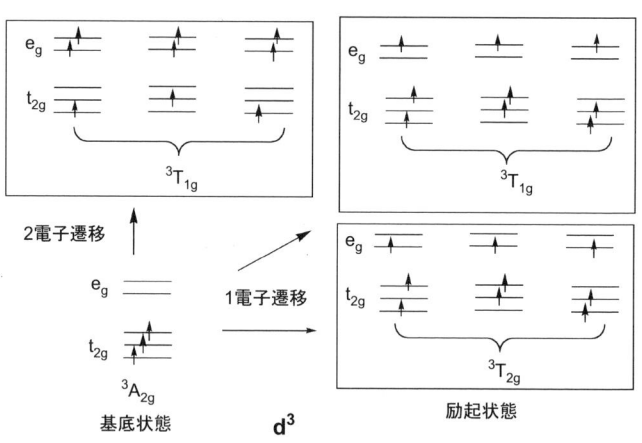

図 1-8　d^3 電子配置の基底状態と励起状態

$^1(d_{x^2-y^2})^1$, $(d_{yz})^1(d_{y^2-z^2})^1$, $(d_{zx})^1(d_{z^2-x^2})^1$ と $(d_{xy})^1(d_{z^2})^1$, $(d_{yz})^1(d_{x^2})^1$, $(d_{zx})^1(d_{y^2})^1$ と表される。T_{1g} と T_{2g} 状態は，エネルギー的には配位子場分裂エネルギー Δ_o は同じであるが，d_{xy} と $d_{x^2-y^2}$ 電子間と d_{xy} と d_{z^2} 電子間の反発エネルギーに差がある。さらに，励起状態として2電子遷移があるが，これは，図 1-7 のように

1 配位子場理論の基礎

e_g^2 に相当し非縮重状態 (A_{2g}) となる。したがって，t_{2g}^2 配置の基底状態からは T_{1g} が，励起状態 ($t_{2g}^1 e_g^1$ と e_g^2) からは T_{1g}，T_{2g} と A_{2g} の合計 3 つの状態 (図 1-7) が考えられる。t_{2g}^1 配置の場合と同様に考えて，この t_{2g}^2 配置に高スピン型で 5 つの d 電子を加えた高スピン型 d^7 配置 ($t_{2g}^2 (T_{1g}) \times t_{2g}^3 e_g^2 (A_{1g}) = t_{2g}^5 e_g^2$ (T_{1g}))は，d^2 配置と同じ基底状態と励起状態となる。t_{2g}^3 配置についても図 1-8 に示すように，t_{2g}^2 配置とは電子状態の順位が逆転して，$^4A_{2g}$，$^4T_{2g}$，$^4T_{1g}$，$^4T_{1g}$ となる。これに 5 電子が加わった d^8 ($t_{2g}^6 e_g^2$) 配置も同じ既約表現で基底状態と励起状態を表すことができる。この結果は，図 1-9 のように，オーゲルダイヤグラムの弱い場の取り扱いで得られた状態と 1 対 1 の相関関係がみられる。

各電子数での高スピン型の基底状態と励起状態の既約表現と，結晶場分裂の順位の相互関係をまとめると以下のようになる。$10Dq$ の符号の違いはエネルギー順位の逆転を意味する。

$$d^n (O_h) = d^{n+5} (O_h) \ (n = 1, 2, 3, 4)$$
$$d^n (T_d) = d^{n+5} (T_d) \ (n = 1, 2, 3, 4)$$
$$10Dq \ (d^1, d^6) = -10Dq \ (d^4, d^9)$$
$$10Dq \ (d^2, d^7) = -10Dq \ (d^3, d^8)$$

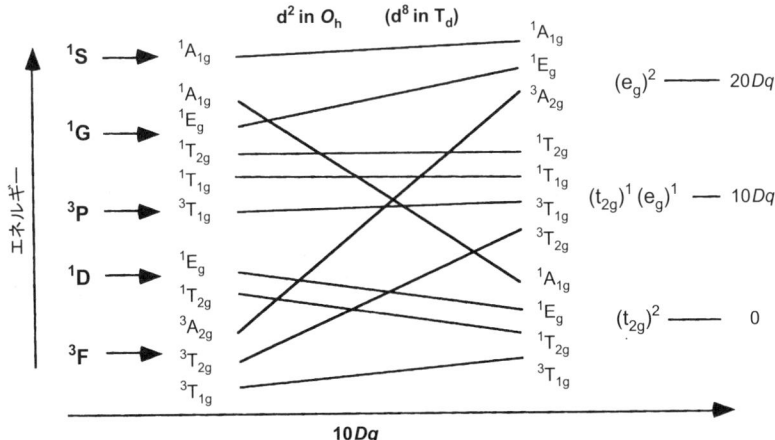

図 1-9　八面体対称場の d^2 電子配置の弱い場と強い場の相関関係

13

これから，半充填の高スピン型 d^5 は d^0，d^{10} と同様，球対称な電子分布をしていて，結晶場分裂に影響しないことがわかる。

d^2 電子配置の強い場の取り扱いで，1重項スピン状態も含めると，t_{2g}^2 配置から $^3T_{1g}$ の他に $^1T_{2g}$，^1E_g，$^1A_{1g}$ が，$t_{2g}^1 e_g^1$ 配置からは $^3T_{1g}$，$^3T_{2g}$ 以外に $^1T_{2g}$，$^1T_{1g}$ が，また，e_g^2 配置からは $^1A_{1g}$ と ^1E_g が生じる。自由イオンの3重項スピン状態 ^3P，^3F 以外に，1重項スピン状態の ^1D，^1G，^1S を加えれると，図1-9のような弱い場と強い場の相関関係が得られる。

1-6 田辺・菅野ダイヤグラム

オーゲルダイアグラム（図1-4）は高スピン型のみを扱っているが，低スピン型を含めスピン多重度の違う状態を取り入れた，半定量的なエネルギー相関図が田辺・菅野ダイヤグラムである。これは正八面体対称の配位子場と電子間反発のハミルトニアンを含むエネルギー行列を解いて，遷移エネルギー E/B を Dq/B の関数で表しているものである。B は電子間反発パラメーター（ラカーパラメーター）で，スピン多重度が同じ状態間では B だけであるが，異なる状態間では C というパラメーターが必要となる。田辺・菅野ダイヤグラムでは，自由イオンの実験で得られた B 値と $\gamma = C/B$ を用いている。B 値は中心金属

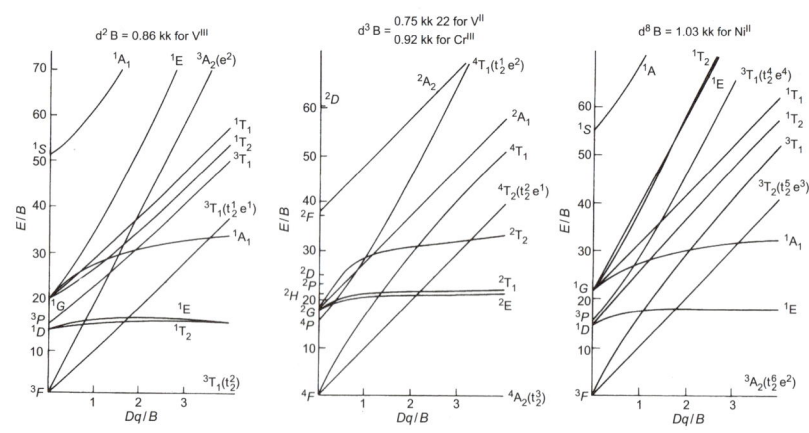

図1-10　八面体対称場の d^2，d^3，d^8 電子配置の田辺・菅野ダイヤグラム

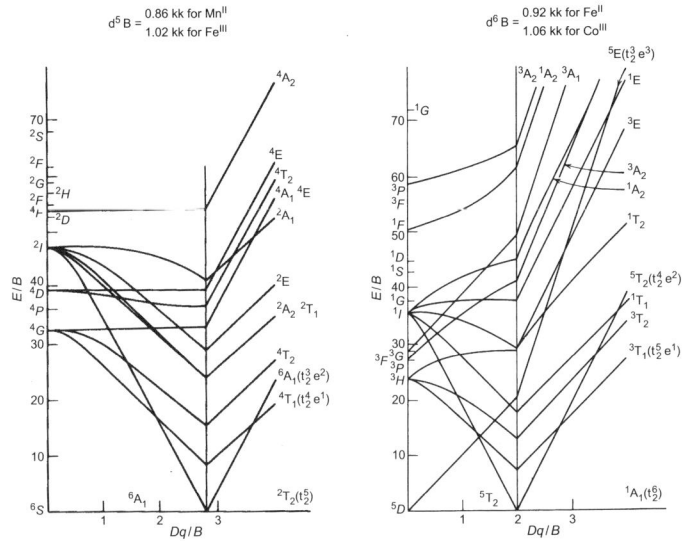

図 1-11 八面体対称場の d^5 と d^6 電子配置の田辺・菅野ダイヤグラム

イオンによって異なり，2価イオンよりも3価イオンが大きくなる。図1-10，図1-11，図1-12に示すように基底状態は横軸に示し，励起状態は勾配を持った直線や曲線で描かれ，その既約表現は右端に記入されている。左端は自由イオンの電子状態で，そのエネルギーは原子スペクトルから得られた値である。ある配位子場分裂（$10Dq$）から垂線を延ばして，励起状態の線との交点から横軸に平行線を引いて，縦軸との交点が励起エネルギーを予想することができる。逆の過程をたどれば電子スペクトルから，配位子の $10Dq$ の値を見積もれる。d^2，d^3，d^8 電子配置と違って，d^4，d^5，d^6，d^7 電子配置の田辺・菅野ダイヤグラムは，配位子場分裂（$10Dq$）が大きくなると，途中で高スピンと低スピン状態を区分している垂線が入っていて，基底状態と励起状態が入れ替わる。オーゲルダイヤグラムでは，配位子場 $10Dq$ が大きくなると遷移エネルギーも大きくなるが，田辺・菅野ダイヤグラムでは，そのような右肩上がりの正の勾配を持つものばかりでない。その1例が図1-10の d^3 の ^2E，$^2T_1$ や d^8 の ^1E にみられるように横軸に平行な場合である。これは t_{2g} 殻や e_g 殻内のスピン反転に伴う

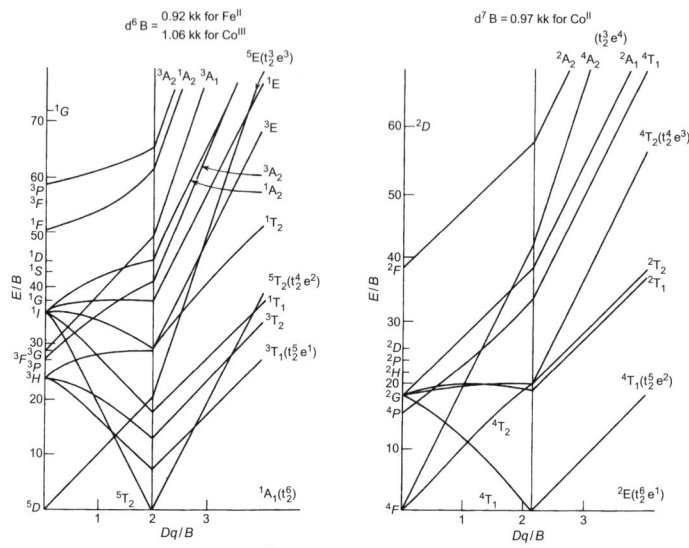

図 1-12　八面体対称場の d^6 と d^7 電子配置の田辺・菅野ダイヤグラム

スピン禁制遷移によるもので，遷移エネルギーは電子間反発エネルギーだけに依存して，Dq/B によっては E/B は変わらない。また，d^4, d^5, d^6, d^7 の高スピン状態でみられるように，負の勾配を持つものがみられるのは，e_g 殻から t_{2g} 殻への遷移によるもので，遷移エネルギーには，負の配位子場分裂エネルギー $10Dq$ が含まれるので，$10Dq$ が大きくなるほど遷移エネルギーは減少する。

　配位子場理論によって，配位子による吸収スペクトルの変化を明らかにした槌田の分光化学系列の本質が配位子場分裂エネルギーであることがわかった。また，電子間反発エネルギーも配位子によって，自由イオンの場合よりも減少することが明らかになり，これは C. K. Jørgensen の電子雲拡大効果といわれ，その配位子の順位が電子雲拡大系列であって，配位結合の共有結合性の指標となっている。これらの点に関しては詳しく 2 章で述べる。

1-7 低対称場の配位子場パラメーター

八面体錯体 [M(a)$_6$] から正方対称型錯体 *trans*-[M(a)$_4$(b)$_2$] と三方対称型錯体 [M(a-a)$_3$] (a-a は二座キレート配位子) に対称が低下して，d 軌道のエネルギーは図 1-13 のように分裂する。正方対称場 (D$_{4h}$) の場合は，それぞれの軌道エネルギーは，新たに配位子場パラメーターとして 10Dq 以外に導入された低対称場パラメーター Ds と Dt を加えて，

$$E(d_{z^2}) = 6Dq - 2Ds - 6Dt$$
$$E(d_{x^2-y^2}) = 6Dq + 2Ds - Dt$$
$$E(d_{xz}) = E(d_{yz}) = -4Dq - Ds + 4Dt$$
$$E(d_{xy}) = -4Dq + 2Ds - Dt$$

と表すことができる。
e$_g$ 軌道と t$_{2g}$ 軌道のそれぞれの分裂エネルギー差は，

$$E(d_{x^2-y^2}) - E(d_{z^2}) = 4Ds - Dt$$
$$E(d_{xy}) - E(d_{yz}) = E(d_{xy}) - E(d_{xz}) = 3Ds - 5Dt$$

となる。

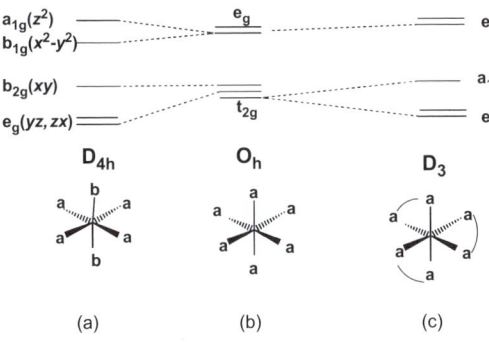

図 1-13 (b) 八面体対称場 (O$_h$) から (a) 正方対称場 (D$_{4h}$) と (c) 三方対称場 (D$_3$) への対称低下による d 軌道の分裂の様子

ここで,

$Ds = Cp(a) - Cp(b)$ $Cp(a) = (2/7)Zer^2/r_a^3, Cp(b) = (2/7)Zer^2/r_b^3$
$Dt = (4/7)[Dq(a) - Dq(b)]$ $Dq(a) = (1/6)Ze^2r^4/r_a^5, Dq(b) = (1/6)Ze^2r^4/r_b^5$
r_a と r_b は M–a と M–b の結合距離.

これらの低対称場パラメーター Ds と Dt は,配位子 a と b の配位子場パラメーターの差となり,個々の配位子の配位子場には加成性がないので,取り扱いが困難であるが,次に述べる角重なりモデルでは,この欠点が克服されている。

三方対称型 [M(a–a)$_3$] 錯体では,図 1-13 のように,d 軌道が分裂し,それぞれの軌道エネルギーは,次のように,Dq, $D\tau$ と $D\sigma$ で表される。

$$E(e(e_g)) = 6Dq + (7/3)D\tau$$
$$E(e(t_{2g})) = -4Dq + D\sigma + (2/3)D\tau$$
$$E(a_1(t_{2g})) = -4Dq - 2D\sigma - 6D\tau$$

t_{2g} 軌道の分裂した軌道間のエネルギー差は,

$$E(e(t_{2g})) - E(a_1(t_{2g})) = E(e(t_{2g})) - E(a_1(t_{2g})) = 3D\sigma + 20/3D\tau$$

$D\sigma$ と $D\tau$ は八面体対称からの歪んだ,3 回軸周りのねじれや 3 回軸に垂直な伸縮によって有意な値を持ち,Dq と Cp および歪みに関わる構造パラメーターを含む複雑な数式で表現される。

1-8 角重なりモデル (Angular Overlap Model：AOM)

半経験的分子軌道法によると,金属 M と配位子 L からなる ML 分子の分子軌道での反結合エネルギー E_M と結合エネルギー E_L は,式 (1-1) と式 (1-2) で,つぎのように近似的に記述される。

$$E_M \sim H(M, M) + \{H(M, L) - S_{ML}H(M, M)\}^2 / \{H(M, M) - H(L, L)\} \quad (1\text{-}1)$$

$$E_L \sim H(L, L) - \{H(M, L) - S_{ML}H(L, L)\}^2 / \{H(M, M) - H(L, L)\} \quad (1\text{-}2)$$

ここで,$H(M, M) = \int \Psi(M) H \Psi(M) d\tau$ と $H(L, L) = \int \Psi(M) H \Psi(L) d\tau$ は,それぞれ,金属イオンと配位子の錯体形成前のエネルギーで,分子軌道ができる

と重なり積分 S_{ML} と $H(M, L) = \int \Psi(L)H\Psi(L)d\tau$ がゼロでなくなるので，反結合エネルギーの変化分 $\Delta E(M)$ は式（1-3）となる．

$$\Delta E(M) = E_+ - H(M, M) = \{H(M,L) - S_{ML}H(M,M)\}^2/\{H(M,M) - H(L,L)\} \quad (1\text{-}3)$$

ここで Wolfsberg-Helmholz 近似，

$$H(M, L) = S_{ML} \cdot K\{H(M,M) + H(L,L)\}/2; \quad K = 2,$$

とすると，

$$\Delta E(M) = H(L, L)^2 \cdot S_{ML}^2 / \{H(M, M) - H(L, L)\} \quad (1\text{-}4)$$

$\Delta E(M)$ は動径関数依存部分 $S_{ML}^*(r)$ と角関数依存部分 $F_{1\lambda}(\theta, \phi)^2$ にわけることができる．$S_{ML} = \int \Psi(M) \cdot \Psi(L)d\tau = F_{1\lambda}(\theta, \phi) \cdot S_{ML}^*(r)$ とおくと，

$$\Delta E(M) = e_\lambda \cdot F_{1\lambda}^2 \quad (1\text{-}5)$$

となる．

動径関数依存部分の $e_{\lambda 1} = H(L, L)^2 \cdot S_{ML}^{*2}/\{H(M, M) - H(L, L)\}$：$(\lambda = \sigma, \pi, \delta, \cdots)$ を半経験的パラメーターとして，実験的に見積もりことができる．

この式（1-5）に基づき，いろいろな立体構造の錯体における d 軌道と配位子の軌道との相互作用を，$e_\lambda(\sigma, \pi)$ をパラメーターにして表すことができる．

表 1-6 は d 軌道との角重なりマトリックス，すなわち，極座標上の配位子 L (θ, ϕ) による d 軌道の角関数依存部分 $F_{1\lambda}(\theta, \phi)$ をまとめた．図 1-14 には金属 M と配位子 L からなる ML 分子で，σ と π 相互作用が最大の場合（a）と xz 面内で y 軸周りに角度 θ だけ配位子を回転した場合（b）を示す．さらに，一般的には，z 軸周りに角度 ϕ 回転した場合の $F_{1\lambda}(\theta, \phi)$ が表 1-6 である．表 1-7 には，金属 M と配位子 L からなる ML，ML_2，ML_3 などの $e_{\lambda 1}$ $(\lambda = \sigma, \pi)$ の値をまとめた．この場合の仮定は，電子軌道エネルギーは $e_\lambda \cdot F_{1\lambda}^2$ と各配位子からの和となることである．これは立証されてはいないが，実際には旨く適用できることで正しいと考えられている．

半経験的な分子軌道法の角重なりモデル（AOM）により考えると，対称性の高い八面体六配位錯体の d 軌道の分裂は次のようになる．八面体六配位錯体

表 1-6 中心金属の s, p, d 軌道と配位子の σ, π 軌道間の角重なり積分 $F_{i\lambda}(\theta, \phi)$ (θ, ϕ は図 1-14 で定義)

	σ	π_y	π_x
s	1		
p_z	$\cos\theta$	0	$-\sin\theta$
p_x	$\sin\theta\cos\phi$	$-\sin\phi$	$\cos\theta\cos\phi$
p_y	$\sin\theta\sin\phi$	$\cos\phi$	$\cos\theta\sin\phi$
d_{z^2}	$\frac{1}{4}(1+3\cos\theta)$	0	$-\frac{\sqrt{3}}{2}\sin 2\theta$
$d_{x^2-y^2}$	$\frac{\sqrt{3}}{4}(\cos 2\phi)(1-\cos 2\theta)$	$-\sin\theta\sin 2\phi$	$\frac{1}{2}\sin 2\theta\cos 2\phi$
d_{xy}	$\frac{\sqrt{3}}{4}(\sin 2\phi)(1-\cos 2\theta)$	$\sin\theta\cos 2\phi$	$\frac{1}{2}\sin 2\theta\sin 2\phi$
d_{xz}	$\frac{\sqrt{3}}{2}\cos\phi\sin 2\theta$	$-\cos\theta\sin\phi$	$\cos 2\theta\cos\phi$
d_{yz}	$\frac{\sqrt{3}}{2}\sin\phi\sin 2\theta$	$\cos\theta\cos\phi$	$\cos 2\theta\sin\phi$

Adapted from C. E.. Schäffer. *Pure Appl. Chem.*, **24**. 361 (1970).

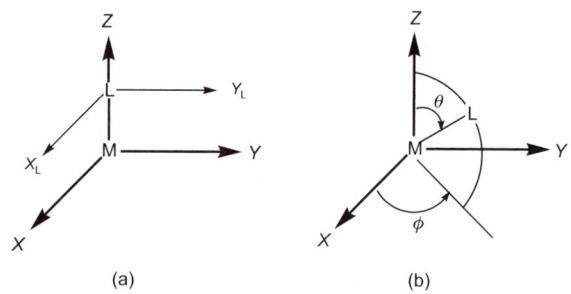

(a) (b)

図 1-14 ML 分子の座標の取り方:(a) σ と π 相互作用が最大の場合,(b) xz 面上で y 軸周りに角度 θ だけ配位子を回転した場合:一般的には,さらに z 軸周りに角度 ϕ 回転した場合を取り扱う (表 1-6 参照)

では,対称性から e_g ($d_{x^2-y^2}$, d_{z^2}) 軌道は中心金属イオンに向いた配位子の供与電子対とは σ 性相互作用をし, t_{2g} (d_{xy}, d_{yz}, d_{zx}) 軌道は配位子の p (d または π) 軌道と π 性相互作用をする (図 1-15 と図 1-16)。

したがって,分子軌道の生成にともなって, e_g 軌道は σ 反結合軌道となり,金属イオンに属する電子がおもに占める。この場合, d_{z^2} 軌道と z 軸上の 1 つの配位子軌道 p_z との重なりによる σ 反結合相互作用エネルギーを e_σ とすると,

1 配位子場理論の基礎

$F_\sigma(d_{z^2}, p_z) = \frac{1}{4}(1+3\cos\theta) = 1$
$(\theta=0)$

(a)

$F_\sigma(d_{z^2}, p_x) = \frac{1}{4}(1+3\cos\theta) = -1/2$
$(\theta=\pi/2)$

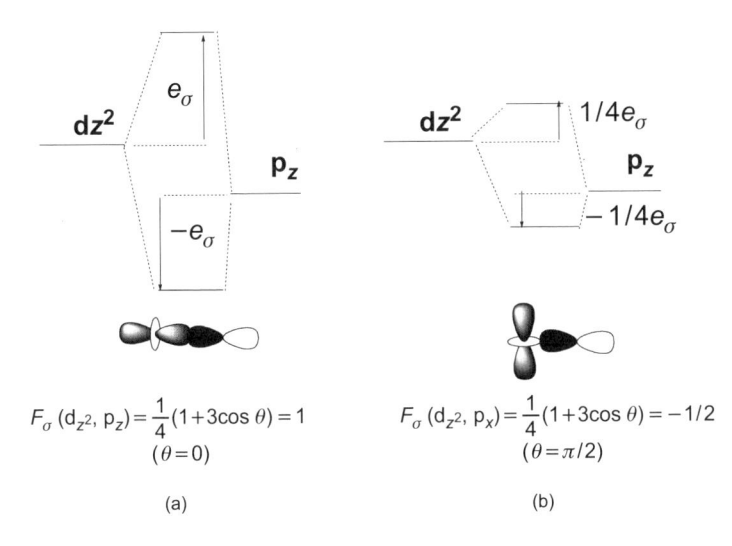

(b)

図 1-15 M–L 分子の d_{z^2} 軌道と配位子の p_σ 軌道との相互作用によるエネルギー変化を AOM パラメーターで表す: 角関数依存部分が $\theta=0$ (a) と $\theta=\pi/2$ (b) の場合を示す。

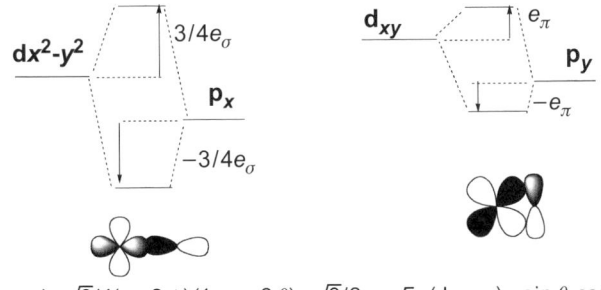

$F_\sigma(d_{x^2-y^2}, p_x) = \sqrt{3}/4(\cos 2\phi)(1-\cos 2\theta) = \sqrt{3}/2$
$(\theta=\pi/2, \phi=0)$

(a)

$F_\pi(d_{xy}, p_y) = \sin\theta\cos 2\phi = 1$
$(\theta=\pi/2, \phi=0)$

(b)

図 1-16 M–L 分子の $d_{x^2-y^2}$ 軌道と配位子の p_σ 軌道 (a) および d_{xy} 軌道と p_π 軌道 (b) との相互作用によるエネルギー変化を AOM パラメーターで表す: 角関数依存部分が $\theta=\pi/2$, $\phi=0$ の場合を示す。

この配位子を $\theta = 90°$ 回転して，この d_{z^2} 軌道とは $1/4\, e_\sigma$，$d_{x^2-y^2}$ 軌道とは $3/4\, e_\sigma$ となる（図 1-15）。t_{2g} 軌道とは，配位子の p_y 軌道との π 相互作用エネルギーは e_π とする。このような d 軌道と異なった位置にある配位子軌道との相互作用エネルギーの違い（e_σ の係数の違い）は，つぎのように八面体対称場の $[ML_6]$ 錯体の分子軌道（図 1-17）を考えると容易に理解できる。σ 結合軌道には，6 つの配位子からの供与電子対（12 個）の一部（4 個）が $\psi(e_g)$ に納まり，残りの 8 個の電子は配位子 σ 結合軌道 $\psi(a_{1g})$ と $\psi(t_{1u})$ に使われる。これに対応する反結合軌道は金属の e_g(d)，a_{1g}(s) と t_{1u}(p) 軌道である。八面体対称に適合した直交規格化された結合軌道 $\psi_a(e_g)$ と $\psi_b(e_g)$ は，6 つの配位子の軌道 ϕ_i を図 1-18 のように示すと，それらの一次結合で，次式のように表される。

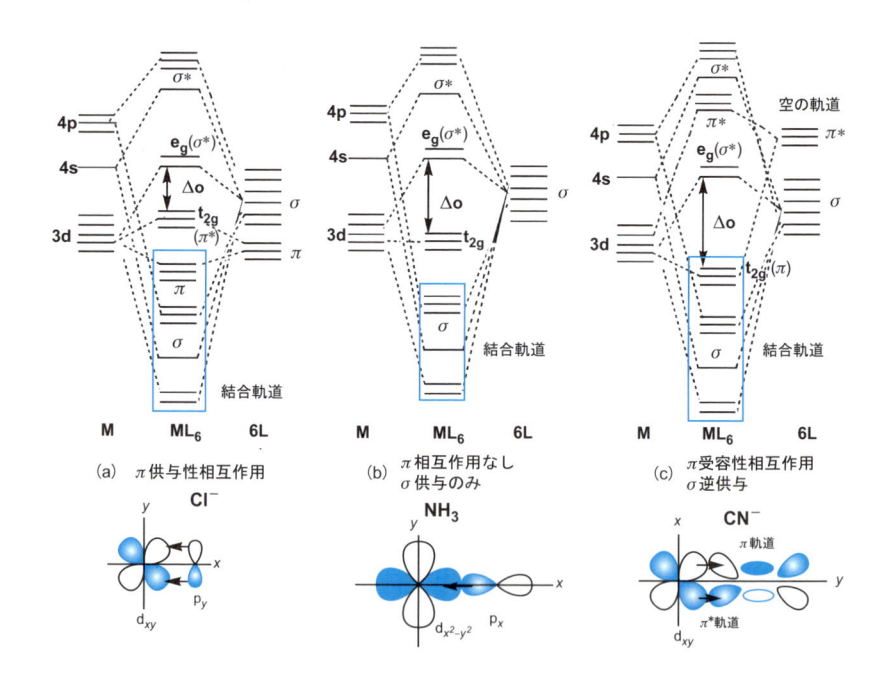

図 1-17 八面体 ML_6 錯体の d-π 相互作用の違いによる分子軌道の様子と具体的な相互作用の例を示す。
両矢印は配位子場分裂：四角内（青字）は結合軌道：$\Delta_o = 3e_\sigma - 4e_\pi$

1 配位子場理論の基礎

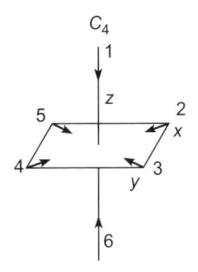

図 1-18 八面体六配位の 6 つの配位子の番号つけと σ 結合の方向

$$\psi_a(\mathrm{e_g}) = \frac{1}{\sqrt{6}}(2\phi_1+2\phi_6+\phi_2+\phi_3+\phi_4+\phi_5) \tag{1-6}$$

$$\psi_b(\mathrm{e_g}) = \frac{1}{2}(\phi_2+\phi_3+\phi_4+\phi_5) \tag{1-7}$$

式 (1-6) と式 (1-7) は,それぞれ,$\mathrm{e_g}$ 軌道の d_{z^2} と $\mathrm{d}_{x^2-y^2}$ 軌道と分子軌道を図 1-19(a) に示すように形成する。

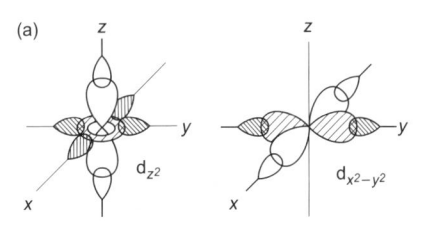

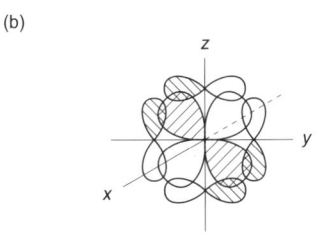

図 1-19 d 軌道と配位子の対称適合軌道の結合軌道
(a) $\mathrm{e_g}\,\sigma$ 結合軌道（d_{z^2}：式 1-6；$\mathrm{d}_{x^2-y^2}$：式 (1-7)），(b) $\mathrm{t_{2g}}\,(\mathrm{d}_{yz})\,\pi$ 結合軌道

図1-18のようにz軸上の配位子1のϕ_1は,図1-15(a)の場合(d_{z^2}−p_z(z軸上))に相当するので,式(1-6)の波動関数ϕ_1の係数の2乗を1とすると図1-15(b),(d_{z^2}−p_z(y軸上))に相当するϕ_2の係数の2乗は1/4となる。また,図1-16(a)の($d_{x^2-y^2}$−p_z(y軸上))に相当する式(1-7)のϕ_2の係数の2乗は3/4となって,先に求めたe_σの係数と一致する。e_πについても図1-16(b)のように,d_{xy}−p_yのπ相互作用エネルギーをe_πとして求めることができる。

これらの相互作用エネルギーは加成性を仮定すると,八面体錯体では6つの配位子軌道と,d_{z^2}軌道のσ反結合相互作用エネルギーは$2 \times (e_\sigma) + 4 \times (1/4\, e_\sigma) = 3\, e_\sigma$となり,$d_{x^2-y^2}$軌道と4つの配位子軌道とのそれは$4 \times (3/4\, e_\sigma) = 3\, e_\sigma$である。したがって,配位子場理論と同様に$d_{x^2-y^2}$と$d_{z^2}$軌道は同じエネルギーで縮重している。一方,$t_{2g}$軌道は配位子の種類によって$\pi$反結合軌道になったり,$\pi$結合軌道になったりする。すなわち,図1-17のように,配位子のp電子対やπ結合軌道がt_{2g}軌道よりもエネルギー的に低い場合は,配位子はπ供与性となってt_{2g}軌道はπ反結合性となる。それに対して,配位子の空のd軌道やπ反結合軌道がt_{2g}軌道よりも高エネルギーにあると,配位子のπ受容性すなわち金属からの逆供与性が見られ,t_{2g}軌道はπ結合性となる。いずれも,t_{2g}軌道にはd電子が入るが,前者が不安定化されるのに対して後者は安定化される。その結果,図1-17に示すように,それぞれt_{2g}とe_g軌道のエネルギー差(配位子場の分裂)はπ供与性配位子では小さくなり,π受容性配位子では大きくなる。d_{xy}軌道とx軸上の1つの配位子とのπ相互作用エネルギーがe_πであるので,八面体六配位錯体では3つのd_{xy},d_{yz}とd_{zx}の軌道は共に図1-19(b)に示すように$4\, e_\pi$となって縮重しており,$4\, e_\pi$の分だけ不安定化または安定化されることになる。

結局,AOMでは,配位子場の分裂エネルギーΔ_oは$3 e_\sigma - 4 e_\pi$となる(図1-17)。実際,2章でみるようにπ供与性のハロゲン化物イオンが配位した場合は小さな配位子場分裂,シアン化物イオンのようなπ受容性配位子は大きな配位子場分裂Δ_oをもたらすのは,e_πの符号の違いによる供与性か受容性によるものと考えられる。

同じようなAOMパラメーターによる相互作用エネルギーの表現は,表1-2から加成的にパーツの和として得られる。八面体六配位[ML_6]の5つのd軌

道は ML と ML_5(四角錐)の和,または ML_2(直線型)と ML_4(平面四角型)の和,あるいは ML_2(折線型)と ML_4(シス空席型)の和が ML_6 と同じ結果である。配位子が異なる場合,すなわち,$Ma+Mb_5$ は Mab_5 に,Ma_2+Mb_4 は,直線型と平面四角型および折線型とシス空席型が,それぞれ,$trans$-$[Ma_2b_4]$ と cis-$[Ma_2b_4]$ となる。これらの相互作用エネルギーの和をとることで,図1-13 のように,八面体から正方対称場への対称低下によってd軌道が分裂することがAOMパラメーターで表すことができ,$trans$-$[Ma_2b_4]$ では次のようになる。

$$E(d_{z^2}) = e_\sigma(a) + 2e_\sigma(b)$$
$$E(d_{x^2-y^2}) = 3e_\sigma(a)$$
$$E(d_{xz}) = E(d_{yz}) = 2e_\pi(a) + 2e_\pi(b)$$
$$E(d_{xy}) = 4e_\pi(a)$$

低対称場の錯体では,完面像化をすると,相互作用エネルギーの導入が簡単になる。AOMでは,相互作用エネルギーは x, y, z 軸上のそれぞれの線上の配位子の効果の和に依存していることを考慮すると,半完面像 C_{4v} 対称の $[Ma_5b]$ は,トランス位に直線上に配位しているa-M-bで,今,仮想的に,a と b の配位子を半分した配位子($a_{1/2}b_{1/2}$)が配位して $(a_{1/2}b_{1/2})$-M-$(a_{1/2}b_{1/2})$ とすると,完面像対称 D_{4h} の $trans$-$[Ma_4(a_{1/2}b_{1/2})_2]$ となっても,この $[Ma_5b]$ と $trans$-$[Ma_4(a_{1/2}b_{1/2})_2]$ のAOMパラメーターで表すd軌道の相互作用エネルギーはまったく同じである。同様に,cis-$[Ma_4b_2]$(C_{2v})は $trans$-$[M(a_{1/2}b_{1/2})_4b_2]$(D_{4h})に,それぞれ,より低対称の半完面像を高対称の完面像化することで,容易にAOMパラメーターを導き出すことができる。このことから,$[Ma_5b]$ や cis-$[Ma_4b_2]$ すなわち,$trans$-$[Ma_4(a_{1/2}b_{1/2})_2]$ や $trans$-$[M(a_{1/2}b_{1/2})_4b_2]$ の分裂エネルギーは $trans$-$[Ma_4b_2]$ の半分になることが容易に理解できる。また,fac-$[Ma_3b_3]$(C_{3v})は $[M(a_{1/2}b_{1/2})_6]$(O_h)に,mer-$[Ma_3b_3]$(C_{2h})は $[Ma_2(a_{1/2}b_{1/2})_2b_2]$($D_{2h}$)に,完面像化される。先に述べた三方対称場($C_{3v}$)では,単純なAOMパラメーターでは表すことはできず,八面体対称から歪みを考慮する必要がある。表1-7にあるように,平面四配位錯体の相互作用エネルギーは,$d_{x^2-y^2}$ 軌道の相互作用エネルギーは $3e_\sigma$,d_{z^2} 軌道では $2e_\sigma$,d_{xy} 軌道では $2e_\pi$,d_{xz}, d_{zy} 軌道では $4e_\pi$ となり,エネルギー順位は $d_{x^2-y^2} > d_{z^2} > d_{xy} > d_{xz}$, d_{zy} となることが推定で

表 1-7　MY_n 錯体の AOM パラメーターによる d 軌道エネルギー

Geometry		z^2		x^2-y^2		xy		xz		yz	
		e_σ	e_π	e_σ	e_π	e_σ	e_π	e_σ	e_π	e_σ	e_π
MY	linear, $C_{\infty v}$	1	0	0	0	0	0	0	1	0	1
MY_2	linear, $D_{\infty h}$	2	0	0	0	0	0	0	2	0	2
	bent (90° angle), C_{2v}	$\frac{1}{2}$	0	$\frac{3}{2}$	0	0	2	0	1	0	1
MY_4	tetrahedron, T_d	0	$\frac{8}{3}$	0	$\frac{8}{3}$	$\frac{4}{3}$	$\frac{8}{9}$	$\frac{4}{3}$	$\frac{8}{9}$	$\frac{4}{3}$	$\frac{8}{9}$
	square plane, D_{4h}	1	0	3	0	0	4	0	2	0	2
	cis-divacant, C_{2v}	$\frac{5}{2}$	0	$\frac{3}{2}$	0	0	2	0	3	0	3
MY_5	trigonal bipyramid, D_{3h}	$\frac{11}{4}$	0	$\frac{9}{8}$	$\frac{3}{2}$	$\frac{9}{8}$	$\frac{3}{2}$	0	$\frac{7}{2}$	0	$\frac{7}{2}$
	square pyramid, C_{4v}	2	0	3	0	0	4	0	3	0	3
MY_6	octahedron, O_h	3	0	3	0	0	4	0	4	0	4
MY_8	cube, O_h	0	$\frac{16}{3}$	0	$\frac{16}{3}$	$\frac{8}{3}$	$\frac{16}{9}$	$\frac{8}{3}$	$\frac{16}{9}$	$\frac{8}{3}$	$\frac{16}{9}$

きる。

　正方対称場での錯体の電子スペクトルを解析することで，種々の配位子の e_σ と e_π の値を見積ることができる。これらの AOM パラメーターは，中心金属イオンが同じであれば，どのような配位子の組み合わせでもパラメーター値に変化がなく，転用可能（transferability）であることを前提として，見積もられている。この e_σ と e_π の順序が二次元分光学系列である。2 章で述べるように，これによって，分光化学系列を σ と π 結合性の違いに基づき化学的な立場から議論できる。この点が AOM は優れている。

　これまでの例は，直交座標軸上に配位子が位置しているので，容易に d 軌道エネルギーを AOM パラメーターで表すことができた。少し複雑な例として，表 1-2 にある四面体四配位と三方両錐五配位錯体について考えてみよう。四面体構造では，表 1-1 で，$\theta = 54.76°$ と $\phi = 45°$ およびその補角の値となり，$\sin^2 54.76 = 2/3, \cos^2 54.76 = 1/3, \sin^2 45 = \cos^2 45 = 1/2$ を代入した計算の結果は，表 1-2 のように t_2 (d_{xy}, d_{yz}, d_{zx}) の相互作用エネルギーは $3/4\, e_\sigma + 9/8\, e_\pi$ で，e (d_{z^2}, $d_{x^2-y^2}$) では $8/3\, e_\pi$ となる。配位子場分裂 $\Delta_t = E$ (e) $- E$ (t_2) は $4/9$ ($3e_\sigma - 4e_\pi$) で動径関数が同じと仮定すると，$\Delta_t = 4/9\, \Delta_o$ となって結晶場理論

1 配位子場理論の基礎

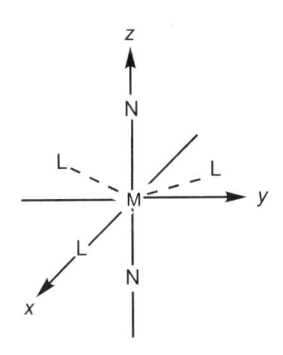

図 1-20 三方両錐錯体 $[M(N)_2(L)_3]$ の配位子の位置

から得られた結果と一致する。この場合，八面体対称場とは違って t_2 軌道が σ 結合と π 結合を含み，e 軌道が π 結合のみである。立方八配位では，四面体対称場の2倍の配位子を有するので，その軌道エネルギーは2倍となって Δ_{cub} = $E(e) - E(t_2)$ = 8/9 $(3 e_\sigma - 4 e_\pi)$ となる。

　三方両錐型 $(D_{3h})[M(N)_2(L)_3]$ 錯体では，図 1-20 にように配位子を置いて，σ 相互作用を考えると，$a_1'(d_{z^2})$ とは z 軸上の2個の配位子 N とで $2 e_\sigma(N)$，xy 面上の3個の配位子は $\theta = 90°$ で $3 \times (1/4 e_\sigma(L))$ となるので，その相互作用エネルギーは $2 e_\sigma(N) + 3/4 e_\sigma(L)$ となる。$e'(d_{xy}, d_{x^2-y^2})$ とは $\theta = 90°$ で，そのうち，$d_{x^2-y^2}$ とは，x 軸上 ($\phi = 0$) の1個の配位子 L とで $3/4 e_\sigma$ で，残りの2個 ($\phi = 120°$ と $240°$) で，それぞれ，$3/16 e_\sigma$ となり合計 $9/8 e_\sigma(L)$ である。xy 面上の3個の配位子 L が x 軸上 ($\phi = 0$) は0で，残り2個の配位子 ($\phi = 120°$ と $240°$) の合計は $9/8 e_\sigma(L)$ となる。π 相互作用については，d_{zx} と d_{yz} は z 軸上の2個の配位子 N との相互作用で $2 e_\pi(N)$ となる。$d_{x^2-y^2}$ は x 軸上は0で，残り2個とは $3/4 e_\pi(N)$ となる。d_{xy} と d_{zx} は e_π (x 軸上) + $1/4 e_\pi$ ($\phi = 120°$) + $1/4 e_\pi (240°)$ = $3/2 e_\pi(N)$ と，d_{yz} は $0 \times e_\pi$ (x 軸上) + $3/4 e_\pi$ ($\phi = 120°$) + $3/4 e_\pi$ ($\phi = 240°$) = $3/2 e_\pi(N)$ となる。結局,表 1-2 の三方両錐型 D_{3h} は厳密には，

$$E(a_1'(d_{z^2})) = 2 e_\sigma(N) + 3/4 e_\sigma(L)$$

$$E(e'(d_{xy}, d_{z^2-y^2})) = 9/8\,e_\sigma(L) + 3/2\,e_\pi(L)$$
$$E(e''(d_{yz}, d_{zx})) = 2\,e_\pi(N) + 3/2\,e_\pi(L)$$

となる。

これからエネルギー準位は $e_\sigma > e_\pi$ であるので，$a_1'(d_{z^2}) > e'(d_{xy}, d_{z^2-y^2}) > e''(d_{yz}, d_{zx})$ となると予想される。

このような正多面体ばかりでなく，どのような歪んだ低対称錯体であっても，各配位子の θ と ϕ の角度がわかれば，AOM パラメーターによる軌道エネルギーの計算が可能であり，逆に電子スペクトルなどの分光学的データから幾何構造を検証することができる。AOM の加成性や転用可能性（transferability）は，厳密には必ずしも成り立たない場合があることがわかってきたが，配位結合や反応中間体の電子状態を知る上は有力な方法となっている。

ＡＯＭ計算に適したプログラムも公開されていて，例えば，Heribert Adamsky による AOMX（http://www.aomx.de/docs/html/aomxeh.html）はスピン軌道相互作用に含めて，構造パラメーターを変数にすることで，電子状態の変化を検討するのに，適している。

参考文献

1) ダグラス・マクダニエル著　日高人才，安井隆次，海崎純男訳『無機化学　第3版』，東京化学同人，(1997).
2) Symmetry in Bonding and Spectra-An Introduction- B. E. Douglas and C. A. Hollingsworth, Academic Press, (1985).
3) Ligand Field Theory and Its Applications, B. N. Figgis and M. A. Hitchman, Wiley-VCH, (2000).
4) 上村洸，菅野暁，田辺行人『配位子場理論とその応用』，掌華房 (1969).
5) 山下正廣，小島憲道 編著『錯体化学会選書3　金属錯体の現代物性化学』，三共出版 (2008).
6) 佐々木陽一，石谷治 編著『錯体化学会選書2　金属錯体の光化学』，三共出版

(2007).
7) 今野豊彦 『物質の対称性と群論』, 共立出版 (2001).
8) 三吉克彦 『金属錯体の構造と性質』, 岩波書店 (2001).

2 電子スペクトルと円二色性 および磁気円二色性

はじめに

電子スペクトルは，色を特徴とする金属錯体にとっては，最も重要な実験手段で，古くからその同定や物性研究に使われている。例えば，宝石のルビーは白色の酸化アルミニウムに微量のCr(III)イオンが混入することで，赤色になっている。この赤色は緑色の550 nm付近の可視光を吸収して，その補色によるものである。高温にしたり，Cr(III)イオンの濃度が増すと，赤から緑色にかわる。これはCr–O距離が伸びることで，吸収が長波長側にシフトして，赤色の590 nmの可視光を吸収するため，その補色の緑色が見えるためで，これらの現象は配位子場理論で説明できる。また，ルビーの輝きはCr(III)イオン特有のリン光によるものである。その電子スペクトルを配位子場理論に基づき詳細に研究した成果がルビーレーザーの発明につながっている。このように，金属錯体の電子スペクトルは，錯体を理解する上では，欠かせない機器分析手段である。錯体の色の原因はおもに，d–d遷移やf–f遷移であるが，それ以外に，電荷移動遷移と配位子内遷移などがある。これらは，吸収帯の位置，強度，バンド幅，分裂状態に特徴的な違いが見られる。特に，d–d遷移の吸収位置と吸収強度やバンド幅，分裂状態には，配位子や錯体の立体構造および結合性に関する情報が含まれている。また，円二色性は，光学活性錯体の吸収帯に対応する領域に観測され，錯体の中心金属周りの絶対配置や配位子の絶対配座に関するキラル構造の知見を得ることができる。これらは機能性金属錯体の設計と合成には必要不可欠な基本的な実験データである。

2-1 電子スペクトル

2-1-1 測定実験

電子スペクトルを測定する分光器は，おもに光源と単色光化するための分光器，検出器からなる。光源は当初の鉄アーク灯からタングステンランプと重水

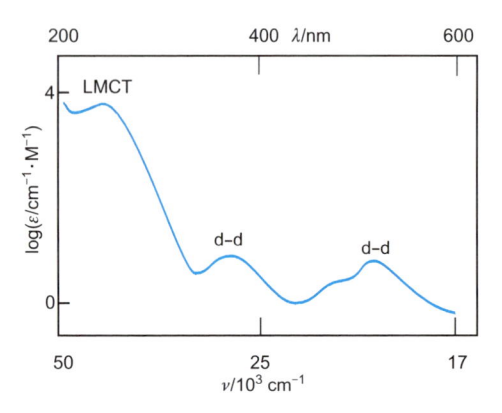

図 2-1　金属錯体の電子スペクトルの例

素ランプ，さらにキセノンランプへと変わり，検出器は写真乾板法から，光電子増倍管さらに，CCD（電荷結合素子）検出器へと，この半世紀で目覚ましい発展が見られた．今では弱い吸収帯でも，また，不安定な錯体でもより迅速に正確に測定可能となった．

電子スペクトルを定量的に表したものが吸収スペクトルで，図 2-1 にその例を示す．横軸は波数（下側）または波長（上側）で，右端の赤外部と左端の紫外部の間の $12.5 \sim 25.0 \times 10^3$ cm^{-1}（800 〜 400 nm）が可視部にあたる．縦軸はモル吸光係数 ε (cm^{-1}·M^{-1})（M = mol·dm^{-3}）である．このモル吸光係数は，単色光の試料通過前後の強さをそれぞれ I_0 と I，試料のモル濃度を c (mol·dm^{-3})，試料のセル長を d (cm) とすると，ベール・ランベルト則にしたがって，$\varepsilon = (cd)^{-1} \log(I_0/I)$ で表される．金属イオンの吸収スペクトルの特徴は一般に可視部に幅広い吸収帯が数本観測され，それらの強度は電子遷移としては比較的弱くて，ε が 1 〜 10000 の範囲のものが多い．これらの特徴はいずれも，d 軌道が関与する配位子場分裂や金属-配位子間の電荷移動遷移によるものである．

2-1-2　配位子場 d-d 遷移スペクトル
(1)　高スピン型錯体のスピン許容遷移

1 章で述べたように，錯体の電子状態は d 電子数および錯体の構造，すなわち，

2 電子スペクトルと円二色性および磁気円二色性

規約表現(対称性)と密接に関係している。高スピン型 d^5 電子配置が d^0, d^{10} 配置と同様,球対称な電子分布をしていて,配位子場分裂の影響を受けないことを考慮すると,次のように分類できる。八面体型の d^n 配置と四面体型の d^{10-n} 配置は,同じ基底状態と励起状態を示す。高スピン八面体型六配位錯体では,d^n と d^{n+5} 配置のそれぞれの基底状態と励起状態は,スピン多重度は異なるが,同じ軌道縮重度と対称性(既約表現)を持つ(図1-5には基底状態を示している)。四面体四配位錯体でも同様である。したがって,これらの錯体では吸収帯の数が同じであることが,配位子場理論から予想できる。

まず,スピン多重度が同じ状態間のスピン許容 d-d 遷移による吸収帯の数が中心金属イオンによって,どのように変化するかを考えてみる。結晶場理論により,1章で述べたオーゲルダイヤグラム(図1-3, 図1-4)と,田辺・菅野ダイヤグラム(図1-10 ~ 12)から,八面体六配位錯体では,高スピン型 d^n と d^{n+5} 配置のそれぞれの基底状態と励起状態は,スピン多重度は異なるが,それぞれ同じ軌道縮重度と既約表現(対称性)を持つ。したがって,これらの錯体間では吸収帯の数が同じであることが予想される。図2-2のヘキサアクア錯体,

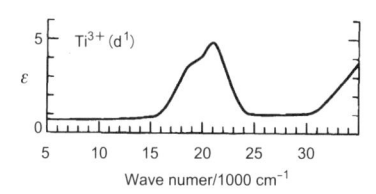

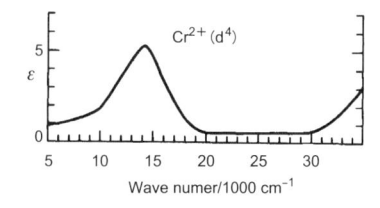

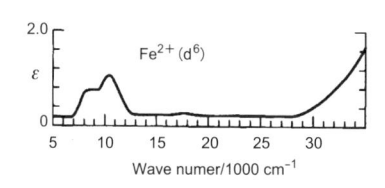

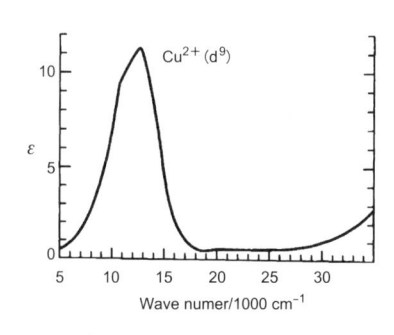

図2-2 1電子系 (d^1, d^4, d^6, d^9) の $[M(H_2O)_6]^{n+}$ の電子スペクトル

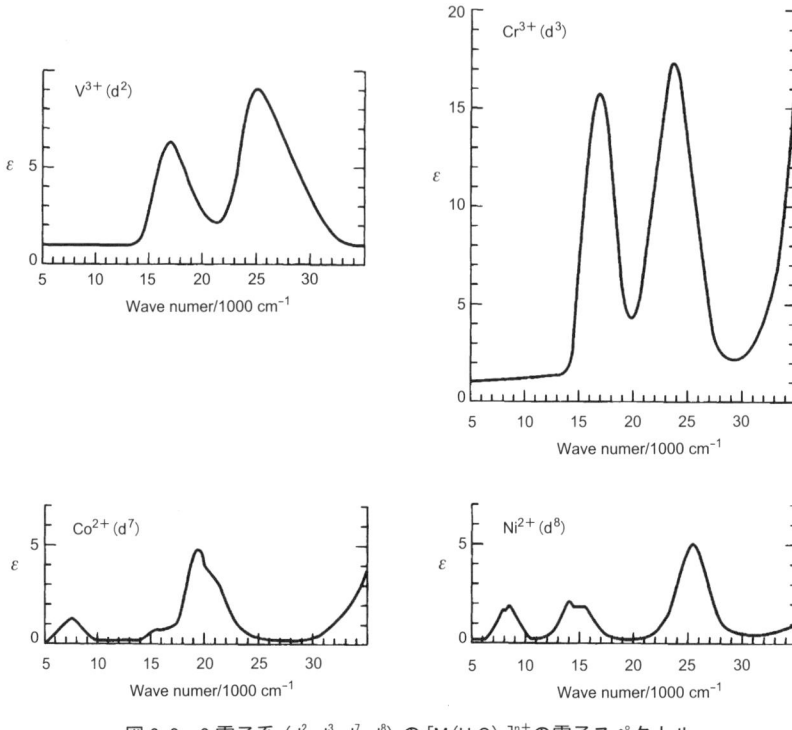

図 2-3　2 電子系 (d^2, d^3, d^7, d^8) の $[M(H_2O)_6]^{n+}$ の電子スペクトル

$[M(H_2O)_6]^{n+}$ の吸収スペクトルからわかるように，$n = 1, 4, 6, 9$ の Ti(III)，Cr(II)，Fe(II)，Cu(II) の高スピン型では，結晶場分裂間の d-d 遷移に対応する 1 つの吸収帯が観測される。すなわち，$[Ti(H_2O)_6]^{3+}$ と $[Fe(H_2O)_6]^{2+}$ は $T_{2g} \to E_g$ に，$[Cr(H_2O)_6]^{2+}$ $[Cu(H_2O)_6]^{2+}$ は $E_g \to T_{2g}$ に帰属される（図 1-6）。Cu(II) 錯体と Cr(II) 錯体はスピン状態や安定性に違いはあるが，同じ青色であり，それらの硫酸 5 水和物は同形結晶であることは，d 電子配置の類似性を反映している。これに対して，Ti(III) 錯体と Fe(II) 錯体は吸収パターンは類似しているが，吸収位置が違い，Ti(III) 錯体は Fe(II) 錯体より高波数側に観測されるのは，3 価で配位子場が 2 価より強くなっているためである。

$n = 2, 3, 7, 8$ の V(III)，Cr(III)，Co(II)，Ni(II) 錯体では，図 2-3 のように 2 つから 3 つの吸収帯（実際には 2 つの場合が多い）が観測されている。こ

れは，配位子場分裂に加えて，d 電子間の反発エネルギーによる電子状態の分裂によって，励起状態が複数生じるためである。たとえば，d^3 電子配置の八面体六配位クロム(III)錯体では，配位子場分裂した同じ $t_{2g} \to e_g$ の d 軌道間の $d_{xy} \to d_{x^2-y^2}$ と $d_{xy} \to d_{z^2}$ 遷移でも，それらの電子間反発エネルギーは異なってくる(図1-7)。これは定性的には，次のように説明できる。励起状態の電子配置は，それぞれ $(d_{yz})^1(d_{xz})^1(d_{x^2-y^2})^1$ と $(d_{yz})^1(d_{xz})^1(d_{z^2})^1$ になる。前者では電子が電子間反発を避けるように x, y, z の 3 軸方向に等方的に広く分布している。それに対して，後者では z 軸方向に偏って局在化しているために，電子間反発エネルギーが大きくなる。これが，図 2-3 に見られる長波長側の第一吸収帯 (I) ($^4A_2 \to {}^4T_2$) と短波長側の第二吸収帯 (II) ($^4A_2 \to {}^4T_1$) のエネルギー差として観測される。この差は電子間反発エネルギーで，ラカーパラメーター B で表せば，$12B$ となる。第一吸収帯と第二吸収帯の遷移エネルギーは，B と配位子場分裂エネルギー Δ によって，それぞれ Δ と $\Delta + 12B$ と表される。理論的には，2 電子遷移 $(d_{yz})^1(d_{z^2})^1(d_{x^2-y^2})^1$ (図 1-8) に相当する第三吸収帯 ($^4A_2 \to {}^4T_1$) がさらに短波長側に予想される。この遷移確率は 2 電子遷移のため小さく，配置間相互作用で同じ既約表現の 1 電子遷移の励起状態 ($^4T_1$) と混ざり，第二吸収帯から強度を借りることで，初めてある程度強度が得られる。実際の観測例として，図 2-3 の $[Ni(H_2O)_6]^{2+}$ で見られ，$[Cr(H_2O)_6]^{3+}$ でも 256 nm ($\varepsilon = 8.7$) に観測されている。

オーゲルダイヤグラム (図 1-3 と図 1-4) では，定性的な考察しかできないが，田辺・菅野ダイヤグラム (図 1-10 〜 1-12) によって，半定量的な考察が可能となる。田辺・菅野ダイヤグラムでは，基底状態は一定の基準となって水平な横軸にして，Dq/B (無名数) が目盛られている。縦軸は遷移エネルギーを E/B (無名数) で表している。$E/B = Dq/B$ のような関係にある励起状態は，その遷移エネルギー E/B の値から Dq を得ることができる。その変化は一般的には直線的であるが，なかには同じ既約表現に属する状態(項)間の配置間相互作用によって，非交差則から曲線状に変化する励起状態もある。田辺・菅野ダイヤグラムからは吸収帯の帰属はもとより，配位子場分裂エネルギー Dq や遷移エネルギー E を予測することができる。例えば，$[Cr(H_2O)_6]^{3+}$ の第一吸収帯 ($^4A_2 \to {}^4T_2$) は $E = 17400 \text{ cm}^{-1}$ に観測される。$B = 680 \text{ cm}^{-1}$ とすると E/B

= 25.6 で，田辺・菅野ダイヤグラムの縦軸のこの点から，横軸に水平に引いた線との励起状態 $^4T_2$ との交点の横軸の値 Dq/B から，$Dq = 1740 \text{ cm}^{-1}$ となる。この点から縦軸に平行線を引き，それと 2 つの励起状態 $^4T_1$ の交点の縦軸の値 E/B から第二，第三吸収帯の予想位置（23800 cm^{-1} と 37400 cm^{-1}）が得られる。これらは，ほぼ実測値（24600 cm^{-1} と 37800 cm^{-1}）に近い。また，B 値を得るには，第一吸収帯 E_1 と第二吸収帯 E_2 の比 E_2/E_1 を田辺・菅野ダイヤグラムに合わせると，E_2/B や E_1/B から B が導かれる。

高スピン型 d^{6}Co(III) 錯体の例は少なく，[CoF$_6$]$^{3-}$ と [CoF$_3$(H$_2$O)$_3$] が知られている。

(2) 低スピン型錯体のスピン許容 d–d 遷移スペクトル

d^4～d^7 配置での低スピン型錯体の d–d 遷移スペクトルは，オーゲルダイヤグラムではなくて，田辺・菅野ダイヤグラムに基づいて考察する必要がある。3d 金属錯体では，配位子によって，高スピン型と低スピン型錯体があるが，4d と 5d 金属錯体では，配位子場分裂が大きいので，すべて低スピン型錯体である。d^4～d^7 配置の田辺・菅野ダイヤグラムでは，配位子場が強くなると，ある Dq/B の値で縦軸と平行な実線が描かれている。これは，高スピンと低スピンの境目を示すもので，配位子場分裂エネルギーとスピン対エネルギーが拮抗している。この境は，定量的には，Dq/B はおおよそ 2 で，d^4 では 2.7，d^5 では 2.8，d^6 では 2.0，d^7 では 2.2 となっている。これから，d^6 と d^7 の方が d^4 と d^5 よりもスピン対になりやすいことを意味している。例えば，同じアクア錯体 [M(H$_2$O)$_6$]$^{3+}$ でも，d^6 配置の Co(III) 錯体は低スピンであるが，d^5 配置の Fe(III) 錯体と d^4 配置の Mn(III) 錯体は高スピンである。

このようなスピン状態が変化する近傍の配位子場分裂を持つ配位子を含む錯体では，温度や圧力の変化で，高スピンから低スピンに変化する。このような現象がスピンクロスオーバーである。最も代表的なスピンクロスオーバー錯体は d^6 配置の Fe(II) 錯体であって，温度低下に伴って，基底状態が高スピン $^5T_1$ から低スピン $^1A_1$ に変わる。多くは含窒素芳香族複素環を配位子に持つ [Fe(N)$_6$] 型錯体である。一例として，[Fe(ptz)$_6$](BF$_4$)$_2$（ptz = 1-propyltetrazole）の配位子場 d–d 遷移スペクトルを図 2-4 に示す。低温側の低スピン Fe(II) 錯体の吸収スペクトルは Co(III) 錯体（図 2-5）とよく似ているが，吸収位置は低波数にシ

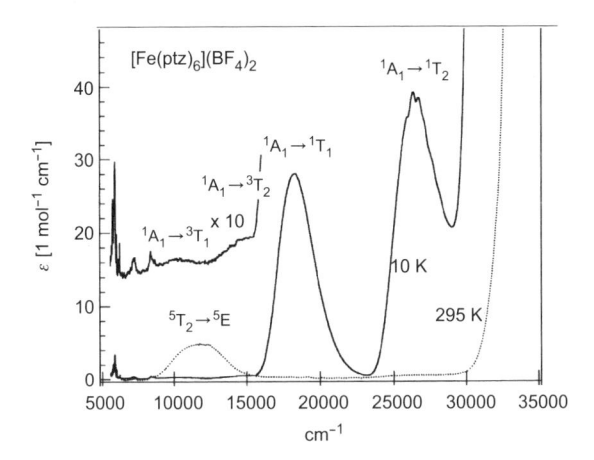

2 電子スペクトルと円二色性および磁気円二色性

図 2-4 [Fe(ptz)$_6$](BF$_4$)$_2$ の配位子場 d-d 吸収スペクトル
高スピン型 (295 K 実線) と低スピン型 (10 K 点線)

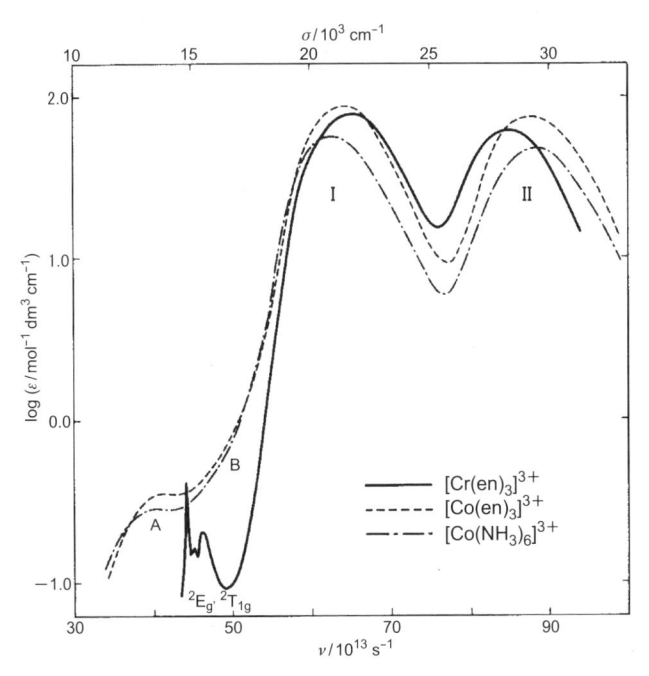

図 2-5 [Co(NH$_3$)$_6$]$^{3+}$, [Co(en)$_3$]$^{3+}$ と [Cr(en)$_3$]$^{3+}$ の配位子場 d-d 吸収スペクトル

フトしている。Mn(III)錯体のスピンクロスオーバーは数例しかなく，スピン対のし難さによるものである。

代表的な低スピン型錯体である d^6 配置の Co(III) 錯体のスピン許容遷移は田辺・菅野ダイヤグラム（図 1-12）から予想されるように，Cr(III) とほぼ同じパターンのものが見られるが（図 2-5），第三吸収帯の観測例はない。

(3) スピン禁制 d-d 遷移

田辺・菅野ダイヤグラムでは，すべての d 電子配置のスピン多重度の異なる励起状態も扱われている。後述するように，弱い吸収強度を示すスピン禁制遷移は，スピン量子数が基底状態と $\Delta S = 1$ の違う励起状態の場合である。高スピン型錯体のみが見られる d 電子配置（$d^1 \sim d^3$, d^8, d^9）では，スピン多重度 $\Delta S = 1$ の違う状態間のみのであるので，すべての励起状態を考慮する必要がある。しかし，高スピン型と低スピン型を含む錯体（$d^4 \sim d^7$）では，基底状態とは $\Delta S > 1$ だけ違う励起状態が現れ，これらの励起状態に伴うスピン禁制遷移は強く禁制されているので，電子スペクトルに関しては考慮することはない。

最も典型的なスピン禁制遷移スペクトルは高スピン型 d^5Mn(II) 錯体で観測される。この場合，田辺・菅野ダイヤグラム（図 2-6（右））からわかるように，スピン許容遷移はなく，すべてスピン多重度の異なるスピン禁制遷移である。そのなかで，$^6A_1(t_{2g})^3(e_g)^2 \to {}^4A_1$, $^4T_2$, $^4E(t_{2g})^3(e_g)^2$ は，t_{2g} 殻と e_g 殻間の電子遷移ではなく，すべて同じ殻内のスピン反転のみに伴う遷移である。これらの遷移エネルギーの変化は，横軸と平行になっていて，配位子場分裂に依存しないことを示している。したがって，後述のように，そのバンドは図 2-6（左）のように非常に細線状である。それに対して，$^6A_1(t_{2g})^3(e_g)^2 \to {}^4T_2$, $^4T_1(t_{2g})^4(e_g)^1$ 遷移では，通常とは逆の e_g 軌道から t_{2g} 軌道への遷移にあたり，バンド幅は一般の d-d 遷移と同じ広がりが見られる。この場合，配位子場分裂が大きくなるにしたがって，遷移エネルギー E が小さくなり，田辺・菅野ダイヤグラムでは励起状態 $^4T_2$, $^4T_1$ は負の勾配になっている。例えば，$[Mn(H_2O)_6]^{2+}$ および $[Mn(en)_3]^{2+}$ の $^6A_1 \to {}^4T_2$ と $^6A_1 \to {}^4T_1$ 遷移に帰属される吸収帯は，それぞれ，18450 cm^{-1} と 23120 cm^{-1} および 15000 cm^{-1} と 19900 cm^{-1} である。これからはあたかも H_2O がエチレンジアミン（en）よりも配位子場分裂が大きいこと

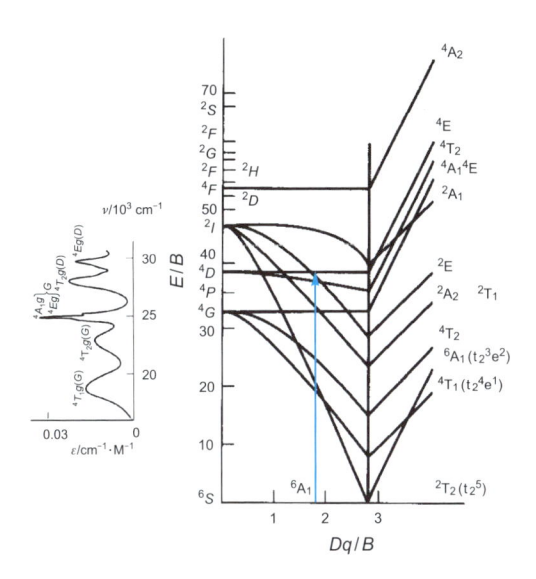

図 2-6　d^5 電子配置の田辺・菅野ダイヤグラム（右）と高スピン型 $[Mn(H_2O)_6]^{2+}$ の配位子場 d-d スペクトル（左）

になるが，これは田辺・菅野ダイヤグラムでの負の勾配によるもので，Δ (en) $> \Delta$ (H_2O) であって，分光化学系列（後述）に反するわけではない。

Mn(II)錯体に見られるような細線状スピン禁制遷移スペクトルは，2-1-7 項で述べるように，Cr(III)，Ni(II)錯体の田辺・菅野ダイヤグラムから予想され，実際に観測される（図 2-5）。また，幅広いスピン禁制遷移スペクトルは，Mn(II)錯体の $^6A_1 \rightarrow {}^4T_2$ と $^6A_1 \rightarrow {}^4T_1$ 遷移以外に，Co(III)（図 2-5）や Fe(II)錯体（図 2-4）などの低スピン型 d^6 錯体で見られる。

2-1-3　配位子と中心金属による配位子場遷移スペクトルの変化
（1）　分光化学系列

同じ金属イオンでも配位子が異なる錯体や，逆に同じ配位子でも，中心金属イオンが異なる錯体では，当然吸収帯の位置が変わる。表 2-1 からわかるように，同じ金属イオンの錯体では，トリス（エチレンジアミン）錯体はヘキサ（アクア）錯体より高エネルギー側に吸収帯が見られ，この傾向は金属イオンが異

表 2-1 種々の金属錯体の第一と第二吸収帯の位置

錯体	第一吸収帯 /10^3cm^{-1}	第二吸収帯 /10^3cm^{-1}
$[Co(H_2O)_6]^{3+}$	16.5	24.7
$[Co(en)_3]^{3+}$	21.5	29.6
$[Rh(H_2O)_6]^{3+}$	25.5	32.8
$[Rh(en)_3]^{3+}$	33.2	39.6
$[Cr(H_2O)_6]^{3+}$	17.4	24.6
$[Cr(en)_3]^{3+}$	22.3	28.6
$[Ni(H_2O)_6]^{2+}$	8.5	13.8
$[Ni(en)_3]^{2+}$	11.7	18.4

なっても同じである。

種々の配位子による吸収帯の変化は，$[Co(NH_3)_6]^{3+}$のアンモニアを1つ他の配位子（X）に変えた錯体，$[CoX(NH_3)_5]^{n+}$に見られ，XがBr^-，Cl^-，F^-，H_2O，NH_3，NO_2^-，CN^-と変わると，吸収帯は短波長側（高波数側）にシフトする。

このタイプの多くのコバルト(III)錯体の吸収スペクトルに基づき種々の配位子によるシフトを調べた結果が分光化学系列（spectrochemical series）である。これは1938年に槌田龍太郎によって，経験的に見いだされ，さらに，1955年と1956年に槌田と新村により，多くに配位子について詳細な分光化学系列（式(2-1)）が報告された[1~3]。

$$I^- < Br^- < Cl^- < NO_3^- < F^- < OH^- < ox^{2-} < H_2O < \underline{N}CS^- < NH_3 < en < bpy < phen < \underline{N}O_2^- < CN^-$$
(2-1)

今では，コバルト(III)錯体に関して100種の配位子について，数値データ$d_{Co}(X)$が新村（1988）[4]によって，表2-2のようにまとめられている。これは，混合配位子錯体$[Coa_nb_{6-n}]$の吸収スペクトルを山寺則[5]からのずれを考慮して詳細に解析して，経験的に割り出した$[Coa_6]$錯体の第一吸収帯の位置である。

同じ配位子でも，金属イオンが変わって，例えば，Co(III)，Rh(III)，Cr(III)やNi(II)となると配位子場分裂エネルギーは異なっている（表2-1）。一般には，酸化数が大きい方が分裂は増し（M(II)<M(III)<M(IV)），同族の遷移金属元素では，原子番号が大きい方（3d<<4d<5d）が大きな分裂エネルギーΔを示す。

2 電子スペクトルと円二色性および磁気円二色性

表2-2 新村の $d_{Co}/10^3$ cm^{-1} と Jorgensen の f との相関から得られた f'

	d_{Co}	f'		d_{Co}	f'		d_{Co}	f'		d_{Co}	f'
CO	35	1.89	<NH$_2$C$_6$H$_4$NH$_2$>^{5}	20.9	1.21	<-CH$_2$OH>	16.4	0.99	F$^-$	14.8	0.91
CN$^-$	32.1	1.75	<bgH>^{5}	20.9	1.21	<NO$_3^-$>^{4}	16.4	0.99	<R$_2$NCSe$_2^-$>^{4}	14.4	0.89
P(OMe)$_3$	29.4	1.62	py	20.8	1.20	NCS$^-$	16.3	0.99	<-CH$_2$O$^-$>^{5}	14.4	0.89
<-CH$_2$SO$_2^-$>^{5}	27.6	1.53	NH$_2$CHO	20.7	1.20	CF$_3$CO$^-$	16.3	0.99	OP(OR)$_3$	14.2	0.88
<Me$_2$PC$_6$H$_4$PMe$_2$>^{5}	27.6	1.53	<-CH$_2$NH$_2$>^{6}, tn	20.4	1.18	CH$_3$OH	16.2	0.98	OSMe$_2$	14	0.87
<-CH$_2$PMe$_2$>^{5}	26	1.46	<-CH$_2$SO$^-$>^{5}	20.2	1.18	<EtOCS$_2^-$>^{4}	16.2	0.98	OCMe$_2$	14	0.87
<Ph$_2$PC$_6$H$_4$PPh$_2$>^{5}	25.6	1.44	NCNH$_2$	20.2	1.18	NH$_3$CHROCO$^-$	16.1	0.98	CH$_3$SO$_3^-$	14	0.87
PMe$_3$	25.6	1.44	<-CH$_2$NHMe>^{5}	20	1.17	<CS$_3^{2-}$>^{4}	16	0.97	N$_3^-$	13.9	0.87
SO$_3^{2-}$	25.6	1.44	NH$_2$Me	20	1.17	Cl$_3$CCOO$^-$	16	0.97	<PO$_4^{3-}$>^{4}	13.9	0.87
NO$_2^-$	25.3	1.42	<-CH$_2$NH$_2$>^{7}	9.9	0.68	<-CH$_2$SeMe>^{5}	15.8	0.96	P$_2$O$_7^{4-}$	13.8	0.86
<-CH$_2$PMe$_2$>^{6}	25.3	1.42	<-C$_6$H$_4$NH$_2$>^{7}	9.3	0.65	NCO$^-$	15.8	0.96	OSeO$_2^-$	13.8	0.86
PhSO$_2^-$	24.1	1.36	ONO$^-$	8.2	0.59	<P$_2$O$_7^{4-}$>^{6}	15.7	0.96	<(RO)$_2$PS$_2^-$>^{4}	13.55	0.85
<Me$_2$AsC$_6$H$_4$AsMe$_2$>^{5}	23.6	1.34	<-CH$_2$SH>^{5}	17.9	1.06	<R$_2$NCS$_2^-$>^{4}	15.6	0.95	CF$_3$SO$_3^-$	13.5	0.85
NCMe	23.5	1.34	<-CH$_2$SMe>^{5}	17.7	1.05	O^{2-}	15.6	0.95	PO$_4^{3-}$	13.2	0.85
PPh$_3$	23.2	1.32	<-CH$_2$SeO$^-$>^{5}	17.6	1.05	<CO$_3^{2-}$>^{4}	15.5	0.95	ReO$_4^-$	13.2	0.84
<=CHPPh$_2$>^{5}	23	1.31	<-CH$_2$NHPh>^{5}	17.6	1.05	MeCOO$^-$	15.5	0.95	SCN$^-$	13	0.83
<-CH$_2$AsMe$_2$>^{5}	23	1.31	<O$_2^{2-}$>^{3}	17	1.02	OH$^-$	15.4	0.94	<Me$_2$PS$_2^-$>^{4}	12.75	0.81
NH$_2$OH	22.8	1.30	<RCS$_2^-$>^{4}	16.95	1.02	OCO$_2^-$	15.4	0.94	Cl$^-$	12.5	0.80
<=CHAsMe$_2$>^{5}	22.7	1.30	<acac>^{6}	16.9	1.02	OCOCO$_3^{2-}$	15.4	0.94	SSO$_3^{2-}$	12	0.78
<-CH$_2$AsMe$_2$>^{6}	22.4	1.28	<-CH$_2$NMe$_2$>^{5}	16.8	1.01	OCONH$_2^-$	15.4	0.94	SeCN$^-$	11.8	0.77
<bpy>^{5}	22.2	1.27	NCSe$^-$	16.8	1.01	OCONMe$_2^-$	15.3	0.94	Br$^-$	11.7	0.76
<phen>^{5}	22	1.26	<-CO$_2^-$>^{5}, ox	16.6	1.00	NO$_3^-$	15.2	0.93	CrO$_4^{2-}$	11.1	0.73
<-CH$_2$NH$_2$>^{5}, en	21.4	1.23	H$_2$O	16.5	1.00	OC(NH$_2$)$_2$	15.15	0.93	I$^-$	9	0.63
imH	21.2	1.22	<TeO$_6$H$_2^-$>^{4}	16.5	1.00	<SO$_4^{2-}$>^{4}	15	0.92	<-CH$_2$S$^-$>^{5}	9.3-7.5	0.65-0.56
NH$_3$		21	1.21	<-CO$_2^-$>^{6}, mal	16.45	0.99	SO$_4^{2-}$	15	0.92	<-CH$_2$Se$^-$>^{5}	7	0.54

< >^{n} n員二座キレート配位子

$$Mn(II) < Ni(II) < Co(II) < Fe(III) < Cr(III) < Co(III) < Ru(III) < Mo(III) \quad (2\text{-}2)$$

分光化学系列の式 (2-1) と，式 (2-2) の定量化は，Jørgensen によって，配位子場分裂パラメーター Δ を式 (2-3) のように，配位子 (f) と金属 (g) のパラメーターの積として，アクア配位子の f を 1.0 として表 2-3 のように求められている[6]。

$$\Delta = f \cdot g \quad (2\text{-}3)$$

前述の d_{Co} は Jørgensen の f とよい相関 ($r^2 = 0.94$) がある．また，新村は同様に他の低スピン d^6 錯体の d_M (M = Fe(II), Rh(III), Ir(III), Pd(IV), Pt(IV)) についても求めていて，d_{Co} と d_M にはよい相関 ($d_M = md_{Co}$) があり，さらに，

表 2-3　Jorgensen の分光化学系列に関する f と h および電子雲拡大系列に関する g と h の値

Metal Ion	g	k	Ligands	f	h	Ligands	f	h
Co^{2+}	9.3	0.24	Br^-	0.72	2.3	H_2O	1	1
Co^{3+}	19	0.35	SCN^-	0.75		$CH_2(COO)_2^{2-}$	1	
Cr^{2+}	14	–	Cl^-	0.78	2	NCS^-	1.02	
Cr^{3+}	17	0.21	$(Et)_2PS_2^-$	0.78		$NCSe^-$	1.03	
Cu^{2+}	12	–	NNN^-	0.83		CH_3NH_2	1.17	
Fe^{2+}	10	–	$(EtO)_2PS_2^-$	0.83		$CH_3SCH_2CH_2SCH_3$	1.22	
Fe^{3+}	14	0.24	$(Et)_2NCSe_2^-$	0.85		CH_3CN	1.22	
Ir^{3+}	32	0.3	F^-	0.9	0.8	py	1.22	
Mn^{2+}	8	0.07	$(Et)_2NCS_2^-$	0.9		NH_3	1.25	1.4
Mn^{3+}	21	–	$(CH_3)_2SO$	0.91		en	1.28	1.5
Mn^{4+}	23	0.5	$(CH_3)_2CO$	0.92		NH_2OH	1.3	
Mo^{3+}	24	0.15	$CH_3CO_2^-$	0.94		SO_3^{2-}	1.3	
Ni^{2+}	8.9	0.12	EtOH	0.97		bipy	1.33	
Pt^{4+}	36	0.5	$(CH_3)_2NCHO$	0.98		phen	1.34	
Re^{4+}	35	0.2	OH^-	0.94		NO_2^-	1.5	
Rh^{3+}	27	0.3	OX	0.99	1.5	CN^-	1.7	2
Ti^{3+}	20.3	–						
V^{2+}	12.3	0.08						
V^{3+}	18.6	–						

この m と Jørgensen の g とも，よい相関があることを見出している[4]。したがって，式 (2-3) は 100 の配位子にも適用可能である。表 2-2 の f' の値は d_{Co} と f の相関関係から得られた値である。前述のように，この第一吸収帯の位置は，Cr(III) 錯体では，結晶場分裂エネルギー Δ，第二吸収帯は $Δ+12B$ となるが，Co(III) 錯体では，第一吸収帯は $Δ-3C$，となり，電子間反発エネルギーのラカーパラメーター（$C = 4 ～ 4.5B$）にも依存している。しかし，電子間反発エネルギーは配位子によってそれほど大きく変化しないので，第一吸収帯の位置から求めた分光化学系列は，ほぼ配位子による d 軌道の分裂エネルギー Δ の違いを示すものと考えて差し支えない。これらの系列は金属イオンが変わっても，おおよそ同じ傾向を示すことが表 2-2 からもわかる。このような分光化学系列の定量的な傾向（表 2-2）は，最近の DFT 理論計算によって支持されている[7]。表 2-2 を用いれば，$Δ = f' \cdot g$ から金属イオン（g）と配位子（f'）の組合せの錯体の配位子場分裂エネルギーを予測することができる。混合配位子錯体 $[Ma_nb_{6-n}]$ の場合は，$d(a)$ と $d(b)$ が大きく異なる時は，山寺則によって予想されるように，後述のように吸収帯の分裂が見られる。また，$d(a)$ と $d(b)$ の差に小さい

錯体では，環境平均則 $d = \{nd(\mathrm{a}) + (6-n)d(\mathrm{b})\}/2$ によって，予想位置を推定することができる。

(2) 電子雲拡大系列

ラカーパラメーター B の配位子による変化に注目して，それが金属-配位子間の共有結合性の尺度となることが，Jørgensen によって明らかにされた。この変化は，電子雲拡大効果（nephelauxetic effect）といわれ，自由イオンにおける d 電子間の反発エネルギーが配位子が配位することで，d 軌道が大きくなり，電子間反発エネルギーが小さくなるためである。これを定量的に表現したのが，電子雲拡大率 $\beta = B/B_0$ であって B_0 は自由イオンの反発エネルギーで，β は 1 より小さい値となり，これが小さい程共有結合性が大きく，その配位子による大小は電子雲拡大系列として，下記のようにまとめられている[6]。

$$\text{共有結合性の増加} \rightarrow$$
$$\mathrm{F}^- < \mathrm{H_2O} < \mathrm{NH_3} < \mathrm{en} < \mathrm{NCS}^- < \mathrm{Cl}^- < \mathrm{CN}^- < \mathrm{Br}^- < \mathrm{I}^- \tag{2-4}$$
$$B \text{ または } \beta \text{ が減少} \rightarrow$$

これは，配位原子の電気陰性度の減少順と大体一致している。

同じ配位子に対する中心金属イオンの違いによる電子雲拡大率の変化は，次のようになる。

$$\mathrm{Mn(II)} \sim \mathrm{V(II)} > \mathrm{Ni(II)} \sim \mathrm{Co(II)} > \mathrm{Mo(III)} > \mathrm{Cr(III)} > \mathrm{Fe(III)} > \mathrm{Ir(III)} \sim$$
$$\mathrm{Rh(III)} > \mathrm{Co(III)}\, \mathrm{Mn(IV)} \sim \mathrm{Pt(IV)} \tag{2-5}$$

電子雲拡大系列の式 (2-4) と，式 (2-5) の定量化が Jørgensen によって行われた。電子雲拡大率 β を，つぎのような配位子（h）と金属イオン（k）をパラメーターとして式 (2-6) のように表すと，その数値（表 2-3）から，ある錯体の β の予想値を求めることができる[8]。

$$1 - \beta = h \cdot k \tag{2-6}$$

(3) 二次元分光化学系列

1-7 節で述べたように分光化学系列を，角重なりモデル（AOM）に基づき，化学的な意味を含めて表現したのが，山寺則を先駆けとする Schäffer らによる

表 2-4 いろいろな配位多面体金属錯体の AOM パラメーター $e_\lambda/\mathrm{cm}^{-1}$

八面体	配位子	e_σ	e_π	四面体	配位子	e_σ	e_π
Cr^{3+}	NH_3	7,180	0	Ni^{2+}	$P(Ph)_3$	5,000	$-1,750$
	en	7,260			Cl^-	3,900	1,500
	pyridine	6,150	-330		Br^-	3,600	1,000
	F^-	8,200	2,000		I^-	2,000	600
	Cl^-	5,700	980		quinoline	4,000	-500
	Br^-	5,380	950	Co^{2+}	$P(Ph)_3$	3,800	$-1,000$
	I^-	4,100	670		Cl^-	3,600	1,400
	HO^-	8,600	2,150		Br^-	3,300	1,000
	H_2O	7,550	1,850		quinoline	3,500	-500
	glycine(NH_2)	6,700	0	平面 4 配位			
	glyeme(O)	8,800	2,000	$[PtX_3L]^-$	Cl^-	11800	2900
	CN^-	7,530	-930		Br^-	10800	2600
Ni^{2+}	NH_3	3,600	0		NMe_3	21700	5100
	en	4,000	0		PPh_3	20000	1500
	pyridine	4,500	900		$AsPh_3$	18000	1100
Co^{2+}	pyridine	3,860	110		CO	14500	-1750
Fe^{2+}	pyridine	3,700	100		PEt_3	23500	2750
Co^{3+}	pyridine	6,100	-750		C_2H_4	15000	0

二次元分光化学系列である。これには，低対称錯体の分裂した吸収帯の解析によって求められる配位結合の σ 供与性 (e_σ)，π 供与性 ($e_\pi>0$)，π 受容性 ($e_\pi<0$) の情報が含まれる。表 2-4 には，種々の金属錯体におけるに AOM パラメーターをまとめた[9]。

Cr(III) 錯体では，多くの trans-$[CrX_2(N)_4]$ (X = F, Cl, Br, H_2O: N = NH_3, py) の詳しい吸収スペクトルの解析に基づき，つぎのような AOM パラメーターの系列が見出されている[10]。

$$e_\sigma : Br^- < Cl^- < py < H_2O < NH_3 < F^- < OH^- < CN^- \qquad (2\text{-}7)$$
$$e_\pi : CN^- < py < NH_3 < Br^- < H_2O < Cl^- < F^- < OH^- \qquad (2\text{-}8)$$
$$\quad\;\; (-) \qquad\quad 0 \qquad\quad (+)$$

$e_\pi(NH_3) = 0$ であり，(+) は $e_\pi>0$ の π 供与性, (−) は $e_\pi<0$ で π 受容性を示す。また，配位子場分裂とは $\Delta = 3e_\sigma - 4e_\pi$ と関連つけられ，
分光化学系列 $Br^- < Cl^- < F^- < OH^- < H_2O < py < NH_3 < CN^-$ と一致する。

この系列からは，配位子の配位結合についてのより詳細な情報が得られる。

たとえば，アクア配位子 H_2O と水酸化物イオン OH^- の配位子場の違いは，一見，後者が1価の負電荷を持っているので，強い配位子場分裂を与えそうであるが，実際には $\Delta(OH^-) < \Delta(H_2O)$ で弱い。このことは，OH^- の Cr-Oπ 結合が2つで，$2e_\pi$ となるのに対して，H_2O の場合は Cr-Oπ 結合が1つで e_π であるから，OH^- では，π 供与性が大きく効いて，t_{2g} 軌道が不安定化しているためである。また，CN^- やピリジン（py）など芳香族イミン配位子の配位結合には，これらの π 反結合性軌道への逆供与性 π 結合による π 受容性（$e_\pi < 0$）があるので，$\Delta = 3e_\sigma - 4e_\pi$ を大きくしていると考えられる。

2-1-4 配位子場 d-d 遷移スペクトルと錯体の立体構造
(1) 幾何構造

1-7節で述べたように，AOM の先駆けとなった山寺則[5]によって，八面体六配位錯体の種々の幾何異性体の吸収帯の分裂の様子を予想することができる。図 2-7 のように山寺パラメーター，

$$\delta = \delta_\sigma + \delta_\pi = \Delta(b) - \Delta(a) = 3e_\sigma(b) - 4e_\pi(b) - 3e_\sigma(a) + 4e_\pi(a)$$

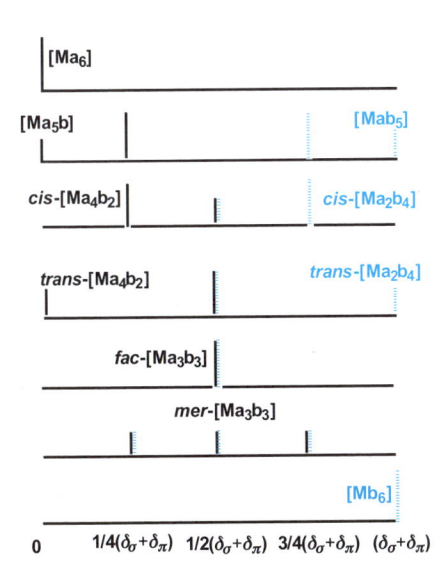

図 2-7 山寺則による第一吸収帯の移動と分裂

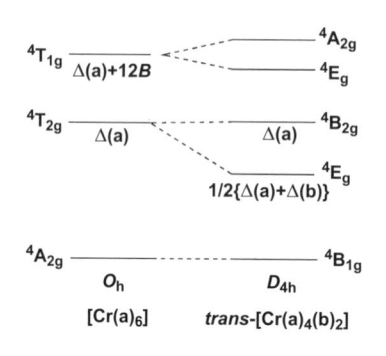

```
                                          ⁴A₂g
         ⁴T₁g ─────            ────── ⁴Eg
              Δ(a)+12B

         ⁴T₂g ─────            ────── ⁴B₂g
              Δ(a)              Δ(a)
                               ────── ⁴Eg
                          1/2{Δ(a)+Δ(b)}


         ⁴A₂g ─────            ────── ⁴B₁g
               Oh                D₄h
            [Cr(a)₆]         trans-[Cr(a)₄(b)₂]
```

図 2-8　正方対称場（D_{4h}）のエネルギー準位図

で表せば，[Ma_xb_{6-x}] 錯体の吸収スペクトルの移動と，分裂の様子が種々の幾何異性構造によって，どのように変化するかを予想することができる。trans-[Ma_xb_{6-x}] 錯体（$X = 2, 4$）の第一吸収帯の分裂は，cis-[Ma_xb_{6-x}] 錯体（$X = 2, 4$）と一置換 [Ma_xb_{6-x}] 錯体（$X = 1, 5$）の 2 倍となる。このことは，多くの八面体六配位 Co(III) と Cr(III) 錯体では，実測値とよい対応が見られる。[CrF_2(en)$_2$]$^+$ の幾何異性体であるトランス体の吸収スペクトルでは，可視部の第一吸収帯（$^4A_2 \rightarrow {}^4T_2$）と，第二吸収帯（$^4A_2 \rightarrow {}^4T_1$）が大きく正方対称場分裂して，図 2-8 のエネルギー準位図のように表せる。F-Cr-F を z 軸，2 つの N-Cr-N を x 軸と y 軸とするトランス体は $d_{xy} \rightarrow d_{x^2-y^2}$ 遷移の相当する非縮重項（$^4B_2$）への遷移エネルギーは Δ(en) となり，$d_{yz} \rightarrow d_{y^2-z^2}$ と $d_{zx} \rightarrow d_{z^2-x^2}$ 遷移に当たる縮重項（^4E）への遷移エネルギーは $1/2\{\Delta(en)+\Delta(F)\}$ と予想される。これは，xy 平面上には，エチレンジアミンの配位原子である 4 つの N (en) は π 結合性がないので，その d_{xy} 軌道は $e_\pi(N) = 0$ で変化しないが，$d_{x^2-y^2}$ の軌道エネルギーは $3e_\sigma(N)$ だけ不安定化し，これは Δ(en) に相当する。一方，xz と zy 平面上では，2 つの F$^-$ イオンと 2 つの N (en) があり，d_{yz} と d_{zx} および $d_{y^2-z^2}$ と $d_{z^2-x^2}$ 軌道の相互作用エネルギーはそれぞれ $2e_\pi(F)$ と $3/2e_\sigma(N)$ であるので，$3/2e_\sigma(F)-2e_\pi(F) = 1/2\{3e_\sigma(F)-4e_\pi(F)\} = 1/2\{\Delta(en)+\Delta(F)\}$ となる。$\Delta(en) = 22000$ cm^{-1} と $\Delta(F) = 15000$ cm^{-1} として求めた予想の位置の 22000 cm^{-1} と 18500 cm^{-1} に吸収帯が観測される。第二吸収帯の分裂成分間のエネルギー差は，AOM パラメーター（表 2-4）の数値を用いれば，配置間相互作用

を無視して，近似的には，

$$E(^4A_2) - E(^4E) = \{e_\sigma(N) + 2e_\sigma(F)\} - \{5/2 e_\sigma(N) + 1/2 e_\sigma(F) - 2e_\pi(F)\} =$$
$$-3/2 e_\sigma(N) + 3/2 e_\sigma(F) - 2e_\pi(F) = 1/2(\Delta_\sigma(F) - \Delta_\sigma(en)) + \Delta_\pi(F)\} = 5500 \text{ cm}^{-1}$$

と予想されるが，実測では 4000 cm^{-1} である。このように，AOM（山寺則）は，吸収スペクトルの分裂パターンから幾何構造を決める上で有用である。例外は，Co(III) と Cr(III) の $[M(CN)_2(en)_2]^+$ のシスとトランス異性体であって，これらの場合は，第一と第二吸収帯の正方対称場分裂の縮重項 E 成分間の配置間相互作用が大きいためと考えられている。

三方対称場分裂は 1 章で述べたように，配位子場パラメーターによる表現は簡単ではなく，また完面像化した八面体 fac-$[Ma_3b_3]$（図 2-7）のように，d-d 吸収帯は分裂はしない。三方対称場分裂の要因は，正八面体からの構造的なずれによるものとして，

① 3 回軸に沿った伸縮
② 3 回軸周りの回転によるねじれがあり，π 結合性によるもの
③ 異方性の金属-配位子の π 相互作用
④ キレート二座配位子と d 軌道間の拡張 π 相互作用（Phase Coupling）

の 4 つが考えられている [11]。このうち，①と②はエチレンジアミンやシュウ酸などの二座配位子のトリス・キレート錯体に見られ，その分裂は小さい。③の例としては，3 つのピリジル基を持つ三脚型三座配位子トリピリジルアミン（tpa）が配位した錯体 $[CrF_3(tpa)]$ があり，大きな三方対称場分裂が AOM で説明できる [12]。④では，$[Cr(acac)_3]$ の三方対称場分裂の AOM 計算が実測値と一致しているとの報告がある [11]。

(2) Jahn-Teller 歪み

前述した図 2-2 に見られるように，一般には八面体六配位錯体の $[M(H_2O)_6]^{2+}$ の吸収帯はガウス正規分布曲線となっているが，$[Ti(H_2O)_6]^{3+}$，$[Cr(H_2O)_6]^{2+}$，$[Fe(H_2O)_6]^{3+}$，$[Cu(H_2O)_6]^{2+}$ の吸収帯には，歪な分裂状態が観測される。これは，d^1 の $[Ti(H_2O)_6]^{3+}$，高スピン d^6 の $[Fe(H_2O)_6]^{3+}$ の励起状態は E で，高スピン d^4 の $[Cr(H_2O)_6]^{2+}$ と d^9 の $[Cu(H_2O)_6]^{2+}$ では基底状態 E で，共に縮重している。その縮重は，e_g^1 や e_g^3 のように e_g 軌道の不均衡な電子配置をとる E 状態が分裂したことによるもので，いわゆる Jahn-Teller 歪みによるもの

である。

(3) 四面体四配位錯体と平面四配位錯体の電子スペクトル

四面体錯体は，1章で述べたように，八面体六配位錯体とはd軌道の分裂準位は逆で，その金属イオンと配位子の結合距離が同じであれば，$\Delta_t = -4/9\, \Delta_o$ となる。吸収強度は八面体錯体とは違って，対称中心がないので，10〜50倍と大きくなる。d^n の四面体錯体の電子スペクトルは d^{10-n} のオーゲルダイヤグラムと田辺・菅野ダイヤグラムを使って説明できる。

$[MnCl_4]^{2-}$ と $[MnBr_4]^{2-}$ の電子スペクトルは $[Mn(H_2O)_2]^{2+}$ と強度を除いて，非常に似ている。これは，d^5 錯体の図 1-11 の田辺・菅野ダイヤグラムから，その遷移エネルギーがほとんど電子間反発エネルギーで決まり，配位子場分裂エネルギーの影響が小さいためであることがわかる。

高スピン四面体 d^7 配置の $[CoCl_4]^{2-}$ には，図 2-9 のように 5800 cm^{-1} の弱い吸収帯と 15000 cm^{-1} の強い吸収帯が観測される。これらの吸収帯を，それぞれ，低エネルギー側から $^4A_2 \rightarrow\, ^4T_1$ (F) と $^4A_2 \rightarrow\, ^4T_1$ (P) 遷移に帰属すると，図 1-12 のエネルギー比から Dq/B は 4.4 になり，$\Delta = 3200$ cm^{-1} と推定される。これから最も低エネルギー側の $^4A_2 \rightarrow\, ^4T_2$ (F) は 3200 cm^{-1} に予想されるが，実際にこの付近に吸収帯が観測される。

平面四配位錯体は，強い配位子場の配位子や立体的に嵩高い d^8 錯体の場合

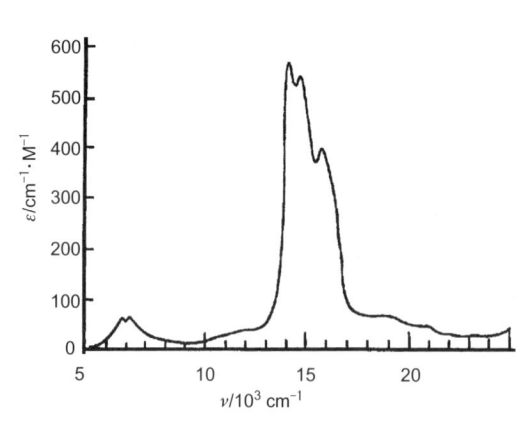

図 2-9 $[CoCl_4]^{2-}$ の配位子場 d-d 吸収帯

に生成しやすい。これらの錯体は 18000～25000 cm^{-1} に $\varepsilon = 50$～500 cm^{-1}M^{-1} の 1 つの吸収帯が観測され，オレンジ，黄色または赤色をしている。

平面四配位 Ni(II) 錯体では，この吸収帯には，充填された d 軌道から空の $d_{x^2-y^2}$ へのいくつかの遷移が重なっている。その遷移エネルギーは八面体六配位錯体の Δ_o に相当するが，同じ配位子の Ni(II) 錯体の Δ_o よりも 2 倍になる。これは四配位による金属-配位原子間距離が短くなっているためである。

(4) 五配位錯体の電子スペクトル

D_{3h} 対称の三角両錐五配位錯体 TPY-5-[M(N)$_2$(L)$_3$] 型の d 軌道は，表 1-2 と図 1-20 によって議論したように，$a_1'(d_{z^2}) > e'(d_{x^2-y^2}, d_{xy}) > e''(d_{yz}, d_{zx})$ と分裂する。最もよく見られるのは，低スピン型 Ni(II) 錯体であって，ほとんどはヒ素，リンやイオウ，セレンのようなソフトな重原子を含む配位子が配位している。2 つの d-d 遷移からなる吸収帯が観測され，低エネルギー側の 15000～16000 cm^{-1} 付近のバンドは ε が 1000～4000 cm^{-1}M^{-1} と非常に強度の強いのが特徴である。これはソフトな配位子のために，共有結合性が大きくなったためと考えられる。

正方錐五配位錯体 SPY-5-[Ma$_5$] を完面像化（1-7 節参照）すると，軸上の配位子 a を半分にして完面像化した正方対称 $trans$-[Ma$_4$(a$_{1/2}$)$_2$] 型錯体と基本的には同じ電子スペクトルで，正方対称場分裂が見られる。

2-1-5 ランタニド錯体の 4f-4f 遷移

ランタニド錯体は微妙に美しく着色していて，水溶液は，4f^1 の Ce^{3+} と 4f^{13} の Yb^{3+} は無色，4f^2 の Pr^{3+} と 4f^{12} の Tm^{3+} はそれぞれ緑色と淡緑色，4f^3 の Nd^{3+} と 4f^{11} の Er^{3+} は，それぞれ，赤紫と紅色，4f^4 の Pm^{3+} と 4f^{10} の Ho^{3+} は黄紅と橙黄色，4f^5 の Sm^{3+} と 4f^9 の Dy^{3+} はともに淡黄色，4f^6 の Eu^{3+} と 4f^8 の Tb^{3+} はともに淡紅色であって，これらには，f^n と f^{14-n} 電子配置の間では，色相に相似関係が見られる。これは，単純に考えれば，基底状態と励起状態がそれぞれ同じ多重項であることと関連している。4f 殻内に局在化している 4f-4f 遷移は d-d 遷移と同様に，ラポルテ禁制であるが，実際には，非常に多くの弱いバンドが近赤外から可視紫外部にかけて観測される。4f 電子状態は結晶場の影響が小さく，電子間反発エネルギーとスピン軌道相互作用が大きいので，その電子

状態(項)は,スピン軌道相互作用を考慮したj-j結合で記述される。また,スピン禁制遷移は大きなスピン軌道相互作用のために,スピン許容遷移と同程度の強度が観測される。4f-4f電子スペクトルは自由イオンとあまり変わらず,そのバンド幅は50 cm^{-1}位である。f-f遷移スペクトルからは結晶場分裂に関する明確な証拠の1つが低波数シフトであって,これは電子雲拡大効果によるものと考えられ,共有結合性による4f軌道の拡がりで,4f電子間の反発とスピン軌道相互作用が小さくするためである。もう1つは,ランタニド錯体に特有なHypersensitive遷移であって,配位子の違いによって,3桁以上も強度が変化する。この大きな強度変化の機構は,これらの遷移が電気四極子モーメント許容遷移であることから,配位子の分極と関連していると考えられている。その他の機構としては,低対称場および対称中心を持つ錯体での奇対称性振動のビブロニック(振電相互作用)による寄与が考えられている。これらの3つの機構の相対的な重要度は,配位子と錯体の構造によって,違ってくる。不思議なことには,配位子場の影響が大きいアクチニド錯体では,このような現象は観測されない。

2-1-6 配位子場遷移以外の電子遷移
(1) 配位子内遷移

中心金属イオンのd軌道以外の配位子に局在化した軌道が,電子遷移に関与する吸収帯(intraligand absorption band)であって,芳香族化合物や硝酸イオン,亜硝酸イオンのような紫外部の比較的低エネルギー側に電子遷移を示す配位子を持つ金属錯体物に観測される。これらのモル吸光度 ε は,配位している配位子数にほぼ比例しているので,たとえば,ピリジンなどの芳香族化合物が配位した錯体で,その配位子が金属イオン当たりいくつ配位しているかを,配位子内吸収帯のモル吸光度を,測定することによって推定することができる。

(2) 電荷移動遷移

電荷移動吸収帯(charge transfer absorption band)は金属イオンと配位子間の電子の再分配による電子遷移で,分子軌道に基づき議論することができる。

2種の電荷移動遷移,MLCT(Metal-to-ligand charge transfer)とLMCT(Ligand-to-metal charge transfer)がある。MLCTは金属のd軌道から配位子の

最低非占有分子軌道（LUMO）への遷移で，LMCT はその逆の配位子の最高占有分子軌道（HOMO）から金属の d 軌道への遷移によるもので，主として，配位子場遷移より，高エネルギー側の紫外部に観測される。この遷移はラポルテ許容であるので，強度は配位子場 d–d 遷移よりかなり大きく，ε は 1000 〜 100000 mol^{-1}M^{-1} と幅広い。

MLCT の場合，中心金属イオンは低酸化状態で，前周期遷移金属錯体に見られるが，配位子は低エネルギーの電子受容性 LUMO を持っている必要がある。その例としてよく知られているのは，鉄イオンの微量比色分析に使われている赤色の $[\mathrm{Fe(phen)}_3]^{2+}$ である。この赤色は配位子場 d–d 遷移によるものではなく，Fe(II) の t_{2g} 軌道から phen の LUMO である反結合 π^* 軌道への遷移による非常に強い吸収帯によるものである。

LMCT には，$[\mathrm{MX}_6]^{n-}$ や $[\mathrm{MX}_4]^{n-}$ などのハロゲノ錯体にみられるような，配位子 X$^-$ から金属イオンの d 軌道への遷移である。臭化物やヨウ化物イオンが配位した錯体に見られる濃い色は，このような LMCT による。

例えば，$[\mathrm{RuCl}_6]^{2-}$（d^4）と $[\mathrm{IrBr}_6]^{2-}$（d^5）の吸収スペクトルは，図 2-10 のように可視部の 20000 cm^{-1} と紫外部の 30000 〜 40000 cm^{-1} に LMCT が観測され，可視部は π 結合軌道から部分充填されている t_{2g} 軌道への遷移に，紫外部は π 結合軌道から空の e_g 軌道への遷移に帰属される。ところが，$[\mathrm{IrBr}_6]^{3-}$（d^6）では，

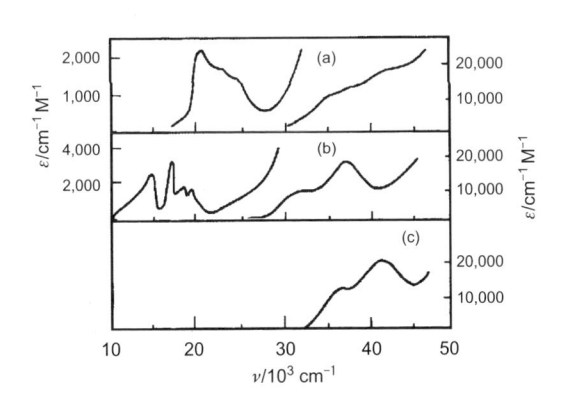

図 2-10 LMCT スペクトル
(a) $[\mathrm{RuCl}_6]^{2-}$ (d^4); (b) $[\mathrm{IrBr}_6]^{2-}$ (d^5); (c) $[\mathrm{IrBr}_6]^{3-}$ (d^6)

可視部の LMCT が観測されない，これは，t_{2g} 軌道が完全充填されているためである。

電荷移動遷移エネルギーは，中心金属が酸化されやすく，配位子が還元されやすくなると，低エネルギー側にシフトする。このことから，金属と配位子の電気陰性度と関連つけて議論されている。Pauling の電気陰性度と同じくらいの値になるよう光学的電気陰性度（optical elctronegativity）が導入され，これにスピン対エネルギーを考慮することで，電荷移動遷移エネルギーを概算することができる[6]。

金属イオンの還元されやすさは，式 (2-9) のようになり，配位子の酸化されやすさは，式 (2-10) のようになる。括弧内の数値は光学的電気陰性度を示す。

$$Pd^{4+}(2.75) > Pt^{4+}(2.6 \sim 2.7) > Rh^{4+}(2.65) > Ru^{4+}(2.45) > Cu^{2+}(2.3 \sim 2.4) >$$
$$Co^{3+} \approx Rh^{3+}(2.3) > Pd^{2+} \approx Pt^{2+}(2.2 \sim 2.4) > Ir^{3+}(2.25) > Os^{4+}(2.2) >$$
$$Fe^{3+} \approx Re^{4+}(2.1) > Ti^{4+}(2.05) > Rh^{3+} \approx Ru^{3+}(2.0) > \approx Os^{3+}(1.95) \qquad (2\text{-}9)$$

$$I(2.5) > Br(2.8) > Cl(3.0) > F(3.9) \qquad (2\text{-}10)$$

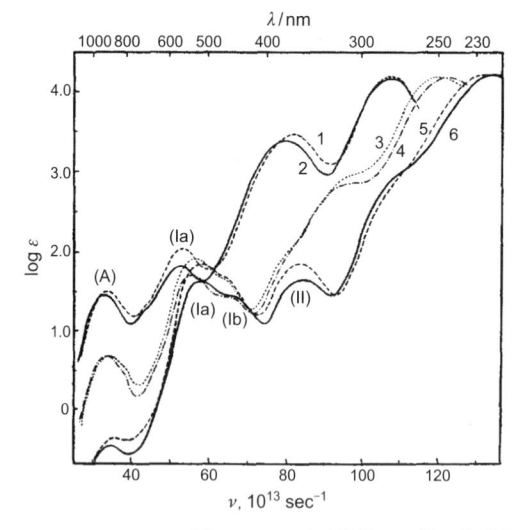

Absorption curves of :
1. cis-[Co I(NH$_3$)en$_2$]I$_2$
2. trans-[Co I(NH$_3$)en$_2$]I$_2$
3. cis-[Co Br(NH$_3$)en$_2$]Br$_2$・2H$_2$O
4. trans-[Co Br(NH$_3$)en$_2$]Br$_2$・H$_2$O
5. cis-[Co Cl(NH$_3$)en$_2$]Cl$_2$
6. trans-[Co Cl(NH$_3$)en$_2$]Cl$_2$・H$_2$O

図 2-11　Co(III) 錯体の可視・紫外吸収スペクトル
ハロゲン配位子による電荷移動遷移の位置とスピン禁制 d-d 遷移強度の違い

この系列で,上位(左側)の金属イオンと配位子の組み合わせでは,より低波数側に LMCT が観測される。その例が図 2-11 の [CoX(NH$_3$)$_5$]$^{2+}$ や,[CoX(NH$_3$)(en)$_2$]$^{2+}$ の紫外吸収スペクトルに見られ,230〜300 nm の LMCT が X = Cl$^-$>Br$^-$>I$^-$ の順に低波数側にシフトしている。

(3) 混合原子価錯体の電子遷移

Robin と Day による混合原子価錯体の分類のうち,クラス II とクラス III に属するものでは,比較的強い金属間の原子間遷移 (Intervalence transition) が可視・近赤外部に期待できる。Creutz-Taube 錯体として有名な [(NH$_3$)$_5$Ru(pyz)-Ru(NH$_3$)$_5$]$^{5+}$ はクラス II に属するが,1570 nm に原子価間遷移が観測される。また,このクラスの紺青(プルシアン青,ベルリン青,タンブル青など)として知られる化合物は不溶性の Fe^{III}$_4$[Fe^{II}(CN)$_6$]$_3$·xH$_2$O や,可溶性の KFe^{III}[Fe^{II}(CN)$_6$]·xH$_2$O などであり,それぞれの鉄イオンは CN$^-$ 架橋して,Fe^{2+} には 6 つの CN$^-$ の炭素が,Fe^{3+} には 6 つの CN$^-$ の窒素が八面体型で配位している。青色の原因となる特徴的な 670 nm と 400 nm の吸収帯は,低スピンの [Fe^{II}(CN)$_6$]$^{4-}$ の t$_{2g}$ 軌道から,それぞれ,高スピン [Fe^{III}(NC)$_6$]$^{3-}$ の t$_{2g}$ と e$_g$ 軌道への遷移と考えられている。宝石のアクアマリンでは Fe^{2+} → Fe^{3+} の,サファイヤでは Fe^{2+} → Ti^{4+} の原子価間遷移が,それぞれ色の原因となっている。これらの場合と似たケースとして,溶液中での [M(CN)$_6$]$^{4-}$ (M = Fe, Ru, Os) と,[Mo(CN)$_8$]$^{4-}$ の間などで見られるイオン対生成による原子価間遷移の観測例も知られている。

(4) 金属間結合が関与する d-d 遷移

多核錯体の電子スペクトルは金属間の相互作用によって大きく影響を受ける。磁気的に検出可能な比較的弱い相互作用の場合は,電子スペクトルはそれぞれの金属を中心とした単核錯体のものとほとんど変わらない。しかし,スピン-スピン結合によってスピン多重度が変化し,後述のようにスピン禁制遷移の強度が増大することがある。また,金属間結合を形成するときは,その結合軌道から反結合軌道への遷移が,分子軌道法に基づく考察から予想される状態間の遷移として観測されることがある。M$_2$L$_8$ 型錯体の中でも,M-M 間に δ 結合を形成する d^4-d^4 錯体 [Mo$_2$Cl$_8$]$^{4-}$,[Re$_2$Cl$_8$]$^{2-}$ や d^3-d^4 錯体 [Mo$_2$(SO$_4$)$_4$]$^{3-}$ の δ-δ* 遷移は,それぞれ,500 nm,700 nm,500 nm に観測される。d^7-d^7 錯体

$[Pt_2(pop)_4X_2]^{4-}$ (pop = (HO)OP–O–PO(OH)$^{2-}$; X = Cl$^-$, Br$^-$, NCS$^-$) では，金属間結合に関係した特徴的な $\sigma \rightarrow \sigma^*$ 遷移が 330 nm(Cl$^-$)，370 nm(Br$^-$)，390 nm(NCS$^-$) に見られる。

2-1-7　吸収強度と遷移の選択則

吸収強度を定量的に比較するには，容易に電子スペクトル測定から得られるモル吸光度（ε）を用いるが，量子力学的な観点から比較するには，振動子強度 f（無名数）が有用である。振動子強度は，実験的には吸収帯の面積積分強度として，次式から得られる。

$$f = 9.184 \times 10^{-30} \int_0^\infty \varepsilon/\sigma d\sigma$$

電子遷移は，電気双極子と磁気双極子および四重極子の3つの機構で起こるが，その大きさの比は，

電気双極子 (P) : 磁気双極子 (M) : 四重極子 = 1 : 10^{-3} : 0.3×10^{-3}

であって，これらのうち，電気双極子遷移モーメントが最も大きく吸収強度に寄与し，それは理論的には，基底状態 d と励起状態 d' の間の電気双極子遷移の期待値で，次式で表される。

$$Q = \int \psi_i(d) P \psi_j(d') d\tau \propto <d_I|P|d_j'> \qquad (2\text{-}11)$$

P は電気双極子オペレーターで，x, y, z ベクトルと同じ対称性を持っている。振動子強度 f を電気双極子 Q で表すと次式になる。

$$f = 1.096 \times 10^{11} Q^2$$

振動子強度は，バンド幅がほぼ同じであれば，モル吸光度 ε で比較できるが，バンド幅が異なる場合は，ε と半値幅 $\delta_{1/2}$（吸収極大の半分の位置での幅）の積 $f = \varepsilon \cdot \delta_{1/2}$ で，比較することができる。半値幅の違いについては，後述する。

磁気双極子遷移が重要になるのは，f-f 遷移と 2-2 節で述べる円二色性の場合である。

2 電子スペクトルと円二色性および磁気円二色性

(1) 軌道選択則とスピン選択則

波動関数は空間（space）とスピン（spin）の積 $\psi_i(d) = \phi_i(\text{space})\phi_i(\text{spin})$ となるので，電子遷移における遷移電気双極子モーメント Q は，次式となる。

$$Q = \int \psi_i(d) \, P \psi_j(d') d\tau$$
$$= <\psi_i \text{space})\phi_i(\text{spin}) |P|\psi_j(\text{space})\phi_\varphi(\text{spin})>$$

スピン関数は $P = er = e(ix+jy+kz)$ とは無関係であるので，分離すると，

$$Q = <\psi_i(\text{space})|P|\psi_j(\text{space})><\phi_i(\text{spin})|\phi_\varphi(\text{spin})>$$

となる。

スピン選択則は，同じスピン $\Delta S = 0$ であれば，$<\phi_i(\text{spin})|\phi_\varphi(\text{spin})> \neq 0$ で許容遷移で，異なるスピン $\Delta S \neq 0$ では，$<\phi_i(\text{spin})|\phi_j(\text{spin})> = 0$ で禁制遷移になる。

(2) スピン許容遷移

スピン許容 d-d 遷移は偶対称性（gerade）の d 軌道間の，奇対称性の電気双極子遷移は d（偶）×p（奇）×d（偶）となって，奇関数を積分することになるので，$<\psi_i(\text{space})|P|\psi_j(\text{space})> = 0$ となり，ラポルテ禁制である。この場合，奇対称性（ungerade）の振動モードとのカップリング（ビブロニック振電相互作用）や，対称の低下による p 軌道（奇対称性）と混ざりあって許容になる。例えば，八面体対称場（O_h）では，電気双極子モーメント P の基底は (x, y, z) であるので，その既約表現は $T_{1u}(O_h)$ である。Co(III)錯体では，基底状態 A_{1g} で，第一励起状態 T_{1g} との P の期待値が，既約表現だけで表せば，$A_{1g} \cdot T_{1u} \cdot T_{1g}$ となり，A_{1g} を含まないので，積分はゼロとなるが，奇振動 Γ_u を含む波動関数は，$\Psi_i(d) = \phi(_i\text{electronic})\phi_i(\text{vibration})$ となるので，

$$Q = <d_i|P|d_j'> = <d_{ele}d_{vib}|P|d'_{ele}d'_{vib}> = (\phi_{ele}\Gamma_g)(\phi_{vib}\Gamma_g) \times (\phi.\Gamma_u) \times$$
$$(\phi_{ele}'.\Gamma_g)(\phi_{vib}'.\Gamma_u) = \Phi(\Gamma_{gg})$$

すなわち，$\Gamma_u = T_{1u}$ であれば，$A_{1g} \times T_{1u} \times T_{1g} \times (T_{1u})$ の直積で得られる可約表現には既約表現 A_{1g} を含むので，$A_{1g} \neq 0$ となって，有意な値となり，ビブロニック（前述）で許容となる。

ビブロニック許容遷移は，$trans$-$[CoCl_2(en)_2]ClO_4$ でも見られて，これを考慮することで，第一吸収帯で観測される顕著な結晶二色性スペクトルを解釈することができる。
　これに対し，対称中心のない四面体型錯体では，基底・励起状態ともに d 軌道と p 軌道が大きく混ざって，基底状態は $\psi_i(d) = \phi(d)+\phi(p)$ で，励起状態は $\psi_j(d) = \phi(d)'+\phi(p)'$ となるので，電気双極子は，

$$Q = \int \psi_i(d) P \psi_j(d) d\tau = <d_i|P|p_j> \neq 0$$

であって，ラポルテ許容遷移となる。
　実際，四面体錯体の吸光度は図 2-9 で見られるように大きい。

(3) スピン禁制遷移の強度

　d-d 遷移として重要なものに，異なるスピン多重度間のスピン禁制遷移がある．この遷移はスピン反転を伴うもので，スピン許容遷移に比べて，その吸収強度は約 1/100 となる。その吸収パターンは，$(t_{2g})^3$ の Cr(III) 錯体のように t_{2g} 殻内の $t_{2g} \to t_{2g}$ 遷移では細線状であるが，$(t_{2g})^6$ の Fe(II) や Co(III) 錯体では $t_{2g} \to e_g$ 遷移を伴うスピン反転となるので，幅広い吸収帯が観測される。（図 2-4 と図 2-5）なかには，高スピン型 d^5 錯体のように，スピン禁制遷移しか観測されないものもある．この場合，可視部領域の吸収強度（図 2-6）が弱くて，それらの着色はきわめて薄い．d^5 配置の典型的な例として，淡いピンク色の $[Mn^{II}(H_2O)_6]^{2+}$ や淡緑色の $[Fe^{III}(H_2O)_6]^{3+}$ がある．
　スピン禁制遷移が許容になるのは，スピン軌道相互作用によるスピン多重度の異なる電子項間の混ざりによって，スピン許容遷移強度を借りるためである。その混ざり合いの度合いはスピン軌道相互作用定数(λ)の大小に依存するので，金属イオンや配位原子が重原子である錯体では，スピン禁制遷移強度は大きい。
　具体的に，Cr(III) 錯体と Co(III) 錯体について考えてみる。
Cr(III) 錯体では，

$$\Psi(^2E) = \Psi_0(^2E) + \alpha \, \Psi(^4T_2)$$
$$\alpha = \Psi_0(^2E)|l \cdot s|\Psi(^4T_2)>/\{E(^2E)-E(^4T_2)\} = b\lambda/\Delta E$$

Co(III) 錯体では，

2 電子スペクトルと円二色性および磁気円二色性

$$\Psi(^3T_1) = \Psi_0(^3T_1) + \alpha\,\Psi(^1T_1)$$
$$\alpha = \Psi_0(^1T_1)|l\cdot s|\Psi(^3T_1) > /\{E(^1T_1) - E(^3T_1)\} = b\lambda/\Delta E$$

スピン禁制遷移の吸収強度は次式で表され，スピン軌道相互作用定数の2乗に比例する。

$$I(SF) = b^2(\lambda^2/\Delta E)I(SA) \propto \lambda^2 I(SA)$$

スピン軌道相互作用定数は，中心金属イオンと配位原子の一次結合で，

$$\lambda = \alpha\lambda_d + \beta\lambda_x$$

となるので，配位原子や中心金属イオンが重原子の場合に，スピン禁制遷移強度の増大が見られる。例として，重い原子（イオン）が配位すると，スピン禁制帯の強度が増大するコバルト(III)錯体のスペクトルを図2-11に示す。1000〜800 nmの吸収帯（A）の強度の違いはハロゲン化物イオンのスピン軌道相互作用定数 $\lambda_x/cm^{-1} = 600(Cl)$，$2500(Br)$，$5000(I)$ を反映して，ヨウ化物イオンは臭化物イオンと塩化物イオンよりも，それぞれ，約4倍，約10倍と大きくなっていることが明らかである。また，中心金属イオンが $[IrCl_6]^{3-}$ では，スピン軌道相互作用定数 $\lambda_d = 2500\ cm^{-1}$ と大きいので，強いスピン禁制遷移が観測される。

スピン禁制遷移がスピン許容吸収極大とほぼ同じ位置に予想される場合，大きな強度で，許容帯のピークに重なって，本来凸型になるものが，凹型になる"antiresonance"として，観測されることがある。この例としては，$[Cr(en)_3]^{3+}$ や $NiSO_4\cdot 6H_2O$ のスピン許容帯の歪な吸収曲線があり，低温測定で詳しく研究されている。

(4) スピン禁制遷移強度の磁気的相互作用による増大 [13, 14]

スピン禁制遷移強度は，大きなスピン軌道相互作用定数をもつ以外でも，磁気的相互作用により増大する場合がある。例えば，常磁性2核錯体 $[Cr^{III}_2(\mu\text{-}O)(NH_3)_{10}]^{4+}$ や3核錯体 $[Cr_3(CH_3COO)_6]^{3+}$ では，スピン禁制d-d遷移の強度が非常に増大している。また，セミキノンやニトロキシドラジカルが配位した場合も，吸収強度の増大が見られる。これは，同じスピン多重度の電荷移動吸収

帯から強度を借りることで強度増大が起こり，基底状態での磁気的相互作用 J が大きく寄与している．すなわち，吸収強度 f^{SF} は，

$$f^{SF} = J \cdot E_{CT}/(\Delta E_{CT})^2 f^{CT}$$

であって，ここで，E_{CT} は電荷移動吸収帯の遷移エネルギーで，ΔE_{CT} はスピン禁制帯と電荷移動帯のエネルギー差である．磁気的相互作用が大きいほど，スピン禁制遷移強度の増大は大きいと予想される．事実，強い反強磁性相互作用のあるセミキノン Cr(III) 錯体では，$J = 400 \text{ cm}^{-1}$ で，スピン禁制帯強度は非常に大きくなっている．同じニトロキシドラジカル配位子を含む錯体を比較すると，$E_{CT}/(\Delta E_{CT})^2$ はほぼ同じであるから，ニトロキシドラジカル Cr(III) 錯体，[Cr(β-diketonato)$_2$(NIT2py)]$^+$ や [Cr(β-diketonato)$_2$(IM2py)]$^+$ では，J は 10 ～ 100 cm^{-1} であって，共存配位子 β-diketonato の置換基の違いによる J 値の増加に伴って，スピン禁制帯の強度は増大する．Ni(II) 錯体では，ニトロ

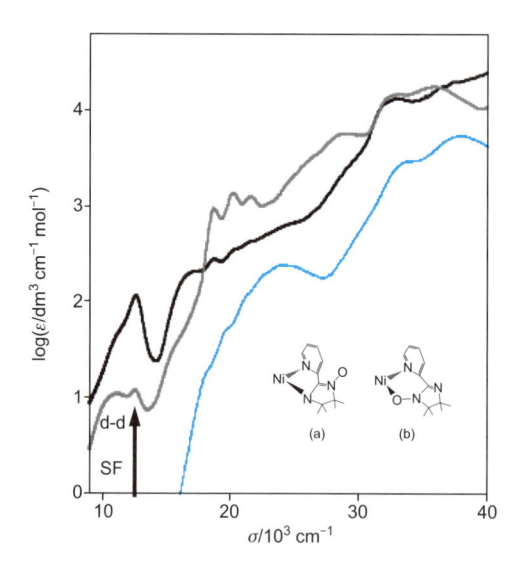

図 2-12　結合異性体 [Ni(acac)(tmen)(IM2py-*k*N, *k*N)]（灰色線）と [Ni(acac)(tmen)(IM2py-*k*N, *k*O)]（黒線）および [Ni(acac)$_2$(en)]（青線）の吸収スペクトル：矢印↑がスピン禁制 d-d($^3A_2$-^1E) 遷移 (SF)

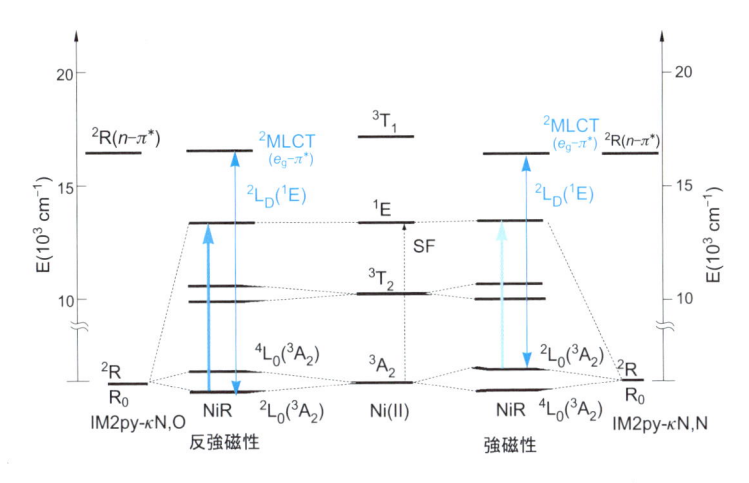

図 2-13 IM2py ラジカルを含む Ni(II)錯体の結合異性体のエネルギー準位図

ニルニトロキシド (NIT2py) とイミノニトロキシドラジカル (IM2py-κN, N)) で，それぞれ，反強磁性と強磁性相互作用になり，その違いも反映して，スピン禁制帯の強度温度変化は増減する．IM2py の結合異性体である ［Ni(tmen)(acac)(IM2py-κN, O)］ と ［Ni(tmen)(acac)(IM2py-κN, N)］ では，前者は IM2py キレートの非平面性で反強磁性に，後者は平面性で強磁性相互作用になる．この磁性の違いを反映して，図 2-12 のように IM2py-κN, O 錯体のスピン禁制吸収帯強度は IM2py-κN, N 錯体よりも大きい．これは図 2-13 に示すように，いずれも，スピン 2 重項間の $^2L_o(^3A_2) \rightarrow {}^2L(^1E)$ 遷移であるが，基底状態の $^2L_o(^3A_2)$ と $^4L_o(^3A_2)$ が逆転してボルツマン分布が異なるため，温度降下で，IM2py-κN, O 錯体の強度は増大し，IM2py-κN, N 錯体では減少する．

(5) 配位子内スピン禁制遷移 [15]

芳香族配位子の配位子内 1 重項-3 重項スピン禁制遷移も，常磁性金属イオンに配位することで，強度の増大が見られる．これは，acac や bpy 錯体で観測されている．この場合，常磁性金属イオンの基底状態と配位子の 3 重項励起状態との磁気的相互作用によって，同じスピン多重項の電荷移動吸収帯を仲介し，配位子内スピン許容 π-π* 遷移から強度を借りてくることで，大きな強度が得られる．

2-1-8 吸収帯のバンド幅

スピン禁制遷移で見られる顕著なバンド幅の違いは，田辺・菅野ダイヤグラムを用いて説明できる。例えば，Cr(III)錯体と Co(III)錯体のスピン禁制遷移を比較すると，図 2-5 のように前者はシャープであるが，後者はスピン許容帯のようにブロードである。これは，Cr(III)錯体のスピン禁制遷移が，t_{2g} 殻内でのスピン反転を伴う遷移で，反結合軌道の e_g 軌道の電子数に変化がなく，したがって，励起状態では，基底状態と同じ結合距離を保っているためと考えられる。このことは，このスピン禁制帯の遷移エネルギーは主として，d 電子間反発エネルギーで表され，配位子場分裂エネルギー $\Delta(10Dq)$ を含まず，熱振動による Δ の変動を感じないためでもある。この点は，田辺・菅野ダイヤグラムからも，2 重項 ^2E, $^2T_1$ が横軸の $10\ Dq/B$ の変化に対して，縦軸の遷移エネルギー E/B が変化しないで，横軸に平行であることからも理解できる。これに対して，Co(III)錯体では，$^3T_1$, $^3T_2$ へのスピン禁制遷移は，t_{2g} から e_g 殻への遷移であって，遷移の前後で，反結合 e_g 軌道の電子数が 1 つ増えて，結合距離が伸び，その遷移エネルギーは d 電子間反発エネルギーばかりでなく，$\Delta(10Dq)$ を含むので，スピン許容遷移と同様のバンド幅になる。田辺・菅野ダイヤグラムを見ると，$^3T_1$, $^3T_2$ は $^1T_1$, $^1T_2$ と同じ勾配をしていることからも，バンド幅がスピン許容遷移と同じであることがわかる。

(1) バンド幅の温度依存性

電子スペクトルを低温で測定すると，吸収極大はブルーシフト（高波数側）する。これは，基底状態が振動準位から成っていて，高温では高い振動準位からの遷移が可能で，より低波数側の成分が観測されるが，低温になると，これらのいわゆる"ホットバンド"が消えて高波数側にシフトする。

一般に，対称中心をもつ錯体の吸収強度は，ビブロニックで許容となるために，低温になると，次式の理想的な調和振動子 ν に対する coth 則にしたがって，減少する。

$$f_T = f_0 \coth(\nu/2kT)$$

温度依存性はあまりない場合は，対称中心を持たない錯体であると考えられる。

2-1-9 クロモトロピズム [16]

電子スペクトルは温度や圧力などの外場に応答して，色が変化し，吸収帯の位置やパターンの変化として観測される。この現象をクロモトロピズムと呼ばれている。熱によるものはサーモクロミズ，圧力はピエゾクロミズム，溶媒はソルバトクロミズム，電気はエレクトロクロミズム，機械的にはメカノクロミズム，摩擦ではトライボクロミズム，光はフォトクロミズム，電気はエレクトロクロミズムなどがある。外部応答性は，錯体の配位数や構造，結合距離，スピン状態の変化によるものである。このように，電子スペクトルを解釈する上では，外場の影響を考慮することは重要である。

2-2 円二色性（Circular Dichroism: CD）

円二色性スペクトル（CD）は，光学活性物質の左回りと右回りの円偏光に対するモル吸光係数の差 $\Delta\varepsilon = \varepsilon_l - \varepsilon_r$ (cm^{-1}・M^{-1}) を縦軸に，波長または波数を横軸にとってプロットしたものである。この現象は，1896 年にコットン（Cotton）によって，Cr(III) と Cu(II) の酒石酸錯体の異常旋光分散とともに発見され，コットン効果とよばれている。CD では，図 2-14 のように吸収帯に対応する領域で正または負の符号を持つ成分が観測される。

実際の測定では，直線偏光が試料透過後に楕円偏光になるので，その楕円率 θ(deg) を測ることになる。モル楕円率 $[\theta]$ は次式で定義されて，モル円二色性 $\Delta\varepsilon$ と関係付けられる。

$$[\theta] = \theta/(lc)$$
$$\Delta\varepsilon = 0.303 \times 10^{-3}[\theta]$$
l はセル長，c はモル濃度

CD の選択則は，旋光強度 R に基づき考察することができる。

これは，実験的には，CD スペクトルの面積強度として，次のように得られる。

$$R = 2.296 \times 10^{-30} \int_0^\infty \Delta\varepsilon/\sigma d\sigma$$

理論的には，電気双極子モーメント P と磁気双極子モーメント M のスカラー積の虚数部分で，

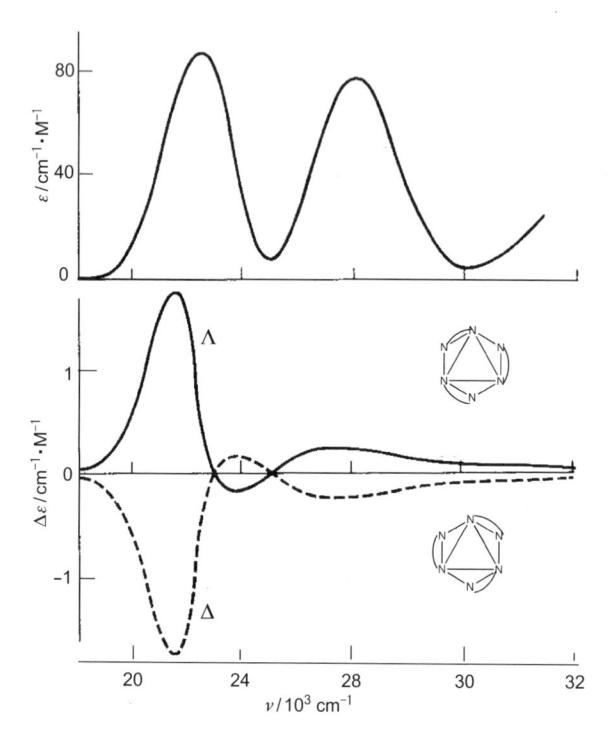

図 2-14 $(-)_{539}$-$[Co(en)_3]^{3+}$と$(+)_{589}$-$[Co(en)_3]^{3+}$の CD スペクトル

$$R = \mathrm{Im}\{<0|P|a>\cdot<a|M|0>\} = p\cdot m(\cos\theta)$$

と表現される。ここで，θ は電気双極子モーメント P と磁気双極子モーメント M のベクトルのなす角度である。直交すれば，旋光強度がゼロであり，平行と逆平行の時が最大である。鏡像体では，符合が反転する。この旋光強度を全波長にわたって，積分するとゼロになる。

d-d 遷移は磁気双極子許容であるが，電気双極子禁制であるので，両方が許容になるためには，錯体は C_n と D_n の点群に属するものに限られる。

2-2-1 配位子場 d-d 遷移の円二色性

$(-)_{539}$-$[Co(en)_3]^{3+}$と$(+)_{589}$-$[Co(en)_3]^{3+}$のような光学対掌体では，図 2-14

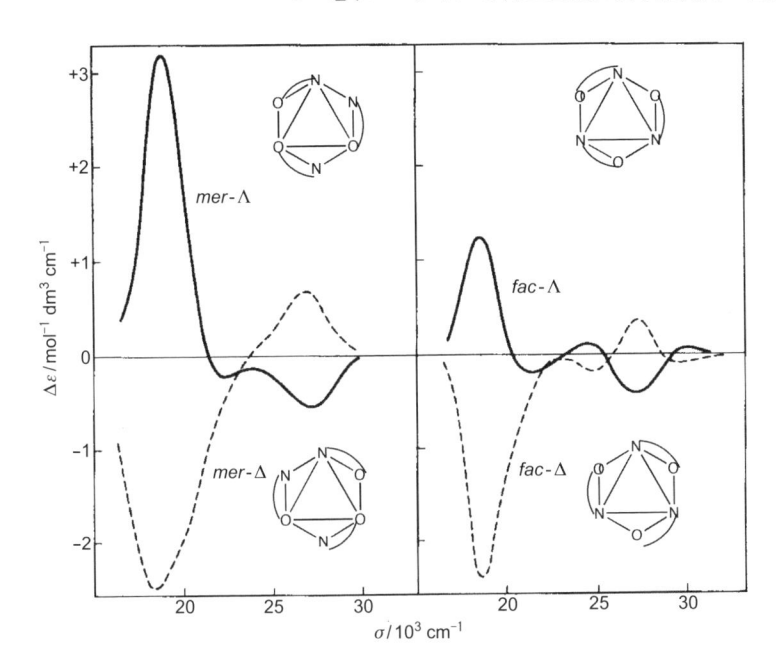

2 電子スペクトルと円二色性および磁気円二色性

図 2-15 [Co(L-ala)$_3$] の 4 異性体の CD スペクトル

に示すように，その CD は横軸に対して鏡像関係にあり，(−)-[Co(L-ala)$_3$] と (+)-[Co(L-ala)$_3$] (L-ala = L-alaninate) のジアステレオマーでは，図 2-15 のように上下非対称の CD パターンがみられ，それぞれの錯体のエナチオマーとジアステレオマーのキラル構造の違いを反映している。

(+)$_{589}$-[Co(en)$_3$]$^{3+}$ の中心金属まわりに関する絶対配置は (+)$_{589}$-[Co(en)$_3$]$_2$・Cl$_6$・NaCl・6H$_2$O の X 線構造解析によって，Λ 型（図 2-16）と決定されている。この錯体と同じ電子遷移に対応する CD 主成分の符号を比較することで，光学活性錯体の中心金属まわりに関する絶対配置を推定することができる。比較の対象となる d-d 遷移は，CD の選択則から大きな CD 強度（$\Delta \varepsilon$）が観測される磁気双極子許容遷移の第一吸収帯である。Co(III) 錯体では図 2-17 の高波数側の $^1T_1$-$^1A_1$ で，Cr(III) 錯体と Ni(II) 錯体では，それぞれ，$^4A_2 \to {}^4T_2$ と $^3A_2 \to {}^3T_2$ 遷移で，その CD 主成分の符号が正では，Λ 型絶対配置をとると推定される。これらの錯体の第二吸収帯の $^1A_1 \to {}^1T_2$ (Co(III))，$^4T_1 \to {}^4A_2$ (Cr(III)) と $^3A_2 \to {}^3T_1$ (Ni(II))

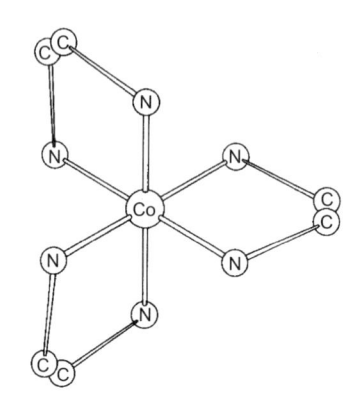

図 2-16　Λ-(+)$_{589}$-[Co(en)$_3$]$^{3+}$の絶対配置

の CD 強度は，一般に第一吸収帯のものよりも弱い。これは，これらの遷移が磁気双極子禁制であるためである。多くの錯体は，CD 主成分則にしたがうが，例外としては，大きな 6 員キレート環の錯体トリス（メチレンジアミン）錯体，(+)$_{589}$-[Co(tn)$_3$]$^{3+}$があり，この場合，Λ 型で負の CD 主成分を示す。

　CD 主成分の帰属は，次のように行われた。三方対称場 (D_3) の (+)$_{589}$-[Co(en)$_3$]$^{3+}$では，励起状態 $^1T_1$ は $^1A_2$ と ^1E に三方対称場分裂すると予想されるが，実際には極低温での結晶のスペクトルでは，僅かに 0 ～ 70 cm^{-1} の分裂しか観測されていない。しかし，CD では正負の大きく分離した 2 つの成分が観測される。（図 2-14 と図 2-17）この帰属は，図 2-17 に示す (+)$_{589}$-[Co(en)$_3$]$_2$·Cl$_6$·NaCl·6H$_2$O 結晶の CD 測定で確立されている。この結晶では，錯イオンの 3 回軸に平行な光軸に光を通した CD 測定で大きな正の CD 成分が観測され，その磁気双極子選択則から，三方対称場分裂成分の ^1E と帰属される。このことから，水溶液の CD で見られる正の CD 成分は ^1E で，短波長側の負成分は $^1A_2$ と帰属されている。この場合，三方対称場分裂は吸収スペクトルから実測に比べ，非常に大きく約 3000 cm^{-1} である。これは，正負の大きな CD 成分が打ち消しあうために，見かけ上水溶液の CD 強度が弱く，また大きな分裂になっていると考えられている。

　中心金属イオン周りの絶対配置に基づく配置効果の CD 強度 $\Delta\varepsilon$ は ±1 ～ 2

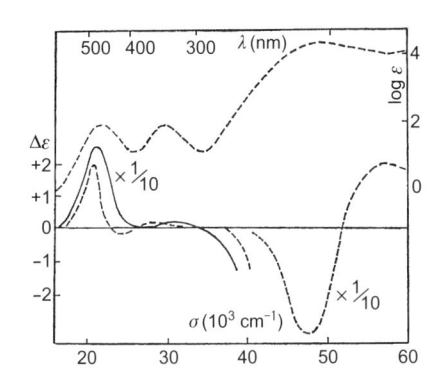

図 2-17 （＋）$_{589}$-[Co(en)$_3$]$_2$·Cl$_6$·NaCl·6H$_2$O の水溶液中の CD と結晶の CD（3 回軸方向から入射した）

cm^{-1} M^{-1} であるのに対して，配位子にだけキラリティが存在する錯体のいわゆる隣接効果による CD 強度は，[Co(L-ala)(en)$_2$]$^{2+}$ のキレート配位した L-alaninato では，±0.1 cm^{-1} M^{-1} で，[Co(L-alaH)(NH$_3$)$_5$] の酸素で単座配位した -OCOCH(CH$_3$)NH$_3$ では±0.01 cm^{-1} M^{-1} と弱くなる。この配置効果と隣接効果が共存する Δ- と Λ-[Co(L-ala)(en)$_2$]$^{2+}$ のようなジアステレオマー錯体では，多くの場合は，加成性が成り立つが，中には，ジアステレオマー間で，水素結合などの分子内（配位子間）相互作用の有無によって，自由度が規制されて配位子の配座構造などが異なると加成性が成立しない場合がある。

2-2-2 配位子内遷移による励起子円二色性 [17]

絶対配置の推定するには，理論的な根拠に基づくより確実な方法として，励起子円二色性（Exciton CD）がある。励起子理論によると，2,2'-bipyridine や 1,10-phenathroline のような芳香族系配位子が 2 ないし 3 つ配位した八面体錯体では，配位子の長軸方向の π–π* 遷移の電気双極子モーメント間の励起子相互作用によって，励起子（ダイビドフ）分裂が起こり，その成分は正負の CD カプレットとして観測されると予想される。（図 2-18(a)(b)）実際，Λ-（＋）$_{589}$-[Cr(phen)$_3$]$^{3+}$ では，36000～38000 cm^{-1} に見られる正負の CD（図 2-19）からは，励起子理論では Λ 型絶対配置と推定されるが [18]，これは，この錯体の

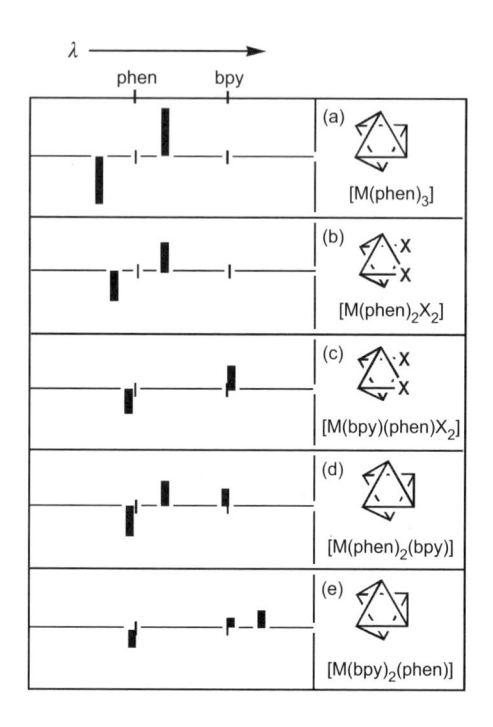

図 2-18 Λ-[M(phen)$_x$(bpy)$_{3-x}$] の励起子理論による予想 CD パターン

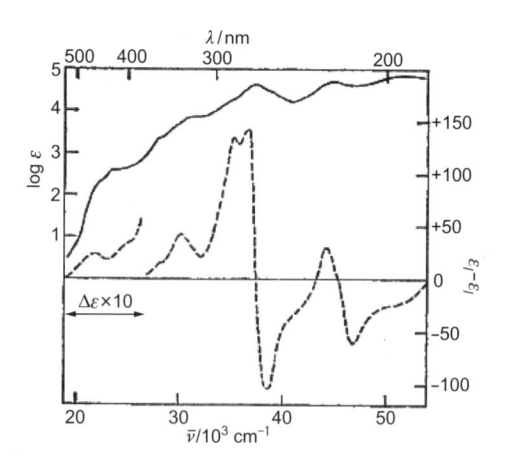

図 2-19 Λ-[Cr(phen)$_3$]$^{3+}$ の CD スペクトル

2 電子スペクトルと円二色性および磁気円二色性

22000 cm^{-1}付近のd–d遷移のCD主成分則に基づく絶対配置とも一致している。Co(III)錯体 Λ-(+)$_{589}$-[Co(phen)$_3$]$^{3+}$ でも，励起子CDとCD主成分則およびX線構造解析の結果が一致している。しかし，Λ-(+)$_{589}$-[Co(bpy)$_3$]$^{3+}$ および Λ-(+)$_{589}$-[Ni(phen)$_3$]$^{2+}$ と Λ-(+)$_{589}$-[Ni(bpy)$_3$]$^{2+}$ では，励起子CDとX線構造解析による絶対配置はΛ型で同じであるが，d–d遷移のCD主成分は負で，CD主成分則からはΔ型と推定される。d–d遷移に基づくCD主成分則による絶対配置の帰属には問題がある。

このような励起子理論に基づく絶対配置の帰属には，配位することで，π系二座配位子となるβ-ジケントナト配位子やカテコールやトロポナト配位子などのビスやトリス錯体にも適応されている。

励起子CDは，同じ配位子ばかりでなく，異なる配位子でも観測される。Λ-[M(bpy)(phen)$_2$]$^{n+}$ や Λ-[M(bpy)$_2$(phen)]$^{n+}$ では，励起子理論による予想（図2-18(d)）のように，Λ型で低波数側から，（＋），（＋），（－）の三成分の特徴的な励起子CDが観測される。もっと，直接的なbpy-phen励起子相互作用の証拠は，Λ-(+)$_{589}$-[Cr(bpy)(phen)(ox)]$^+$ で見られ，bpyとphenのπ–π*吸収帯領域に，それぞれ，（＋）と（－）のCDが観測される。これは，励起子理論に基づく予想（図2-18(c)）とおりであり，d–d遷移の主成分則による絶対配置とも一致している。

最近DFT[19]による理論計算によって、d–d遷移と電荷移動遷移のCDや励起子CDスペクトルを再現する結果が得られている。また、2核錯体の励起子CDは単純な励起子理論では説明できない異常な挙動を示すが、これは半経験的なZINDO[20]計算で、他の金属イオンに配位した配位子間の相互作用によるものとわかった。このような理論計算は立体化学とCDとの関係を解明する上で有力な補助手段となると期待される。

2-2-3　円偏光ルミネッセンス（Circular Polarized Luminescence: CPL）

光学活性化合物の発光現象に対応して，左右の円偏光に差を検出するのが，円偏光ルミネッセンス（CPL）である。CPLの測定法は，光学活性錯体に自然光を照射して，発光の左右の円偏光の発光強度差 $\Delta I = I_L - I_R$ を測定する。

CPL 強度の比較は，ΔI を全発光強度（$\frac{1}{2}I$）で割った値，不斉因子（dissymmetry factor）

$$g_{lum} = \frac{\Delta I}{\frac{1}{2}I} = \frac{I_L - I_R}{\frac{1}{2}(I_L + I_R)}$$

を用いる。

　CPL は，CD が基底状態の絶対配置や配座を知ることができるのに対して，励起状態の絶対配置や配座の情報を得ることができる。同じ遷移の CPL の g_{lum} と CD で得られる $g_{abs} = \Delta\varepsilon/\varepsilon$ を比較することで，基底状態と励起状態のキラル構造を比較することができる。CPL が測定可能な遷移金属錯体は，$|g_{lum}| > 10^{-4}$ の発光するキラルな Cr(III)錯体や Ru(III)錯体などに限定される。多くの発光性ランタニド錯体のなかでも，Eu(III)錯体を中心として，溶液内キラル構造の研究が活発に行われている。例としては，キラルならせん構造の Cr(III)-Eu(III) 2 核錯体で，Cr(III) のリン光 $^2E \to {}^4A_2$ と Eu(III) の $^5D_0 \to {}^7F_2$ の CPL 測定に成功している[21]。これらの CPL は 1 mM 溶液で測定できるが，同じ領域の CD 測定には数十倍の高濃度溶液が必要である。このことは，CPL が CD よりも高感度であることを示している。

2-2-4　磁気円二色性（Magnetic Circular Dichroism：MCD）

　磁場内に置かれたすべての物質は，磁場と平行に入射すると，右回りと左回りの円偏光に対する吸光度に差が生じる現象（ファラデー効果）すなわち磁気円二色性（Magnetic Circular Dichroism：MCD）を伴う。これは，CD 測定用装置で磁石を試料室に設置することによって測定できる。対象錯体はキラルである必要はない。磁場の向きが変われば，符号は反転する。

　MCD は外部磁場による原子または分子やイオンの電子状態のゼーマン分裂準位間の左右円偏光に対する遷移の選択則の違いによって起こる現象である。その強度は，ゼーマン分裂がバンド幅と kT より小さい時，磁場に比例する。この場合，磁気楕円率 θ は次式で与えられる。

$$\theta = -\frac{8\pi^2 N}{3ch}H\{f_1 A + f_2[B + C/kT]\}$$

ここで，H は磁場，N は単位体積中の分子の総数，f_1 と f_2 はそれぞれ分散型および吸収型の波数（ν）についての形状関数で，$f_1 = df_2/d\nu$ の関係がある．A, B, C 項はファラデーパラメーターと呼ばれ次式で表される．

$$A = 3/d_a \Sigma [<j|\mu_z|j> - <a|\mu_z|a>] \cdot \text{Im}\{<a|m_x|j><j|m_y|a>\}$$
$$B = 3/d_a \Sigma [<k|\mu_z|j>/(E_k-E_a)] \cdot \text{Im}\{<a|m_x|j><j|m_y|k> - <a|m_y|j><j|m_x|k>\} +$$
$$\Sigma [<j|\mu_z|k>/(E_k-E_a)] \cdot \text{Im}\{<a|m_x|j><k|m_y|a> - <a|m_x|j><k|m_y|a>\}$$
$$C = 3/d_a \Sigma <a|\mu_z|a> \cdot \text{Im}\{<a|m_x|j><j|m_y|a>\}$$

μ_z と m_x, m_y はそれぞれ磁気および電気双極子モーメント演算子，d_a は基底状態 a の縮重度を表し，Im は虚数部を示す．これを単位磁場（ガウス（G））当たりのモル楕円率 $[\theta]_M$ で表せば，

$$[\theta]_M = -21.35\{f_1 A + f_2 [B + C/kT]\}$$

$[\theta]_M$ の単位としては $\text{deg}\cdot\text{cm}^2\cdot\text{decimol}^{-1}\cdot G^{-1}$，$\text{deg}\cdot\text{deciliter}\cdot\text{dm}/1\cdot\text{mol}^{-1}\cdot G^{-1}$ と $\text{deg}\cdot\text{dm}^3\cdot\text{m}^{-1}\cdot\text{mol}^{-1}\cdot G^{-1}$（$10^{-2}\text{deg}\cdot\text{dm}^3\cdot\text{cm}^{-1}\cdot\text{mol}^{-1}\cdot G^{-1}$）がある．また $[\theta]_M = 3.3 \Delta\varepsilon_M$ と関係つけられるモル磁気円二色性 $\Delta\varepsilon_M$（$\text{dm}^3\cdot\text{mol}^{-1}\cdot\text{cm}^{-1}\cdot T^{-1}$）（$T = 10^4 G$）が最近では広く用いられている．

A 項は基底状態 a あるいは励起状態 j が縮重している時に生じる．B 項はどの遷移についても存在し，基底状態 a または励起状態 j が種々の励起状態と磁場で混ざり合うことによって生ずる項である．C 項は基底状態の縮重によってあらわれ，温度の逆数に比例する．これは，左右円偏光に対する遷移確率がゼーマン分裂基底準位のボルツマン分布によって温度に依存するためである．図 2-20 に示すように，A 項の MCD 帯は吸収極大で反転中心となる分散型（f_1）で，B, C 項では，その極値が吸収極大とほぼ一致する吸収型（f_2）である．

これらの波形の違いは，定性的に A 項と B, C 項を区別して，MCD 帯の帰属を行う上で，有力な基準となる．さらに，定量的な情報を得るには，実測の MCD 曲線から A, B, C 項の値を求める必要がある．これらの値は，MCD 曲線を制動振動子型またはガウス型で仮定して，最小 2 乗法で式と合うように A, B, C 項を決める方法（curve fitting 法）によって得られる．この方法は A または $B+C/kT$ のいずれかが極端に大きい時に適する．A, B, C 項が同程度の値の時は，形状関数に関係しないモーメント法が使われる．0 次モーメントでは

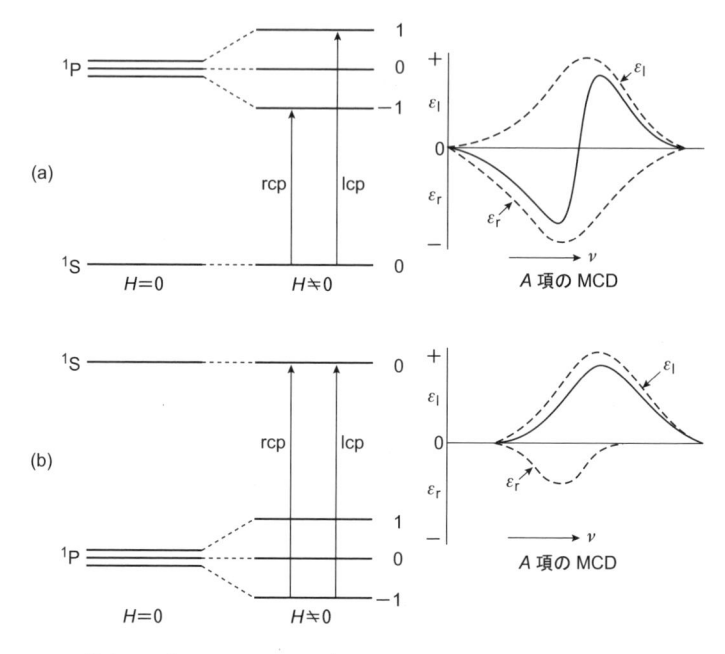

図 2-20 (a) 基底状態 $^1S_0$ から励起状態 ^1P のゼーマン分裂準位（$^1P_{-1}$ と $^1P_1$）への遷移の右回り（rcp）と左回り（lcp）の円偏光に対する選択則（左側）とそれによって生じる A 項の MCD 曲線（右側の実線）
(b) 基底状態 ^1P のゼーマン分裂準位（$^1P_{-1}$ と $^1P_1$）から励起状態 $^1S_0$ への遷移の左右円偏光に対する選択則（左側）とそれによって生じる C 項の MCD 曲線（右側の実線）

A 項からの寄与がゼロになる。この場合は，温度変化によって，B と C 項は容易に分離できる。A，B，C 項の大きさは，$A:B:C = 1/\Gamma : 1/\Delta E : 1/kT$ の関係から見積もられる。ここで，Γ はバンド幅，ΔE は磁場で混ざり合う状態間のエネルギー差である。実際に，A，B，C 項の値を評価する場合，これらのパラメーターを電気双極子強度（$D \propto \mathrm{Im}\{<a|m_x|j><j|m_y|a>\}$：吸収帯の積分強度）で割った値，$A/D$, B/D, C/D を用いる。これによって，D の計算が省略できると共に，溶媒の屈折率の寄与を無視することができる。A/D, C/D は基底状態や励起状態の磁気モーメントを示す。これらの値と符号は理論的に求めることができ，電子状態の対称性と磁性に関する情報が得られる。B/D は磁場によって混ざり合う状態間の磁気双極子遷移モーメントやエネルギー差

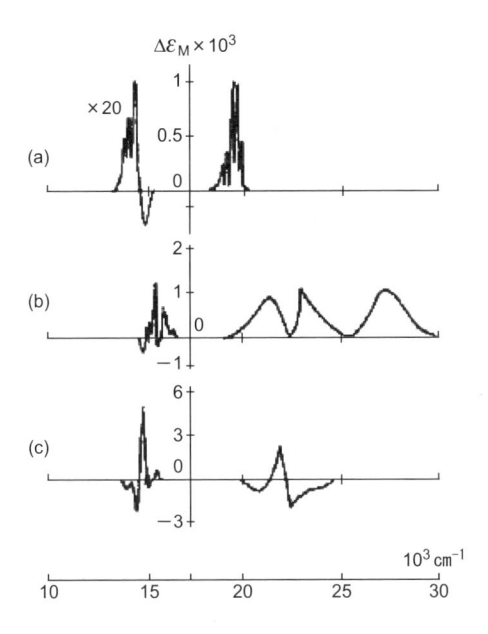

2 電子スペクトルと円二色性および磁気円二色性

図 2-21 [Cr(N)$_6$] 型錯体の MCD : (a) [Cr(HBpz$_3$)$_2$]$^+$, (b) [Cr(NH$_3$)$_6$]$^{3+}$. (c) [Cr(en)$_3$]$^{3+}$ in water. $\Delta\varepsilon_M$/mol^{-1}dm^3 cm^{-1} T^{-1}

ΔE に依存するので,理論的に求めることは困難である。A, B, C 項の符号は前出の式からわかるように,MCD で実験的に得られる符号とは逆になっている。すなわち,正の A 項は長波長側から（-）（+）の負の分散型 MCD 曲線を示し,正の B,C 項は負の吸収型 MCD 帯に対応する。ここでの MCD の符号は旋光性の場合と一致させるため,水のヴェルデ定数を負としていて,初期の文献のものとは逆になっている。

これらの MCD スペクトルは吸収帯の検出や遷移の帰属に有用である。錯体の配位子場吸収帯の特徴的な MCD パターンは配位構造（配位数や配位多面体）の推定に利用される。

ポルフィリン関連化合物の MCD 強度は非常に強いので,100 ～ 10 ng/cm^3 の検出限界の極微量分析に使われている。

互いに磁場で混ざり合う 2 つの接近した励起状態が存在する場合には,A 項

の分散型に類似した MCD が観測される。

　常磁性 Cr(III) 錯体のスピン禁制帯は吸収強度はスピン許容帯の約 1/100 で，非常に線幅が狭いが，この MCD はスピン許容帯よりも大きく観測されるので，スピン禁制帯の検出には有力な手段となっている。特に短波長側に観測される $^4A_2$–$^2T_1$ 遷移はスピン許容 $^4A_2$–$^4T_2$ 遷移に隠れて，観測しにくいが，図 2-21 のように MCD では明瞭に観測される。これは線幅（Γ）に反比例する A 項によるものと考えられている。

　反磁性の Co(III) 錯体の MCD は B 項がおもであるので，吸収帯の分裂成分を見分けることには利用できるが，CD と違って立体化学的な知見を得ることはできない。

　MCD は磁化率測定や ESR（電子スピン共鳴スペクトル）よりも幅広く適用できる点では，常磁性多核錯体の磁気的相互作用を求める上で強力な手段である。最新の高磁場 ESR よりは感度が悪く，精度も落ちるが，緩和効果を考慮する必要がなく，基底状態ばかりでなく励起状態や構造に関する情報も得られる。また，磁化率測定のようにバルク状態で測定するのではないので，不純物が混在していても，吸収帯が同定されている限り測定可能な点でも優れている。

　光学活性錯体の MCD は CD との重なって観測され，そのクロス効果となる磁気キラル円二色性（Magnetochiral Circular Dichoroism : MchCD）は理論的にはその不斉因子 $g_{MchCD} = g_{CD} \times g_{MCD}^2$ $(g = \dfrac{\Delta \varepsilon}{\varepsilon})$ となるので，非常に小さく，常磁性錯体では極低温，超強磁場で観測可能と予想されるが，今のところ観測例はない。

　また，磁場中のキラル錯体に磁場と平行に通常光の通した場合，磁場を逆転すると吸光度の差が生じる現象が磁気キラル二色性（Magnetochiral Dichroism : Mchd）で，これは理論的に $g_{Mchd} = g_{CD} g_{MCD}$ となり，g_{MchCD} よりも大きく，すでに数例の観測が報告されている。

一般的参考書

　錯体の電子スペクトルと円二色性に関連した専門書を紹介する。

2-1　電子スペクトル

1) 山下正廣・小島憲道編著「錯体化学会選書 3　金属錯体の現代物性化学」，三

共出版 (2008)
2) 佐々木陽一・石谷 治 編著「錯体化学会選書 2 金属錯体の光化学」, 三共出版 (2007)
3) キレート化学 (1) 構造編 (I) 第 2 章 電子スペクトル
4) 山崎一雄・山寺秀雄 編, 無機化学全書 別巻 錯体化学 (上), 1977, 丸善
5) 化学便覧 第 5 版, 基礎編 14 章 紫外・可視スペクトル, II-601.
6) A.B.P. Lever, *Inorganic Electronic Spectroscopy* (second edition), Elsevier, Amsterdam, Oxford, New York- Tokyo, 1984,
7) B. N. Figgis and M. A. Hitchman, *Ligand Field Theory and Its Applications*, WILEY-VCH, 2000

2-2 円二色性, 2-3 円偏光ルミネッセンス, 2-4 磁気円二色性
8) 山崎一雄・山寺秀雄 編, 無機化学全書 別巻 錯体化学 (下), 1981, 丸善
9) 化学便覧 第 5 版 基礎編 14 章 旋光性と円二色性, II-521, 1995
10) R. Kuroda and Y. Saito, *Circular Dichroism of Inorganic complexes: Interpretation and Applications*, 2nd, edited by N. Berova, K. Nakanishi, R. Woody, , 2000, John Wiley & Sons
11) J. Riehl and S. Kaizaki, *Physical Inorganic Chemistry, Principles, Methods and Models* edited by Anreja Bakac, John Wiley & Sons, Inc. 2010.
12) S. B. Piepho and P. N. Schatz, "Group Theory in Spectroscopy with Applications to Magnetic Circular Dichro-ism," Wiley, New York, 1983
13) D. M. Dooley and J. H. Dawson, Coord. Chem. Rev., 60, 1 (1984)
14) 小林宏 "新実験化学講座 4" 基礎技術 3 光 (II) p464, 丸善 (1976)

参考文献

1) R. Tsuchida, Bull. Chem. Soc., Jpn, **13**, 436-450 (1938).
2) Y. Shimura, R. Tsuchida, Bull. Chem. Soc. Jpn, **28**, 572-577 (1955).
3) Y. Shimura, R. Tsuchida, Bull. Chem. Soc. Jpn, **29**, 311-316 (1956).

4) Y. Shimura, Bull. Chem. Soc., Jpn, **61**, 693-698 (1988).
5) H. Yamatera, Bull. Chem. Soc., Jpn, **26**, 95-108 (1958).
6) C. K. Jørgensen, *Modern Aspects of Ligand Field Thoery*. (North-Holland, Amsterdam, 1971).
7) P. J. Jan Moens, Frank De Proft, and Paul Geerling, ChemPhysChem. **10**, 847-854 (2009).
8) C. K. Jørgensen, Prog. Inorg. Chem. **4**, 101 (1962).
9) P. E. Hoggard, in *Structure and Bonding* (2003), Vol. 106, pp. 37-57.
10) J. Glerup, O. Mønsted and C. E. Sächffer, Inorg. Chem. **15**, 1399-1407 (1976).
11) M. Atanasov and T. Schönherr, Inorg. Chem. **29**, 4545-4550 (1990).
12) Y. Terasaki, T. Fujihara, T. Schönherr and S. Kaizaki, Inorg. Chem. Acta **295**, 84-90 (1999).
13) S. Kaizaki, Bull. Chem. Soc. Jpn, **76**, 673-688 (2003).
14) S. Kaizaki, Coord. Chem. Rev., **250**, 1804-1818 (2006).
15) T. Ohno, S. Kato, S. Kaizaki and I. Hanazaki, Inorg. Chem. **25**, 3853-3858 (1986).
16) Y. Fukuda Ed., *Inorganic Chromotropism*. (Kodansha-Spinger, 2007).
17) B. Bosnich, Acc. Chem. Res. **2**, 266-273 (1969).
18) S. F. Mason and B. J. Peart, J. Chem. Soc., Dalton Trans., 949-955 (1973).
19) J. Autschbach, Coord. Chem. Rev., **251**, 1791-1821 (2007).
20) a) S. G. Telfer, N. Tajima, and R. Kuroda, J. Am. Chem. Soc., **126**, 1408-1418 (2004). : b) S. G. Telfer, N. T., R. Kuroda, M. Cantuel and C. Piguet, Inorg. Chem., **43**, 5302-5310 (2004).
21) M. Cantuel, G. Bernardinelli, G. Muller, J. P. Riehl, C. Piguet, Inorg. Chem. **43**, 1840-1849 (2004).

3 酸解離定数、生成定数、錯形成反応の熱力学パラメータの決定法

はじめに

　溶液中で，溶質であるイオンや分子は互いに反応し，錯体やアダクトを生成する。特に，金属イオンは多様な配位子と，様々な構造の単核，多核錯体を生成し，さらにそれらは溶媒和するので，溶液内構造はかなり複雑なものとなっている。実際，溶液中には結晶として取り出せない構造（クラスター）が数多く存在し，未解明の構造も少なくない。では，一体どんな金属錯体が生成するのか。これを解明する手がかりは溶液平衡である。すなわち，溶液内の生成化学種は，金属錯体を含めて，反応種であるイオンや分子と平衡を保って存在しており，平衡濃度は，系の温度，圧力，組成が与えられると一義的に決まる。溶液の色，粘性，電導度，密度，pH，酸化還元電位，磁性など，多くの溶液物性は溶存化学種の平衡濃度と密接に関連しており，平衡濃度は平衡定数を用いて計算することができる。では，どのようにして平衡定数を実験的に決めることができるのか。この章では平衡定数の定義，決定法および実際の系への適用や関連事項について述べる。

3-1　溶液内平衡

3-1-1　配位子の酸解離定数

　水溶液中における亜鉛(II)アンミン錯体の生成分布のpH依存性を図3-1に示す。配位子はLewis塩基であり，プロトンやLewis酸である金属イオンと結合する。配位子のプロトン化は，金属イオンの錯形成を阻害する。すなわち，低pH（遊離のプロトン濃度$[H^+]$が高い）の水溶液中では，金属イオンは水和錯体として存在し，pHが高くなるにしたがって，段階的に配位子が結合した高次錯体が生成してくる。このように金属イオンの錯形成は配位子の酸解離あるいはプロトン化と密接に関係しているので，まず配位子の酸塩基平衡につ

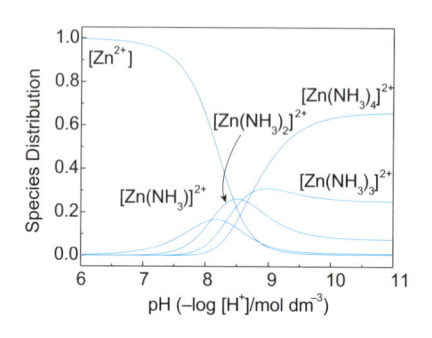

図 3-1 水溶液中における亜鉛（II）アンミン錯体の生成分布曲線
($C_{Zn} = 0.005$ mol dm^{-3}, $C_{NH_3} = 0.05$ mol dm^{-3})

いて考えよう。

最も簡単な例として一塩基酸（HL）を考える。HL は式（3-1）のようにプロトンを解離できる分子であり，解離のしやすさの程度は酸解離定数 K_a で与えられる。解離したプロトンは溶媒和するが，この章では便宜上 H$^+$ と表現する（溶媒和プロトンは，水溶液中ではオキソニウムイオンと呼ばれているが，これは 1 水和プロトンであり，実際には，もっと複雑な水和クラスターとして存在している）。

$$\text{HL} \rightarrow \text{H}^+ + \text{L}^- \quad ; \quad K_a = [\text{H}^+][\text{L}^-]/[\text{HL}] \qquad (3\text{-}1)$$

酸解離定数の逆数の対数値 pK_a（$= -\log K_a$）は，溶液の pH と関連づけることができるので考えやすい。例えば，一塩基酸の pK_a は式（3-2）のように書き換えることができる。

$$\text{p}K_a = \text{pH} - \log([\text{L}^-]/[\text{HL}]) \qquad (3\text{-}2)$$

ここで，pH が pK_a と等しければ，[HL] = [L$^-$] の関係が成り立つ。すなわち，pH = pK_a のとき，配位子の半数が L$^-$ であり，金属イオンへの配位能があることになる。pH < pK_a であれば [HL] > [L$^-$]，pH > pK_a であれば [HL] < [L$^-$] となる。したがって，金属イオンへの配位能を有する配位子 L$^-$ の割合は溶液の pH によって決まる。弱酸の pK_a は，[HL] = [L$^-$] である溶液の pH で

3 酸解離定数、生成定数、錯形成反応の熱力学パラメータの決定法

あるから，水溶液中でpH測定により決定されるpK_aの値は，ほぼpHの範囲 (0～14) に限られる。一般の成書やデータベース[1)]には，酸解離定数として K_a ではなくpK_a値が掲載されている場合が多い。

一酸塩基Lに関しては，次のようなプロトン化平衡およびプロトン化定数を定義する。

$$H^+ + L \rightleftharpoons HL^+ \quad ; \quad K_1 = [HL^+]/[H^+][L] \qquad (3\text{-}3)$$

一般に，n酸塩基の場合，その濃度は，高次のプロトン化定数K_nを用いて $[H_nL^{n+}] = K_1K_2\ldots K_n[H^+]^n[L]$ と表すことができる。

ここで，酸解離定数K_aとプロトン化定数K_1には，$K_a = K_1^{-1}$の関係があることは明白であろう。したがってpK_aと$\log K_1$は明確な区別無く使われる場合が多い。ただし，n塩基酸の場合は，n個のプロトンが解離する順に酸性側からK_{a1}, K_{a2}, …，n酸塩基の場合はn個のプロトンが結合する順に塩基性側からK_1, K_2, …と番号付けする。例えばアミノ酸の場合，カルボキシル基の酸解離に対してK_{a1}であるが，プロトン化に対してはK_2となる。一方，アミノ基の酸解離に対してpK_{a2}であるがプロトン化に対してはK_1となる。酸解離とプロトン化の使い分けはあまり本質的ではないが，酸塩基の強さを比較する場合，塩基に対しては，共役酸の酸解離定数を用いて議論するのが解りやすい。

3-1-2 金属錯体の生成定数

金属イオンの錯形成反応について考えよう。一塩基酸と一酸塩基配位子はプロトン化すると配位能を失うが，多塩基酸と多酸塩基配位子はプロトン化されていないサイトが1つでも残っていれば配位能を失わない。ここでは配位能を有する配位子を単座と多座，電荷の有無に関わらずLと表し，金属イオンも電荷に関わらずMと表すことにする。金属イオンに最大n個の配位子が逐次配位して錯体ML_nが生成するとき，平衡定数は以下のように表すことができる。

$$M + L \rightleftharpoons ML \quad ; \quad K_1 = \frac{[ML]}{[M][L]} \qquad (3\text{-}4)$$

77

$$\mathrm{ML+L \rightleftharpoons ML_2} \quad ; \quad K_2 = \frac{[\mathrm{ML_2}]}{[\mathrm{ML}][\mathrm{L}]}$$
$$\vdots \tag{3-5}$$
$$\mathrm{ML_{n-1}+L \rightleftharpoons ML_n} \quad ; \quad K_n = \frac{[\mathrm{ML}_n]}{[\mathrm{ML}_{n-1}][\mathrm{L}]}$$

ここで，K_1, K_2, …, K_n を逐次生成定数あるいは逐次安定度定数と呼ぶ。記号 K_n はプロトン化定数を表す場合にも用いるので，論文などで使用する場合には，その定義を明示しなければならない。逐次生成定数とプロトン化定数は同じ次元（$\mathrm{mol^{-1}\,dm^3}$）を有し，その大小を比較することが可能である。

ML_n 錯体の生成を1つの金属イオンと n 個の配位子の反応として表すこともできる。その場合の平衡反応と対応する平衡定数は n が 1, 2, …, n に対して以下のように定義する。

$$\mathrm{M+L \rightleftharpoons ML} \quad ; \quad \beta_1 = \frac{[\mathrm{ML}]}{[\mathrm{M}][\mathrm{L}]}$$
$$\mathrm{M+2L \rightleftharpoons ML_2} \quad ; \quad \beta_2 = \frac{[\mathrm{ML_2}]}{[\mathrm{M}][\mathrm{L}]^2} \tag{3-6}$$
$$\vdots$$
$$\mathrm{M}+n\mathrm{L} \to \mathrm{ML}_n \quad ; \quad \beta_n = \frac{[\mathrm{ML}_n]}{[\mathrm{M}][\mathrm{L}]^n}$$

ここで，β_1, β_2, …, β_n を全生成定数あるいは全安定度定数と呼び，逐次生成定数と以下のような関係にある。

$$\beta_1 = \frac{[\mathrm{ML}]}{[\mathrm{M}][\mathrm{L}]} = K_1$$
$$\beta_2 = \frac{[\mathrm{ML_2}]}{[\mathrm{M}][\mathrm{L}]^2} = \frac{[\mathrm{ML}]}{[\mathrm{M}][\mathrm{L}]}\frac{[\mathrm{ML_2}]}{[\mathrm{ML}][\mathrm{L}]} = K_1 K_2 \tag{3-7}$$
$$\vdots$$
$$\beta_n = \frac{[\mathrm{ML}_n]}{[\mathrm{M}][\mathrm{L}]^n} = \frac{[\mathrm{ML}]}{[\mathrm{M}][\mathrm{L}]}\frac{[\mathrm{ML_2}]}{[\mathrm{ML}][\mathrm{L}]} \cdots \frac{[\mathrm{ML}_n]}{[\mathrm{ML}_{n-1}][\mathrm{L}]} = K_1 K_2 \cdots K_n$$

したがって，錯体 ML_n の濃度は，遊離金属イオンと配位子濃度と全生成定数を用い，$[\mathrm{ML}_n] = \beta_n [\mathrm{M}][\mathrm{L}]^n$ と表すことができる。全生成定数の値を使用

する際に，論文やデータベースに記されている全生成定数の値は $\log \beta_n$ の場合があるので注意を要する。

3-1-3 溶媒和と溶媒効果

ここで，錯体の生成定数におよぼす溶媒和と溶媒効果について，簡単に述べておく。溶媒は溶液中において溶質に比べて大過剰に存在する化学種である。その濃度は，溶質が反応し，溶存化学種の生成分布が大幅に変化しても，実質的に変化しない。一方，溶質である金属イオンや配位子は，気相中のように孤立した存在ではない。水溶液中で金属イオンはいくつかの水分子と結合した水和錯体として存在し，第一遷移金属イオンは，一般に，それを中心に6個の水分子が結合した八面体の水和構造を有している。したがって，水和金属イオンが錯体 ML を生成する場合には，水和錯体に結合している水分子が配位子 L と置き換わる必要がある。すなわち，水溶液中の錯形成反応の大部分は，式(3-8) で表されるような配位子置換反応，

$$M(H_2O)_6 + L \rightleftarrows ML(H_2O)_{(6-m)} + mH_2O \qquad (3\text{-}8)$$

であり，反応にともなって溶媒和していた水分子が脱離する。一般に，脱離する溶媒分子の数 m は，溶媒分子の嵩高さや電子対供与性（ドナー性）の強さによって変化する。したがって，金属イオンの配位数が錯形成に伴って変化することもあり，これが溶媒効果の一因ともなる。逐次錯形成の過程で配位構造が変化しない場合，逐次生成定数 K_n は n が増加すると単調に低下するのが一般的であるが，配位構造が変化すると，K_n は異常な振る舞いをする。ただ，金属錯体の安定度を考える上で，金属イオンだけでなく，配位子および生成錯体の溶媒和の違いも溶媒効果の一因になることを忘れてはならない。溶媒の役割は，溶液反応の理解には重要であるが，溶媒和を考えなくても生成定数の決定は可能であるので，ここでは溶媒を無視して溶液平衡を取り扱う。

3-1-4 マスバランス式

溶液中には様々な化学種が生成し，その濃度は温度，圧力，組成に依って変化する。では，ある条件下での濃度はどのように決まるのか。生成種の濃度を

直接分析するのは難しく,かつ面倒である。一方,反応種である金属イオンや配位子の全濃度を分析することは比較的容易である。既に述べたように,反応種である金属イオン,配位子およびプロトンの全濃度が与えられれば,生成種の種類と濃度は平衡定数を用いて計算することができる。ここでは,水溶液中での金属イオンの錯形成を考えよう。プロトン H^+(あるいは水酸化物イオン OH^-),金属イオン M および配位子 L が反応種として存在すると,おもに H_pL ($p = 1, 2, \cdots$),や ML_q ($q = 1, 2, \cdots$) が生成する。ある種の金属イオンや配位子では,それ以外の錯体,たとえば $M_pH_qL_r$ が生成することもある。さらに,M_1M_2L や ML_1L_2 など,三元錯体の生成もあり得る。ここでは話を単純化するため,これらの錯体の生成は便宜的に無視し,単核錯体のみ生成することとしよう。プロトン,配位子および金属イオンの全濃度(分析濃度ともいう)C_H,C_L,および C_M は,それぞれ以下の式で与えられる。

$$C_H = [H^+] + [HL] + 2[H_2L] + \cdots - [OH^-] \tag{3-9a}$$

$$C_L = [L] + [HL] + [H_2L] + \cdots + [ML] + 2[ML_2] + \cdots \tag{3-9b}$$

$$C_M = [M] + [ML] + [ML_2] + \cdots \tag{3-9c}$$

この式はマスバランス式と呼ばれる。式を見てわかるように,プロトンの全濃度は遊離プロトン,水酸化物イオンおよび解離性プロトンを含む化学種の濃度の和として与えられる。水酸化物イオンとプロトン濃度は,$[OH^-] = K_W/[H^+]$ の関係があり,K_W は溶媒(水)の自己解離定数である。配位子を含まない溶液では $C_H = [H^+] - [OH^-]$ であり,$C_H > 0$ は酸性,$C_H = 0$ は中性,$C_H < 0$ はアルカリ性溶液である。配位子を含む場合も同様で,全プロトン濃度 C_H は必ずしも正の値を持つとは限らない。塩基過剰の場合は負の値になる。また,酸と塩のいずれの配位子を用いたかで C_H の値は異なる。酸 H_nL の 1 モル溶液は n モルの解離性プロトンを含むので,プロトン濃度は nC_L となる。一方,塩 Na_nL はプロトン濃度には無関係である。全配位子および全金属イオン濃度についても同様である。ここで遊離の化学種濃度 $[H^+]$,$[L]$ および $[M]$ と生成化学種の生成定数を用いてマスバランス式は以下のように書き換えることができる。

3 酸解離定数、生成定数、錯形成反応の熱力学パラメータの決定法

$$C_\mathrm{H} = [\mathrm{H^+}] + K_1[\mathrm{H^+}][\mathrm{L}] + 2K_1K_2[\mathrm{H^+}]^2[\mathrm{L}] + \cdots - K_\mathrm{W}/[\mathrm{H^+}] \quad (3\text{-}10\mathrm{a})$$

$$C_\mathrm{L} = [\mathrm{L}] + K_1[\mathrm{H^+}][\mathrm{L}] + K_1K_2[\mathrm{H^+}]^2[\mathrm{L}] + \cdots + \beta_1[\mathrm{M}][\mathrm{L}] + 2\beta_2[\mathrm{M}][\mathrm{L}]^2 + \cdots \quad (3\text{-}10\mathrm{b})$$

$$C_\mathrm{M} = [\mathrm{M}] + \beta_1[\mathrm{M}][\mathrm{L}] + \beta_2[\mathrm{M}][\mathrm{L}]^2 + \cdots \quad (3\text{-}10\mathrm{c})$$

ここで，$K_n\,(n=1,2,\cdots)$ は配位子のプロトン化定数，$\beta_n\,(n=1,2,\cdots)$ は錯体の全生成定数である。生成定数が既知であれば，全濃度を与えると連立方程式を解いて3つの遊離化学種の濃度 $[\mathrm{H^+}]$，$[\mathrm{L}]$ および $[\mathrm{M}]$ を決定することができ，それらと生成定数を使って，すべての生成錯体の濃度と生成分布（全金属イオンに対するある錯体の割合）を計算することができる。言い換えれば，全濃度が与えられるとすべての化学種の濃度は一義的に決まってしまう。ただし，指数を含む高次の連立方程式を解析的に解くことは不可能であり，Newton法などをベースとした逐次近似計算によって近似値を求めるのが一般的である。

3-2 平衡定数の決定

ある溶液中に生成した化学種の種類と濃度を明らかにする分析を，化学形態別分析という。その重要性は高まっているが，様々な温度，圧力の多成分溶液を直接分析することは難しい。一方，平衡化学種の濃度計算は，その平衡定数が既知であれば容易である。そこで単純な反応系で平衡定数を前もって決定しておくと都合がよい。平衡定数は特定の温度，圧力，イオン強度条件下の溶液中で決定されるが，近似的に他の条件下，例えば自然界に存在する多成分溶液に適用することも可能である。ただし，適用限界を知っておく必要がある。実際，多成分系では M, L の二元錯体に加えて，$\mathrm{M_1M_2L}$ や $\mathrm{ML_1L_2}$ のような三元錯体の生成の可能性もあり得る。ただし，三元錯体の平衡定数に関するデータは少ないのが現状である。ここでは平衡定数として，配位子の酸解離定数と金属錯体の生成定数を取り上げ，それらの決定法として代表的な電位差滴定法と分光光度法について説明する。

3-2-1 電位差滴定法による酸解離定数の決定

emf（= Electromotive Force：起電力）測定と滴定法を組み合わせた電位差滴

定法（Potentiometry）は様々なイオンに応答する電極を用いて行われているが，中でも水溶液中の遊離プロトンに応答するガラス電極を用いた測定法は，安価で信頼性の高い平衡定数の決定法として，広く用いられている。ガラス電極の起電力 E とプロトンの活量 a_H（$= y_H[H^+]$）は，Nernst 式（$E = E° + 59.15 \log a_H$）により関係づけられる。温度，圧力，イオン強度が一定の溶液中では，活量係数 y_H は一定に保たれるので，$E° + \log y_H$ を改めて $E°'$ とすると Nernst 式は，

$$E = E°' + 59.15 \log [H^+] \tag{3-11}$$

と書き換えられる。ここで $E°'$ は定数である。したがって，全プロトン濃度が既知の強酸溶液（完全解離）の起電力を測定し $E°'$ を決定することができる（精度の高い $E°'$ 決定法は Gran plot 法であるが，ここでは省略する）[2]。初めに，濃度既知の酸溶液をアルカリ溶液で滴定し，$E°'$ とアルカリ濃度を正確に決定し，この溶液（酸濃度と体積が既知）に配位子溶液を加え，この溶液を同じアルカリ溶液で滴定する。各滴定点で，E から Nernst 式を使って未知溶液のプロトン濃度を見積もると，以下の解析にしたがって酸解離定数が決定できる。

いま，ある滴定点でのプロトンの全濃度 C_H と配位子の全濃度 C_L がわかっているとしよう。配位子が一塩基酸 HL で，1 つの解離性プロトンを含んでいるとすると，以下のマスバランス式が成り立つ。

$$C_H = [H^+] + [HL] - K_W/[H^+] \tag{3-12a}$$

$$C_L = [L^-] + [HL] \tag{3-12b}$$

ある滴定点の pH（$= -\log([H^+]/\mathrm{mol\ dm^{-3}})$）が与えられると，HL 濃度が $[HL] = C_H - [H^+] + K_W/[H^+]$ により，次いで L^- 濃度が $[L^-] = C_L - [HL]$ により計算できる。$[H^+]$，$[L^-]$，$[HL]$ から定義にしたがって K_a 値を計算することができる。しかし，信頼性の高い K_a 値を得るためには，濃度や pH など，溶液条件を変えて pH を測定し，得られた K_a 値のばらつきが小さいことを確認することが必要である。

一般に，配位子は複数のプロトン結合サイトを有し，溶液中には HL, H_2L,

3 酸解離定数、生成定数、錯形成反応の熱力学パラメータの決定法

…とプロトン結合数の異なる化学種が共存している。そこで，配位子に結合しているプロトンの平均数（$\bar{n}_\mathrm{H}$）は，各化学種の濃度とプロトン結合数を考慮して，以下のように与えられる。

$$\bar{n}_\mathrm{H} = \frac{[\mathrm{HL}] + 2[\mathrm{H_2L^+}] + \cdots}{C_\mathrm{L}} \tag{3-13}$$

ここで，各滴定点において，全プロトンと遊離プロトン濃度を用いて $\bar{n}_\mathrm{H,obs}$ は次のように与えられる。

$$\bar{n}_\mathrm{H,obs} = \frac{C_\mathrm{H} - [\mathrm{H^+}] + K_\mathrm{W}/[\mathrm{H^+}]}{C_\mathrm{L}} \tag{3-14}$$

右辺の K_W は水の自己解離定数であり，各滴定点でのプロトンと配位子の全濃度は既知なので，各滴定点において pH を測定し，$\bar{n}_\mathrm{H,obs}$ を実験的に決定することができる。一例として，α-アラニンの $\bar{n}_\mathrm{H}$ プロットを図 3-2 に示す。α-アラニンは 2 つのプロトン化サイトを有し，2 段階で酸解離するが，この反応はまったく違った pH 領域で起こることがわかる。このような場合，2 つの酸解離平衡はまったく独立に解析することが可能で，$\bar{n}_\mathrm{H} = 1.5$ および 0.5 となる pH が，それぞれ pK_a1 と pK_a2 値を与える（3-1-1 項参照）。なお，$\bar{n}_\mathrm{H} = 1.5$ および 0.5 においては，それぞれ $[\mathrm{H_2L^+}] = [\mathrm{HL}]$ および $[\mathrm{HL}] = [\mathrm{L^-}]$ が成立している。

一方，$\bar{n}_\mathrm{H}$ は，プロトン化定数を用いて，以下のように表すこともできる。

$$\bar{n}_\mathrm{H,calc} = \frac{K_1[\mathrm{H^+}] + 2K_1K_2[\mathrm{H^+}]^2 + \cdots - K_\mathrm{W}/[\mathrm{H^+}]}{1 + K_1[\mathrm{H^+}] + K_1K_2[\mathrm{H^+}]^2 + \cdots} \tag{3-15}$$

この式は $[\mathrm{H^+}]$ のみの関数であり，C_L を含まないことに注意していただきたい。すなわち，実験的に得られる $\bar{n}_\mathrm{H,obs}$ は C_L に依存しないはずであり，異なる配位子濃度の溶液で得られる pH-$\bar{n}_\mathrm{H}$ 曲線は，すべて同一となる。これを使って，実験結果の妥当性をチェックすることができる。最終的に得られたデータセット（各滴定点での実験値，$[\mathrm{H^+}]_\mathrm{obs}$ と $\bar{n}_\mathrm{H,obs}$）を用い，pH の関数としての $\bar{n}_\mathrm{H,obs}$ と $\bar{n}_\mathrm{H,calc}$ が一致するようにプロトン化定数を最適化する。通常，すべてのデータ点における $\bar{n}_\mathrm{H}$ に関する誤差の 2 乗和 $U = \sum(\bar{n}_\mathrm{H,obs} - \bar{n}_\mathrm{H,calc})^2$ を最小にする最小 2 乗法が一般的に用いられている。この誤差 2 乗和が十分に小さければ最適化されたプロトン化定数の値を最終的な値とし，その誤差の標準偏差

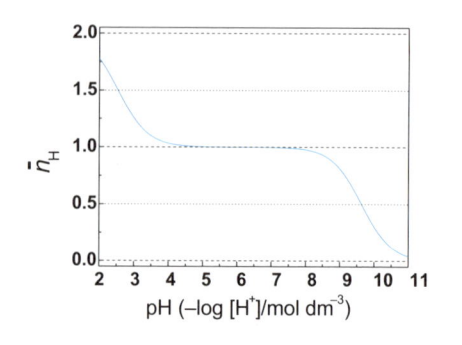

図 3-2 水溶液中におけるα-アラニンの$\bar{n}_H$曲線

を計算する。一般的な表計算ソフトでも最小2乗法を実行することができるが、平衡定数の誤差は計算できないものが多い。

なお、ガラス電極や参照電極の取り扱い方、試料溶液の作成法と支持電解質（イオン溶媒）の選択、酸あるいは塩基濃度を決定する Gran plot と $E^{\circ\prime}$ の決定法、等において注意すべき点が多々あるので、実際の測定に際しては、別途、文献等[2)]を参考にしていただきたい。

3-2-2 電位差滴定法による金属錯体の生成定数の決定

金属イオンの錯形成においては、単核錯体だけでなく多核錯体やプロトン錯体も生成する可能性がある。しかし、ここでは理解を容易にするため、単核錯体のみ生成する系を取り扱い、最も一般的な電位差滴定法による生成定数の決定法について紹介する。電位差滴定法にはガラス電極が広く使われているが、ガラス電極以外にも様々なイオンに応答するイオン選択性電極がある。ガラス電極を用いる電位差測定法の特徴は、水溶液であれば、金属イオンや配位子の種類にあまり制限されずに、錯形成反応の研究に使えることである。ガラス電極は溶媒和プロトン（オキソニウムイオン）に応答し、金属イオンや配位子には直接応答しない。では、何故、生成定数が決定できるのか。その鍵を握っているのが、配位子の酸解離定数である。簡単にするため、配位子として一酸塩基を考えると、全プロトン濃度は式（3-12a）で与えられる。溶液中の遊離プロトン濃度 $[H^+]$ を emf 測定により決定すると、プロトンと平衡状態で存在し

3 酸解離定数、生成定数、錯形成反応の熱力学パラメータの決定法

ている遊離配位子濃度 [L] は，既知の酸解離定数を用いて，次式により計算することができる．

$$[L] = (C_H - [H^+] + K_W/[H^+])/(K_1[H^+]) \tag{3-16}$$

すなわち，遊離プロトン濃度と全プロトン濃度が与えられると配位子濃度は一義的に決まる．配位子の酸解離定数を決定すると，ガラス電極は配位子電極（配位子に応答する電極）に変化すると考えられるのである．

次に多酸塩基と金属イオンの錯形成について考えよう．まず，$\bar{n}_H$ と同様に，金属イオンに結合している配位子の平均数 $\bar{n}_L$ は次式で与えられる．

$$\bar{n}_L = \frac{[ML] + 2[ML_2] + \cdots}{C_M} \tag{3-17}$$

一方，遊離の化学種および H_nL ($n = 1, 2, \cdots$) を除いて，配位子はすべて金属イオンに結合していると考えると，[L] および $\bar{n}_L$ は，emf 測定で決定された [H$^+$] を用いて，それぞれ次式で与えられる．

$$[L] = \frac{C_H - [H^+] + K_W/[H^+]}{K_1[H^+] + K_1K_2[H^+]^2 + \cdots} \tag{3-18}$$

$$\bar{n}_{L,obs} = \frac{C_L - [L] - K_1[H^+][L] - K_1K_2[H^+][L]^2 - \cdots}{C_M} \tag{3-19}$$

ここで，単核錯体のみ生成すると仮定すると，その濃度は $[ML_n] = \beta_n[M][L]^n$ ($n = 1, 2, \cdots$) であるから，$\bar{n}_L$ は次式で与えられる．

$$\bar{n}_{L,calc} = \frac{\beta_1[L] + 2\beta_2[L]^2 + \cdots}{1 + \beta_1[L] + \beta_2[L]^2 + \cdots} \tag{3-20}$$

この式には C_M が含まれていない．すなわち，$\bar{n}_{L,obs}$ を pL ($= -\log [L]/\text{mol dm}^{-3}$) に対してプロットした滴定曲線は溶液中の金属イオン濃度に依存しない．したがって，$\bar{n}_{L,obs}$ 曲線は，金属イオン濃度に依らず，常に同一となるはずである．実験点が同一曲線にならない場合，必ずしも測定・解析のミスとは限らない．滴定曲線は単核錯体の生成だけを仮定すると金属イオン濃度に依存しないが，多核錯体やプロトン錯体が生成する場合は金属イオン濃度に依存する．この場合，多核錯体やプロトン錯体を考慮した $\bar{n}_{L,calc}$ 関数を用いて解析する．いずれにしても，生成錯体種を入れ替えて解析を行い，誤差 2 乗和と生成定数

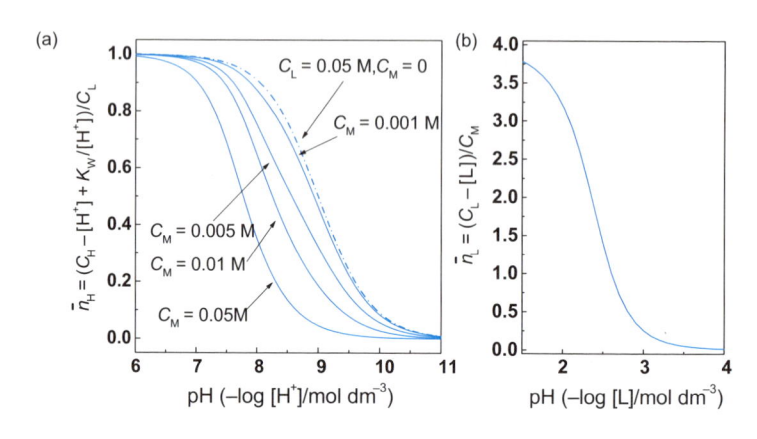

図 3-3 水溶液中における亜鉛 (II) アンミン系の滴定曲線

の標準偏差を比較検討すると，最終的に生成種とその生成定数を決定することができる。

図 3-3 に水溶液中における亜鉛-アンミン錯体の滴定曲線を一例として示す。図 3-3 (a) は 0.05 mol dm^{-3} アンモニア溶液に対する $\bar{n}_H$ 曲線であり，3-2-1 項で述べたように，$\bar{n}_H = 0.5$ に対する pH がアンモニアの pK_a を与える。金属イオンを含む溶液では，金属イオン濃度が高くなるにともない，曲線は低 pH 方向にシフトする。アンモニアの pK_a は本来一定であるので，この変化はアンミン錯体の生成による見かけの変化である。図 3-3 (b) は pL に対するプロットを示す。$\bar{n}_L$ は 3 を超えて上昇していることから，モノ，ビス，トリスおよびテトラキスアンミン錯体が生成していることが予想される。また，それらの逐次生成定数 $\log K_n$ ($n = 1 \sim 4$) は，それぞれ，$\bar{n}_L = 0.5$, 1.5, 2.5 および 3.5 に対応する pL 値で近似的に与えられる。

3-2-3 分光光度法による金属錯体の生成定数の決定

可視・紫外領域に吸収を持つ配位子や金属イオンに対しては，それらの酸解離や錯形成に伴う吸収スペクトルの変化を解析することにより，配位子の酸解離定数や金属錯体の生成定数を決定することができる。可視・紫外吸収の変化を利用した分光光度滴定法は，他の分光法に比べて精度の高い測定が可能である。

3 酸解離定数、生成定数、錯形成反応の熱力学パラメータの決定法

分光光度法では，吸光度と化学種の濃度に関する Beer 則に基づいて解析を行うので，測定に用いる波長や試料濃度で Beer 則が成立することが必要条件である。通常の可視・紫外分光光度計では,吸光度が $0.1 \sim 1$ の範囲になるよう，試料濃度を調整する。反応化学種の濃度や濃度比を系統的に変化させた一連の溶液の吸収スペクトルを測定し，これを解析すると平衡定数が決定できる。ただ平衡化学種のモル吸光係数に大きな違いがないと，信頼性の高い平衡定数を決定するのは難しい。吸光度の測定は，滴定あるいはバッチ法によって行う。バッチ法では，組成の異なる複数の測定溶液を作製する。この方法では，試料溶液の pH や金属イオンと配位子の濃度・組成の調整が容易であるが，セルの出し入れを必要とするので,セル条件が変動し精度を上げるのが難しい。一方，滴定法では，試料は少量であり，セルの出し入れもなく，バッチ法よりも測定精度の面で優れている。さらに測定のオンライン自動化も可能である。図 3-4 に測定装置の概念図を示す。図 3-4 (a) はフローセルを用いた滴定法で，試料溶液は滴定セルとフローセルの間を循環している。図 3-4 (b) は石英セルに直

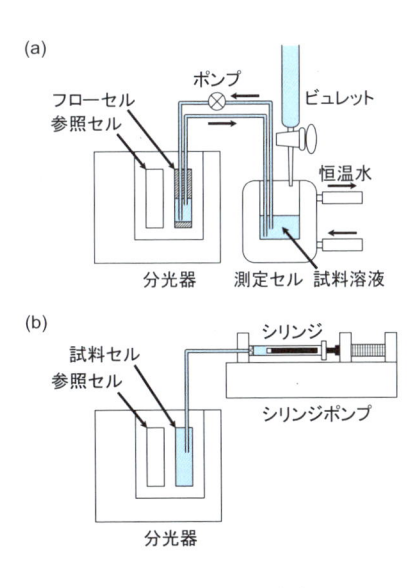

図 3-4　分光光度滴定装置
（a）フローセルによる滴定，（b）直接滴定

接滴定する方法である．フローセルの場合よりも使用する試料が少なくて済む利点があるが，滴定量が少ないので体積誤差が大きくなることや石英セル内の攪拌が難しいといった欠点がある．

分光光度法による平衡定数の決定法について，ここでは，分光光度法が威力を発揮する非プロトン性有機溶媒中の金属イオンの錯形成について，一例を紹介する．プロトンが関係する反応に対しては，電位差滴定法が使えるので敢えて分光光度法を用いる必要はない．溶液中のすべての化学種に対してBeer則が成立していると仮定し，また，便宜的に配位子は無色とし，金属イオンが一連の単核錯体のみを生成すると仮定すると，ある波長における吸光度 A は以下の式で表される．

$$A = \varepsilon_M[M] + \varepsilon_{ML}[ML] + \varepsilon_{ML_2}[ML_2] + \cdots$$
$$= \varepsilon_M[M] + \varepsilon_{ML}\beta_1[M][L] + \varepsilon_{ML_2}\beta_2[M][L]^2 + \cdots \quad (3\text{-}21)$$

ここで，ε_j は化学種 j のモル吸光係数である．また，電位差滴定法と同様に測定溶液中の金属イオン，配位子およびプロトンに関するマスバランスを考慮すると，金属イオン1モル溶液に対する見かけのモル吸光係数 ε ($\varepsilon = A/C_M$) は次式で与えられる．

$$\varepsilon = \frac{\varepsilon_M + \varepsilon_{ML}\beta_1[L] + 2\varepsilon_{ML_2}\beta_2[L]^2 + \cdots}{1 + \beta_1[L] + \beta_2[L]^2 + \cdots} \quad (3\text{-}22)$$

この ε は電位差滴定法における $\bar{n}_L$ に対応する関数であるが，未知の定数であるモル吸光係数と生成定数を積の形で含んでいるので解析は簡単ではない．ここで，金属イオンの吸収スペクトル ε_M は，配位子を含まない金属イオン溶液を測定し，別途決定することが可能である．ε_M 以外の未知の定数を決定するには，金属イオンと配位子の濃度や濃度比を系統的に変化させ，一連の吸収スペクトルを測定する．得られた吸光度データを非線形最小2乗法により解析すると，モル吸光係数と生成定数を同時に決定することができる．この解析では，多波長の吸光度データを用いることが有効である．もし2つの錯体のモル吸光係数がある波長で偶然に近い値であっても，多波長で解析すれば，この偶然性を避けることができる．さらに，多波長（例えば，400〜800 nm領域を5 nm毎）で吸光度データを解析し，生成錯体 ML_n ($n = 1, 2, \cdots$) のモル吸光

3 酸解離定数、生成定数、錯形成反応の熱力学パラメータの決定法

係数を波長に対してプロットすると，錯体の電子スペクトル，$\varepsilon_{\mathrm{ML}}(\lambda)$, $\varepsilon_{\mathrm{ML}_2}(\lambda)$, …, を個別に抽出することができる。

以下，この解析の概略を示す。

Step 1)

解析に必要な実験データ（滴定溶液と被滴定溶液中の金属イオンと配位子の全濃度と滴定点数 N，各滴定点での滴定量と吸光度データ）から，各滴定点での金属イオンと配位子の全濃度 $C_\mathrm{M}(i)$, $C_\mathrm{L}(i)$ ($i = 1, 2, \cdots, N$) を計算する。

Step 2)

生成錯体 ML_n ($n = 1, 2, \cdots$) を仮定する。生成を仮定する金属錯体の数 N_C と種類はスペクトルの変化から推定する。

Step 3)

錯体の生成定数 β_n の初期値を与え，それに基づいて各滴定点 i で，金属イオンと配位子の全濃度 $C_\mathrm{M}(i)$, $C_\mathrm{L}(i)$ からそれぞれの遊離イオン濃度 $[\mathrm{M}](i)$，$[\mathrm{L}](i)$ を計算する。

Step 4)

生成定数 β_n と各滴定点での遊離配位子濃度 $[\mathrm{L}](i)$ を与えると，見かけ吸光度 $\varepsilon(\lambda)$ は，波長毎に $N_\mathrm{C}+1$ 個のモル吸光係数 $\varepsilon_{\mathrm{ML}n}(\lambda)$ ($n = 1, 2, \cdots$) をパラメータとする単純な線形関数になる。誤差の2乗和 $U = \sum\sum(\varepsilon_\mathrm{obs}(\lambda)-\varepsilon_\mathrm{calc}(\lambda))^2$ を最小にする一連の金属錯体のモル吸光係数を計算する。ただし，吸光度のデータ数 N は生成錯体数 N_C より十分に大きいことが必要である。

Step 5)

生成定数を修正し，新たな生成定数 $\beta_n+\Delta\beta_n$ を用いて，誤差の2乗和 $U = \sum\sum(\varepsilon_\mathrm{obs}(\lambda)-\varepsilon_\mathrm{calc}(\lambda))^2$ を最小にする一連の金属錯体のモル吸光係数を計算する。

Step 6)

生成定数の修正が $|\Delta\beta_n/\beta_n| < \delta$，すなわち生成定数の修正の程度がある微小な値 δ より小さくなるまで Step 5) を繰り返す。

Step 7)

収束条件 $|\Delta\beta_n/\beta_n| < \delta$ を満たしたとき，生成定数とモル吸光係数の誤差を見積る。

最終的に得られたある金属錯体の生成定数の誤差が大きいときには，この錯体は実験条件下で生成していない可能性が高い。この場合，この錯体を除いて再解析する。一方，錯体のモル吸光係数の誤差が特定の波長領域で大きくなる場合，考慮していない別の錯体が生成している可能性がある。生成する金属錯体を入れ替えて解析を行うことにより，最終的に妥当な結論を導くことができる。なお，ここでは，単核錯体の生成のみを仮定して説明したが，多核錯体やプロトン錯体が生成しても同様である。

　分光光度法の特徴は，生成定数と同時に金属錯体の固有電子スペクトルを抽出できることである。電子スペクトルは，金属錯体の配位構造や配位子場の強さなどに関する有力な情報を与えてくれる。一例として，ジメチルアセトアミド（DMA）中のコバルト（II）イオンと臭化物イオンの錯形成を見てみよう。この反応は有機溶媒中で促進されるが，水溶液中では抑制される。$Co(ClO_4)_2$・DMA溶液は水溶液中と同じく薄桃色であるが，この溶液に$(C_2H_5)_4NBr$溶液を加えると濃青色に変化する。このスペクトル変化を図3-5(a)に示す。配位子濃度が高まるにつれて吸光度が増大し，同時にピークが長波長側にシフトする。スペクトル変化はモノ，ジ，トリブロモ錯体の生成で十分に

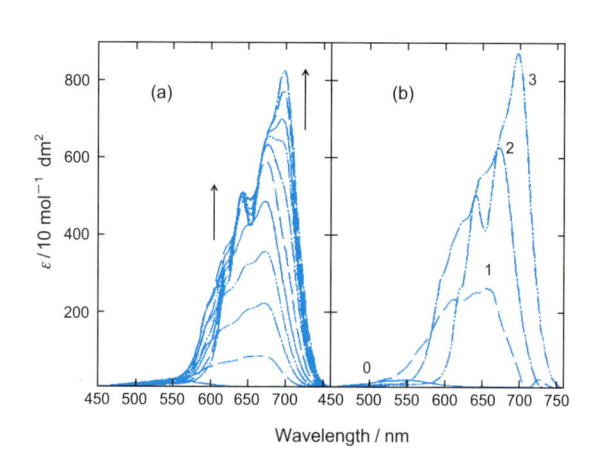

図3-5　ジメチルアセトアミド（DMA）中におけるコバルト（II）ブロモ錯体のスペクトル；
　　　　(a) Br^-濃度の増加にともなうスペクトル変化，(b) 抽出された$[CoBr_n]^{(2-n)+}$（n=1〜3）錯体の固有スペクトル[3]

3 酸解離定数、生成定数、錯形成反応の熱力学パラメータの決定法

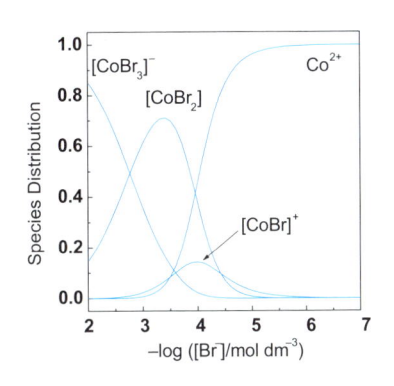

図 3-6 DMA 中におけるコバルト（II）ブロモ錯体の生成分布曲線

説明でき，錯体の生成定数と固有電子スペクトルが抽出できる。電子スペクトルを図3-5 (b) に示す。コバルト（II）イオンと $CoBr^+$ 錯体の吸収スペクトルのピーク位置や強度に大きな違いがある。これは，コバルトイオンの配位構造が溶媒和錯体の八面体六配位（$[Co(DMA)_6]^{2+}$）からモノブロモ錯体の四面体四配位（$[CoBr(DMA)_3]^+$）に変化する結果である。各錯体の生成定数を用いてDMA 中のブロモ錯体の生成分布が計算できる。その結果を図3-6 に示す。テトラブロモ錯体の生成は無視でき，また，モノブロモ錯体の生成は，最大でも全体の 10% 程度にすぎないことがわかる。

3-2-4 その他の方法

水溶液中では，ガラス電極を用いる電位差滴定法により，配位子の酸解離定数と金属錯体の生成定数を決定することができる。一方，ガラス電極が使えない有機溶媒中では分光光度滴定法が優れている。分光光度滴定法は，錯体の固有の電子スペクトルを抽出できるので，この目的のため水溶液中で用いられることもある。また，配位子の酸解離定数が不明でも，pH 一定の水溶液中で金属錯体の生成定数（条件生成定数）を決定することができ，金属イオンの溶媒抽出などの解析に使われる。ただし，この生成定数は"見かけの生成定数"であり，pH が異なる水溶液では適用できないことに留意したい。一方，色素分子のモル吸光係数は非常に大きく（$\varepsilon > 10000$），酸型 HL と解離型 L^- では吸

収スペクトルが大きく変化するものが多い。それらの酸解離定数と固有の電子スペクトルを決定しておけば、水溶液の吸収スペクトルを測定し、逆に水溶液のpHや色素濃度を決定することもできる。

電位差滴定法と分光光度法以外でも、生成定数を決定することは可能である。精度を問わなければ、金属塩溶液の様々な溶液物性（例えば、溶液の密度、電導度、誘電率、輸率、などの物性データやラマン、赤外、NMR、X線など分光データ）に関して、その変化が金属錯体の生成に基づくと仮定して解析し、生成定数を決定することができる。吸収スペクトルから錯体に固有の電子スペクトルを抽出したように、溶液物性の変化を金属錯体の生成を仮定して解析し、錯体の固有物性を抽出することも可能である。生成定数を精度の高い方法で決定することで、より信頼性の高い固有物性を抽出することができる。

3-3　錯形成反応の熱力学的パラメータ

溶液中で金属イオンと配位子が反応すると錯体が生成する。溶液中にどんな金属錯体がどれほど生成しているのか、溶液組成が与えられれば生成定数を用いて定量的に計算することができる。しかし、生成定数は普遍的な定数ではない。同じ反応でも温度、圧力、支持電解質や溶媒によって平衡定数は変化する。適用限界を知り、有効に活用するには、生成定数と熱力学的平衡定数、さらに熱力学的パラメータや反応速度との関係を深く理解しておくことが不可欠である。以下、生成定数と関連する反応の熱力学的パラメータと反応速度について説明する。

3-3-1　Gibbs エネルギー

反応の Gibbs エネルギー変化は熱力学的パラメータの1つであり、圧力一定の条件下で反応が、どの方向にどれだけ進むのか、状態変化の「方向」と「大きさの程度」を決めるパラメータである。いま反応、

$$A \rightleftarrows B$$

を考えたとき、絶対温度 T における平衡状態で、Gibbs エネルギー変化 $\Delta G°$ と化学種 A と B の活量には、次の関係式が成立する。

3 酸解離定数、生成定数、錯形成反応の熱力学パラメータの決定法

$$a_B/a_A = \exp(-\Delta G°/RT) \tag{3-23}$$

ここで，a_j は化学種 j の活量である。また，$\Delta G°$ は，状態 B と状態 A にある物質 1 モル量の Gibbs エネルギーの差（$\Delta G° = G_B° - G_A°$）であり，圧力一定の下では一定の値を持つ。したがって，ある温度で，a_B/a_A は定数となり，$\Delta G°$ が負で，その絶対値が大きいほど a_B/a_A が増大することがわかる。この定数 K_T（$= a_B/a_A$）を熱力学的平衡定数と呼ぶ。しかし，活量で定義される熱力学的平衡定数を実際に決定することは難しい。化学種 j の活量 a_j は，濃度（容量モル濃度）c_j の関数で，希薄溶液では濃度にほぼ比例して変化する。そこで，$a_j = y_j c_j$ と定義する。y_j は活量係数と呼ばれ，容量モル濃度に対応して使われる活量係数であり（重量モル濃度のときは γ が用いられる），無限希釈（濃度が 0 に近い）で 1 に近づく性質がある。したがって，反応 A $\rightleftharpoons$ B の熱力学的平衡定数は，$K_T = (y_B/y_A)K$ （$K = [B]/[A]$）で与えられ，無限希釈溶液では，$K_T = K$ となる。K は化学種の濃度で定義された平衡定数で，熱力学的平衡定数と区別する場合，濃度平衡定数と呼ばれる。K は濃度に基づくので，配位子の解離度や錯体の生成分布を計算する上で便利であるが，反応の Gibbs エネルギー変化を直接的に反映した物理量ではないことに留意していただきたい。

活量は希薄溶液では濃度に比例し，活量係数は 1 に近い一定値を示す。しかし，濃度が 1 mmol dm^{-3} を越えると，この近似は必ずしも成立しなくなる。すなわち，活量係数に 1 からのずれが生じる。熱力学的平衡定数 K_T は圧力，温度が一定ならば濃度に依存しないが，$K_T = (y_B/y_A)K$ の関係から，活量係数が変化すると K は一定にならない。したがって，濃度平衡定数が一定となるためには，濃度が変動しても活量係数が変化しないことが必要条件である。では，活量係数を一定に保つ方法はあるのであろうか。

3-3-2 支持電解質とイオン強度

Debye-Hückel 理論によると，電解質溶液中のイオン j の活量係数は次式で与えられる。

$$-\log y_j = \frac{Az_j^2\sqrt{I}}{1+Bå\sqrt{I}} \tag{3-24}$$

ここで，A, B は定数で，溶媒の比誘電率 ε および絶対温度 T を用いて，それぞれ $A = (\varepsilon T)^{-3/2} \times 1.826 \times 10^6$, $B = (\varepsilon T)^{-1/2} \times 50.29$ で与えられる。また，$å$ はイオンの大きさに関するパラメータで，オングストロームの単位を持つ。I はイオン強度と呼ばれ，溶液中のイオンの電荷 z と濃度 c を用いて以下の式で計算される量である。

$$I = \frac{1}{2}\sum_j z_j^2 c_j \tag{3-25}$$

1:1電解質溶液，たとえば 0.01 mol dm^{-3} NaCl 溶液の場合，$I = \{(1)^2 \times 0.01 + (-1)^2 \times 0.01\}/2 = 0.01$ となり，I は塩濃度に等しい。また，陽イオンと陰イオンの活量係数をそれぞれ y_+, y_- とすると，電解質溶液の平均活量係数 $y_\pm$ は，一般的に $p:q$ 電解質に対して $y_\pm = (y_+^p y_-^q)^{-(p+q)}$ で与えられる。

さて，濃度平衡定数が一定になるためには，活量係数が一定であることが不可欠である。Debye-Hückel 理論によればイオン j の活量係数は，そのイオンを含む溶液のイオン強度に依存する。すなわち，溶液のイオン強度を一定にすれば，イオン j の濃度が変動しても，活量係数は一定に保たれる。したがって，反応に関与しない電解質を大過剰に含む溶液中で反応させればよいことがわかる。この大過剰の電解質を支持電解質（イオン溶媒）という。溶液平衡の研究に用いる支持電解質として，水溶液では，アルカリ金属イオンのハロゲン化物塩や過塩素酸塩が，有機溶媒中では，アルキルアンモニウムイオンの BF_4^-, PF_6^-, $CF_3SO_3^-$ 塩などが使われている。例えば，1 mol dm^{-3} KCl を含む 10 mmol dm^{-3} $ZnCl_2$ 溶液に配位子 L^- を加え，一連の単核錯体が生成する場合を考えよう。反応化学種の寄与 α を考慮すると，イオン強度は $I = 1 + \alpha$ と表すことができる。初期溶液の α は 0.03 であるが，錯体が生成すると Zn^{2+} の濃度が低下し，α は徐々に小さくなる。しかし，錯形成が進行しても，イオン強度の変動は高々3%以下であり，Zn^{2+} イオンの活量係数は，ほぼ一定に保たれると考えてよい。支持電解質として，反応系にまったく影響を与えない塩が理想的であるが，濃度が高いので反応種とイオン対を生成する場合もある。実際，金属錯体の生成定数は，温度，圧力，溶媒に強く依存するが，支持電解質の種類やイオン強度にも依存することが知られている。

3-3-3 エンタルピーとエントロピー

圧力一定の条件下で，平衡定数は，温度に依存し，次式にしたがって変化する。

$$\ln K = \frac{\Delta H°}{RT} + \frac{\Delta S°}{R} \quad (3\text{-}26)$$

ここで，T は絶対温度，R は気体定数，$\Delta H°$ と $\Delta S°$ は温度に依存しない熱力学的定数であり，それらをそれぞれエンタルピー変化およびエントロピー変化という。したがって，平衡定数をできるだけ広い温度範囲で決定し，温度の逆数に対して平衡定数をプロットしたとき，プロットが直線（$\Delta C_P° = 0$，$C_P°$ は定圧熱容量）であれば，この温度範囲で $\Delta H°$ と $\Delta S°$ は一定で，直線の勾配から $\Delta H°/R$，$1/T$ を 0 に外挿した切片から $\Delta S°/R$ の値が決定できる。この関係式は van't Hoff 式，

$$\frac{\mathrm{d}\ln K}{\mathrm{d}T} = \frac{\Delta H°}{RT^2} \quad (3\text{-}27)$$

から導かれるので，上述のプロットは van't Hoff プロットと呼ばれる。ただし，実際にプロットしてみると，$1/T$ の範囲は狭く，$1/T = 0$ に外挿して得られる切片，すなわち $\Delta S°$ の値は，かなり大きな誤差を含んでいる。

信頼性の高い熱力学的パラメータを決定するには，カロリメトリーによるエンタルピーの直接決定が望ましい。溶液反応のように反応にともなう系の体積変化が無視できるとき，エンタルピーは内部エネルギーに等しく，その変化は熱に転化する。したがって，反応にともなう熱量を決定することで，エンタルピーを見積ることができる。一例として，錯体 ML の生成を考えよう。濃度 C_M の金属イオン M 溶液に濃度 C_L の配位子 L 溶液を滴定する。滴定点 i で加えた体積を δv_i，反応熱を q_i とすると，加えた配位子のモル量は $C_L \delta v_i$ であるから，生成エンタルピーは，

$$\Delta H_i = -q_i / (C_L \delta v_i) \quad (3\text{-}28)$$

で与えられる。発熱反応（$q_i > 0$）で $\Delta H_i < 0$，吸熱反応（$q_i < 0$）で $\Delta H_i > 0$ となるようマイナス符合をつける。ここで得られる値は，加えた配位子が完全に反応すれば真の生成エンタルピーと同じになるが，実際には，未反応の配位

子があるので，1モル量の配位子に対する「見かけ」のエンタルピー値である。では，各滴定点で生成した錯体 ML の正味のモル量 δm_i はどれ程であろうか。各滴定点での体積 v_i，金属イオン濃度 $[\mathrm{M}]_i$，配位子の濃度 $[\mathrm{L}]_i$ および錯体の生成定数 β_1 から δm_i は次式で与えられる。

$$\delta m_i = \beta_1(V_i[\mathrm{M}]_i[\mathrm{L}]_i - V_{i-1}[\mathrm{M}]_{i-1}[\mathrm{L}]_{i-1}) \tag{3-29}$$

ここで，$V_i = V_0 + \sum v_i$（V_0 は被滴定溶液の初期体積）である。したがって，各滴定点での熱量は，真の生成エンタルピー $\Delta H°_1$ を用いて，

$$q_i = -\Delta H° \delta m_i = -\Delta H°_1 \beta_1 (V_i[\mathrm{M}]_i[\mathrm{L}]_i - V_{i-1}[\mathrm{M}]_{i-1}[\mathrm{L}]_{i-1}) \tag{3-30}$$

で与えられる。各滴定点の金属イオンと配位子の全濃度は実験条件として与えられているので，分光光度滴定法の解析と同様に，非線形最小2乗法により $\Delta H°$ と β を同時に決定することができる。錯体の生成定数と生成エンタルピーが決定できれば，

$$\Delta G° = -RT \ln \beta \tag{3-31}$$
$$\Delta S° = (\Delta H° - \Delta G°)T \tag{3-32}$$

の熱力学的関係式に基づいて，錯体の生成エントロピーを得ることができる。多段階や多核錯体が生成する反応の解析も複雑にはなるが本質的に同じ方法で可能である。ただし，カロリメトリーで熱力学的パラメータを決定するには，高度な熱測定と解析の技術が不可欠である。カロリメトリーは，反応熱を精密な温度測定（精度は1万分の1度以下）に基づいて決定するので，通常は，測定温度を変えることはない。ある温度で金属錯体の生成エンタルピーと生成定数が既知であれば，別の温度での生成定数は van't Hoff 式から見積ることができる。しかし，金属錯体に構造異性体が存在し，溶液中で異性平衡が成立している場合がある。このような場合，生成エンタルピーは温度依存性を示し，生成定数は単純に van't Hoff 式から見積ることはできない。生成エンタルピーの温度依存性は，錯形成の熱容量変化に関係しているが，詳細は省略する。

　エンタルピーは，熱として観測されるエネルギーであり，錯形成反応におけるエンタルピー変化は，結合形成や切断に伴う電子エネルギーの変化を反映し，

3 酸解離定数、生成定数、錯形成反応の熱力学パラメータの決定法

表 3-1 銅 (II) モノクロロ錯体 $CuCl^+$ の生成の熱力学的パラメータ

	水	PC[b]	DMSO[c]	DMF	AN[d]
ε[a]	80.10	62.93	46.71	37.06	36.00
$\log K_1$	0.6	12.0	4.11	6.79	9.69
$\Delta H_1°$ / kJ mol^{-1}	12		9.2	10.3	-11.7
$\Delta S_1°$ / J mol^{-1} K^{-1}	33		109	165	147
$-T\Delta S_1°$ / kJ mol^{-1}	-10		-32	-49	-44

[a] 溶媒の比誘電率 (20℃), [b] プロピオンカーボネート, [c] ジメチルスルホキシド,
[d] アセトニトリル

結合形成は発熱 ($\Delta H° < 0$) を, 結合開裂は吸熱 ($\Delta H° > 0$) をもたらす。一方, エントロピーは, 反応系に含まれる分子全体の運動の自由度を反映する量であり, $\Delta S° > 0$ は反応に伴う自由度の増加を, $\Delta S° < 0$ は減少を意味している。自然界における物質 (分子集合体) の状態は自発的に $\Delta S° > 0$ の方向に変化することは良く知られている。また, 物質の融解や蒸発, 溶解や拡散といった現象もエントロピーと関係している。化学反応も同様である。例えば, 金属イオンは溶液中で溶媒和をしており, 金属イオンに結合した溶媒分子は運動の自由度を失い, 低いエントロピー状態にある。この溶媒和金属イオンが配位子と錯形成すると, 溶媒分子は配位子と置換して, 金属イオンから開放される (脱溶媒和)。このとき溶媒分子の運動の自由度は増大する。したがって, 脱溶媒和は錯形成を促進する力を持っている。一方, 水のように水素結合により強い液体構造を形成している溶媒では, 金属イオンから脱離した溶媒分子は, 再び強い液体構造に組み込まれて運動の自由度を失う。したがって, 強い液体構造を持つ溶媒は錯形成を抑制する性質がある。水溶液中でほとんど生成しないハロゲノ錯体が, ジメチルスルホキシド(DMSO)やジメチルホルムアミド(DMF)など非プロトン性 (分子間水素結合を形成しない) 有機溶媒中では容易に生成するのは, 完全にエントロピー効果である。実際, これら有機溶媒の金属イオンへの配位能は水よりも強く, 錯形成は吸熱であり, 錯形成を促進しているのは, 明らかにエンタルピー (金属-配位子結合) ではない。この水と非プロトン性溶媒中のエントロピーの違いは, 後者の弱い液体構造に起因している。溶媒による錯形成の熱力学的パラメータの違いについて, 一例として Cu(II)モノクロロ錯体の結果を表 3-1 に示す。

3-3-4 反応速度定数

平衡状態にある溶液中に存在する化学種の生成分布は,溶液組成と平衡定数で一義的に決まる。しかし,溶液組成を変化させても,新しい平衡位置に向かって速やかに反応が進行するとは限らない。新しい平衡位置に達する時間は,溶液組成と反応速度に依存する。平衡定数は,熱力学的にGibbsエネルギーに関係づけられるが,速度定数は,活性化エネルギーに関係している。平衡定数と速度定数は異なるエネルギーに基づく反応パラメータであるが,両者は深い関係を持っている。金属イオンMと配位子Lから錯体MLが生成する反応について考えてみよう。溶液中で金属イオンと配位子が衝突して錯体が生成すると考えると,単位時間あたりの錯体MLの生成量は,その衝突回数に比例するであろう。また,衝突回数は,金属イオンと配位子の濃度に比例して増大すると考えられる。したがって,反応速度は次式で表現できる。

$$\frac{d[ML]}{dt} = k_f[M][L] \qquad (3\text{-}33)$$

ここで,比例定数 k_f は正反応,M+L→MLに対する速度定数である。一方,錯体MLのMとLへの解離は,一定の確率で自発的に発生すると考えられるので,反応速度は,錯体MLの濃度に比例し,次式で表現できる。

$$-\frac{d[ML]}{dt} = k_b[ML] \qquad (3\text{-}34)$$

ここで,マイナスは減少を意味し,比例定数 k_b は逆反応,ML→M+Lに対する速度定数である。溶液中では,錯体MLの生成と解離は同時に起こっている。

$$\text{M+L} \underset{k_b}{\overset{k_f}{\rightleftarrows}} \text{ML} \qquad (3\text{-}35)$$

実際に反応がどちらに進行するかは,正反応と逆反応の速度差から次式に表される。

$$\frac{d[ML]}{dt} = k_f[M][L] - k_b[ML] \qquad (3\text{-}36)$$

$d[ML]/dt > 0$ であれば正反応が,$d[ML]/dt < 0$ であれば逆反応が優勢となっている。また,$d[ML]/dt = 0$ は,ML濃度が時間とともに変化しない状態で

3 酸解離定数、生成定数、錯形成反応の熱力学パラメータの決定法

あり，この反応では平衡状態を意味している。すなわち，速度論における平衡状態とは，正反応速度と逆反応速度が釣り合っている状態であり，見かけ上，反応は停止しているが，特定の金属イオンに着目すれば，正反応と逆反応を繰り返しているのである。したがって，平衡状態では $k_f[M][L] = k_b[ML] (\neq 0)$，すなわち，

$$[ML]/[M][L] = k_f/k_b \tag{3-37}$$

が成立している。上式の左辺は錯体 ML の生成定数であるから，$K = k_f/k_b$，すなわち，生成定数は正反応と逆反応の速度定数の比であることがわかる。

　反応速度は反応系により大きな違いがあり，1つの測定法ではカバーできない。比較的遅い反応は，ストップトフロー法と呼ばれる2液混合型の装置を用いて測定できる。装置の概略を図3-7に示す。測定において，2本のシリンジに反応溶液を満たし，ガス圧を利用してピストンを瞬時に動かし，2つの溶液を同時に押し出す。押出された2つの溶液をミキサー部で混合し，検出部（フローセル）に導き，液流を停止させた後，反応の進行を追跡する。追跡する手段としては，フローセルを用いて吸光度変化を測定するのが一般的であり，数ミリ秒のデッドタイム（不感時間）より遅い反応に適用できる。

　速度定数を決定するには，標的とした反応以外の副反応が起こらないように，

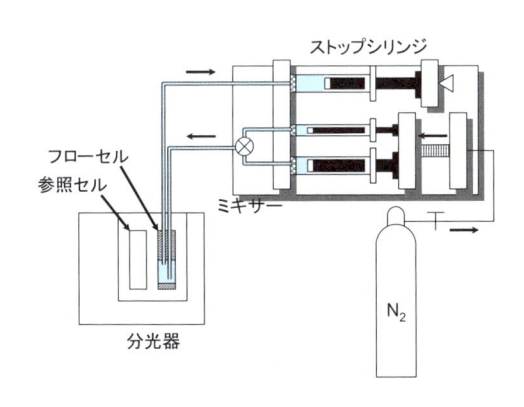

図 3-7　ストップトフローシステム

2つの反応溶液の組成,濃度,混合比などをできるだけ最適化することが肝要で,このため,前もって平衡系の反応解析をしておくとよい。

前述したように,反応 M + L $\rightleftharpoons$ ML の速度式は,右辺に変数 [M],[L] の積の項を含み,微分方程式の解は単純な指数関数とならない。そこで,M と L のいずれかを大過剰にして,反応過程でこの濃度が事実上変化しないようにする。これを擬一次条件という。金属イオンが大過剰の擬一次条件であれば,ML_2 錯体の生成は無視できる。金属イオン濃度を C_M^0 一定とすると,微分方程式の右辺の各項は一次となり,$d[ML]/dt = -d[L]/dt$ であるので,微分方程式の解は単純な指数関数で表される。

$$[ML] = [ML]_0 + [L]_0 (1 - \exp\{-(k_f C_M^0 + k_b)t\}) \tag{3-38a}$$
$$[L] = [L]_0 \exp\{-(k_f C_M^0 + k_b)t\} \tag{3-38b}$$

ここで,$[L]_0$ と $[ML]_0$ は配位子と錯体の初濃度で定数であり,見かけの速度定数 k_{ap} は,$k_{ap} = k_f C_M^0 + k_b$ で与えられる。反応開始前の吸光度と反応開始後十分に時間が経った後の吸光度を,それぞれ A_0 および A_∞,反応開始後の時間 t での吸光度 A とすると,吸光度の変化は次式で表され,左辺の値を t に対してプロットすると,直線の傾きから見かけの速度定数が決定できる。

$$\ln \frac{A - A_0}{A_\infty - A_0} = -k_{ap} t$$

吸光度の時間変化の例を図3-8に示す。様々な金属イオン濃度で k_{ap} を決定し,金属イオン濃度に対してプロットすると,$k_{ap} = k_f C_M^0 + k_b$ の関係にしたがって,傾きから k_f,切片から k_b を見積もることができる。

2つの溶液を混合する測定法以外にも,溶液の温度(Tジャンプ法)や圧力(Pジャンプ法)を瞬時に変化させ,非平衡状態を作り出し,新しい平衡状態へ緩和する過程を追跡する緩和法と呼ばれる測定法がある。また,レーザーパルスを照射し,過渡吸収スペクトルを測定する方法もある。これらは,すべて反応に伴う濃度変化を吸光光度法で追跡する測定法である。

吸光光度法で化学種の濃度変化を追跡するのとは異なる測定法の一例として,NMRによる反応速度の測定があげられる。例えば,水分子のプロトンNMRは,水分子の存在する環境に強く依存するので,バルク中の水分子と金

3 酸解離定数、生成定数、錯形成反応の熱力学パラメータの決定法

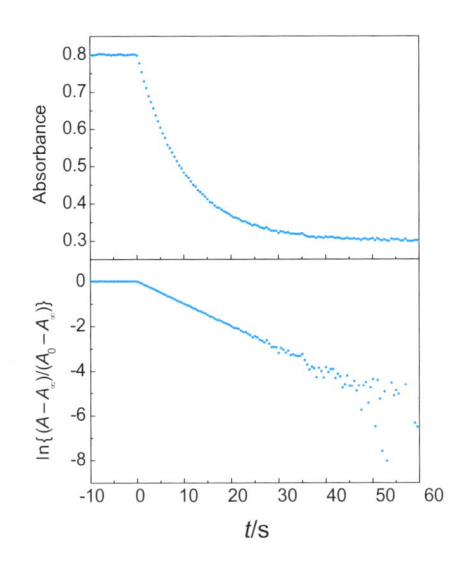

図 3-8 吸光度の時間依存性

属イオンに配位している水分子では化学シフトが異なる。低温では，異なる状態にある水分子を 2 本の NMR シグナルとして区別して捉えることができる。温度が上昇すると，水分子は 2 つの状態間を交替するようになり，図 3-9 に示すように 2 本の NMR シグナルは半値幅が広がり，かつ接近し，重なるようになる。さらに交換が早くなると，ついには 1 本のシグナルとなり，状態の区別ができなくなる。このシグナルの温度変化を解析すると水分子の交換速度を求めることができる。プロトン以外にも様々なプローブ核を利用した測定がなされている。

遷移状態理論の詳細については，ここでは割愛するが，錯形成反応の反応速度定数 k の温度依存性は，次式（Eyring の式）で表される。

$$\ln(k/T) = -\Delta H^{\ddagger}/RT - \Delta S^{\ddagger}/R + \ln(\kappa k_B/h) \tag{3-40}$$

ここで，透過係数 κ を与えれば，k_B, h は，それぞれ Boltzman 定数，Plank 定数であるので，右辺の第 3 項は定数となる。したがって，左辺の値を $1/T$ に対してプロットすると，活性化エンタルピー（$\Delta H^{\ddagger}$）と活性化エントロピー

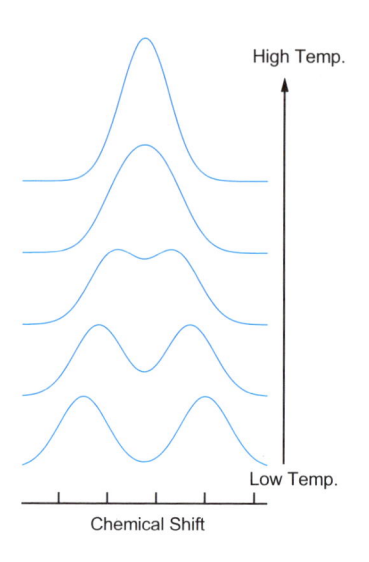

図 3-9　配位子の NMR スペクトルの温度変化

($\Delta S^{\ddagger}$) を見積ることができる．これら反応の速度論的パラメータは，活性状態に関する情報を提供するので，金属錯体の生成メカニズムを考える上で有用な知見をもたらす．

参考文献

1) 日本化学会編「化学便覧（丸善）」など．また「安定度定数データベース」(http://old.iupac.org/publications./scdb/, 石黒慎一，ぶんせき，**10**, 621 (2000)) も活用のこと
2) 大瀧仁志，電気化学，**48**, 278 (1980), 大瀧仁志，電気化学，**44**, 151 (1976), G. Gran, Analyst, **77**, 661 (1952).
3) M. Koide, H. Suzuki and S. Ishiguro, *J. Solution chem.*, **23**, 1257 (1994).

4 電気化学

はじめに

本章の構成は以下の通りである。まず，電気化学測定を行う上で理解する必要がある基礎的な知識（ネルンスト式，電解質溶液，電極，電位窓，電気二重層，機器）について説明する。次に電極反応速度，すなわち，電流値を決定する2つの要因（電荷移動律速と物質移動律速）について定量的な取り扱いを記述する。最後に各種測定法に関して，特に最も汎用的な測定法であるサイクリックボルタンメトリーについては実例も交えて説明する。

本章は錯体化学に携わる研究者が初めて電気化学測定を行うという前提のもとで執筆されており，必要最低限の構成となっている。例えば，一部の数式は導出を省略して用いている。発展的な部分については章末にあげた成書を参考にされたい。

4-1　ネルンスト式

半反応 $n_O O + ne^- \rightarrow n_R R$ が，電極表面において平衡状態にあるとする。この時の電極電位 E は，ネルンスト式（4-1）で表される。

$$E = E^0 + \frac{RT}{nF} \ln \frac{a_O^{n_O}}{a_R^{n_R}} \tag{4-1}$$

ただし，a_O, a_R は電極表面における酸化種および還元種の活量であり，R, T, F, はそれぞれ気体定数，温度，ファラデー定数である。また，E^0 は $a_O = a_R = 1$ M の時の半反応に固有の電極電位であり，標準電極電位と呼ぶ。

実際には活量算出は煩雑であり，濃度を用いると都合がよい。O, R の活量係数および電極表面における濃度をそれぞれ γ_O, γ_R, C_O, C_R とすると $a_O = \gamma_O C_O$, $a_R = \gamma_R C_R$ であるので，式（4-1）は次のように書き換えられる。

$$E = E^0 + \frac{RT}{nF}\ln\frac{\gamma_O^{n_O}C_O^{n_O}}{\gamma_R^{n_R}C_R^{n_R}} = E^0 + \frac{RT}{nF}\ln\frac{\gamma_O^{n_O}}{\gamma_R^{n_R}} + \frac{RT}{nF}\ln\frac{C_O^{n_O}}{C_R^{n_R}} = E^{0'} + \frac{RT}{nF}\ln\frac{C_O^{n_O}}{C_R^{n_R}} \tag{4-2}$$

ここで，$E^{0'}$ は式量電位と呼ばれる，式（4-3）で定義される値である．$E^{0'}$ は $C_O = C_R = 1\,\mathrm{M}$ になるときの半反応に固有の電極電位である．

$$E^{0'} \equiv E^0 + \frac{RT}{nF}\ln\frac{\gamma_O^{n_O}}{\gamma_R^{n_R}} \tag{4-3}$$

O および R が系中に共存する場合，平衡電位 E_{eq} が定義される．系に電流が通じているとき，電極表面における O および R の濃度 C_O, C_R と，電極から十分離れた領域（バルク溶液と呼ぶ）における濃度 C_O^*, C_R^* とは必ずしも等しくない（4-7-2 項参照）．一方 $E = E_{\mathrm{eq}}$ のときには電極表面で平衡が成立するだけでなく，試料溶液全体が平衡に到達する．このとき O および R の濃度は一様となり，観測される正味の電流値はゼロとなる．したがって，$C_O = C_O^*$ および $C_R = C_R^*$ が成立するので式（4-2）より，

$$E_{\mathrm{eq}} = E^{0'} + \frac{RT}{nF}\ln\frac{C_O^{*n_O}}{C_R^{*n_R}} \tag{4-4}$$

となる．

4-2 電解質溶液

4-2-1 溶　媒

電気化学測定においては，多くの場合溶液試料が測定対象となる．一般に試料分子に比べ圧倒的な数の溶媒分子が測定系中に存在することになるため，用いる溶媒に微量の不純物が含まれていても測定結果に大きな影響を与えうる．

水は石英製容器にて蒸留したものを用いるのが良いとされているが，超純水生成装置によるものを利用しても良い．

近年では有機溶媒系の測定機会が増加している．特に，水との差異が際立つ非プロトン性極性溶媒がよく用いられており，ジメチルホルムアミド（DMF），テトラヒドロフラン（THF），アセトニトリル（AN），プロピレンカーボネート（PC），ジメチルスルホキシド（DMSO），ニトロメタンなどが好例である．また，無極性溶媒であるが金属錯体，難溶性有機化合物の溶解力に優れたジク

ロロメタン (DCM), 1,2-ジクロロエタン (DCE) も多用されている。

一方，プロトン性極性溶媒としてはメタノール，エタノール，酢酸などがあげられる。

各種溶媒の精製法については成書を参考にされたい。極性溶媒は不純物として水を含有しやすいため，溶媒精製後の保存や取扱いにも注意が必要である。

溶媒には様々な気体が溶存している。このうち酸素はそれ自身還元されやすい (4-5 項参照)，試料を酸化するなど電気化学測定に様々な問題を与える。酸素を取り除く最も簡便な方法は，用いる溶媒を飽和させた不活性ガス（窒素，アルゴン）を系に 15 分程度吹き込んだのち，流量を落としてガスを流し続けることである。電気化学セルを真空系に連結し凍結脱気を行う方法や，蒸留・脱気した溶媒をグローブバッグまたはグローブボックス中に持ち込み，その中で系を組み立てる方法も有効である。

4-2-2　支持電解質

電気化学測定で用いる多くの溶媒自身は絶縁体であり，これらが導電性を獲得するためには支持電解質と呼ばれる塩，もしくは酸・塩基を溶解させる必要がある。支持電解質は溶媒中にて電離し，試料溶液はイオン伝導性を帯びることとなる。支持電解質自身は酸化還元を受けにくいことが望ましい。水系では無機酸・塩基・塩，もしくはこれらの混合により緩衝液としたものが，有機溶媒系では溶解度の関係からアルキルアンモニウム塩が用いられることが多い。支持電解質の濃度は試料濃度に比べ十分大きくなるように調製する（0.1 〜 1 M 程度）。したがって，支持電解質に微量の不純物が含有されているだけで測定に影響をおよぼす。純度が保障されているものでない限り，再結晶など適切な精製が必要となる。

4-3　電　極

4-3-1　作用電極

電気化学測定においては作用電極の電位と，これを通過する電流をモニターすることで，電子移動反応に関する知見を得る。作用電極には分極性，すなわち，電流を通じることなく電極電位を自在に制御できる特性が求められる。作

用電極として用いられる材質としては，金，白金などの貴金属やグラッシーカーボンが好例である。

金，白金は高純度精製が容易であり，用途に応じて自在な形状に加工することができる利点がある。水系での測定においては研磨剤による研磨，酸洗浄，水洗，測定に用いる支持電解質溶液中での電位走査の繰り返しによる前処理が推奨されている。電極の清浄度は1M硫酸中でのサイクリックボルタンメトリー（4-8-6項参照）において固有の電流－電位曲線を描くかどうかによって評価される。白金はプロトン・水の還元に関する活性化過電圧（水素過電圧，4-7-3項参照）が非常に小さく，金に比べ還元側の電位窓（4-5節参照）が狭い。

グラッシーカーボンは前処理が簡便であるため，近年特に多用されている。電極表面がすでに十分に平滑であれば，使用直前にアルミナ懸濁水など研磨剤による研磨と水中での超音波洗浄のみで十分である。有機溶媒系での測定であれば，さらに用いる有機溶媒ですすぎを行う。グラッシーカーボンの水素過電圧および水もしくは水酸化物イオンの酸化に関する活性化電圧（酸素過電圧）は共に大きいため，水系での測定では広い電位窓を確保することができる。欠点としては，グラッシーカーボンは電気二重層の静電容量（4-4節参照）が貴金属電極に比べ大きいこと，大電流による劣化が顕著であることがあげられる。

その他の材質についても言及する。過去には水銀が作用電極として多用されていた。水銀電極を用いて電流－電位曲線を得る手法をポーラログラフィーと呼ぶ。また，ボロンドープダイヤモンド（BDD）電極は電気二重層の静電容量が非常に小さい，水素過電圧および酸素過電圧が大きいなどの特長を有しており，注目を集めつつある。近年ではITO電極に代表される透明電極を作用電極として用いる機会が増加している。

作用電極の形状は電子移動反応速度を支配する要因の1つである物質移動（4-7-2項参照）に大きな影響を与えるため，各々の測定法に適したものを選択しなければならない。

4-3-2　参照電極

電圧計は2電極間の電位差のみしか測定できないため，作用電極の電位を得

るためには，一定の電位を取る電極との間で電位差を計測する必要がある。基準となる電極を参照電極と呼ぶ。参照電極には電流が通過しても，電極電位が変動しない特性（非分極性）が求められる。

(1) 水系参照電極

1) 水素電極

酸性水溶液（通常は塩酸）に白金黒（白金に白金をめっきし，表面積を増大させたもの）を浸す。この白金黒近傍に水素を吹き込み続けたものを水素電極と呼ぶ。水素電極では式 (4-5) の半反応により電位が規定される。

$$2H^+ + 2e^- \rightarrow H_2 \tag{4-5}$$

すなわち水素電極が示す電極電位 E は，式 (4-1) および式 (4-5) より，式 (4-6) で表される。

$$E = E^0 + \frac{RT}{2F} \ln \frac{a_{H^+}^2}{a_{H_2}} = E^0 + \frac{RT}{F} \ln \frac{a_{H^+}}{P_{H_2}} \tag{4-6}$$

ただし，a_{H^+} はプロトン活量，P_{H_2} は水素分圧であり，E は両者に依存する。特に，$P_{H_2} = 1$ atm，$a_{H^+} = 1$ M のものを標準水素電極（Standard Hydrogen Electrode, SHE）と呼ぶ。管理・小型化が難しいため近年では用いられる機会が少ないが，電位を SHE 基準で表す表記は今も残っている。

2) カロメル電極

水銀の下に Hg_2Cl_2 と水銀を混合しペースト状となったものを敷き，これらを KCl もしくは NaCl 水溶液と接触させたものをカロメル電極と呼ぶ。この電極における半反応は，

$$Hg_2Cl_2 + 2e^- \rightarrow 2Hg + 2Cl^- \tag{4-7}$$

である。純物質である Hg_2Cl_2 と Hg の活量は共に 1 であるので，カロメル電極の電極電位は式 (4-1) および式 (4-7) より，

$$E = E^0 + \frac{RT}{2F} \ln \frac{a_{Hg_2Cl_2}}{a_{Hg}^2 \cdot a_{Cl^-}^2} = E^0 - \frac{RT}{F} \ln a_{Cl^-} \tag{4-8}$$

で表される。すなわち，電極電位は塩化物イオンの活量に依存する。特に，固体の KCl が共存する飽和 KCl 水溶液を用いたものを飽和カロメル電極

(saturated calomel electrode, SCE) と呼ぶ。水銀の毒性により近年では使用が敬遠される傾向にあるが，SCE 基準の電位表示自体は今でも良く見受けられる。

3) 銀-塩化銀電極

電解酸化により塩化銀を表面に析出させた銀線を，KCl 溶液に浸したものである。

$$AgCl + e^- \rightarrow Ag + Cl^- \tag{4-9}$$

$$E = E^0 + \frac{RT}{F} \ln \frac{a_{AgCl}}{a_{Ag} \cdot a_{Cl^-}} = E^0 - \frac{RT}{F} \ln a_{Cl^-} \tag{4-10}$$

カロメル電極と同様，電極電位は塩化物イオンの活量に依存する。KCl 濃度が高い場合には AgCl が $AgCl_2^-$ として溶解するので，KCl 水溶液には AgCl を飽和させておく。安定性の面では飽和 KCl 溶液を使用するのが良いとされるが，KCl の析出が問題となる場合にはより低濃度の溶液を用いる。水系用の参照電極として近年では最もよく用いられている。

(2) 有機溶媒系参照電極

1) Ag/Ag^+ 電極

$AgNO_3$ もしくは $AgClO_4$ を 0.1 〜 0.01 M 程度となるように有機溶媒，もしくは支持電解質溶液に溶解させ，その中に銀線を浸漬したものを指す。理想的には測定系と同じ支持電解質溶液を用いることが望ましい。そうでない場合には，液間電位差（異なる電解質溶液の接合部位に生じる電位差）による誤差を生じる。Ag/Ag^+ 電極は水系の参照電極に比べ不純物の影響を受けやすく，また，経年劣化が顕著であり信頼性に欠ける。

$$Ag^+ + e^- \rightarrow Ag \tag{4-11}$$

$$E = E^0 + \frac{RT}{F} \ln \frac{a_{Ag^+}}{a_{Ag}} = E^0 + \frac{RT}{F} \ln a_{Ag^+} \tag{4-12}$$

表 4-1 に各参照電極が示す電位をまとめた。

4 電気化学

表 4-1 参照電極の電位

	電極の種類	構 成	電位 / V vs. SHE
水系	水素電極	$P_{H_2} = 1$ atm, $a_{H^+} = 1$ M (SHE)	0
	カロメル電極	飽和 KCl 水溶液 (SCE)	0.241
		3.5 M KCl 水溶液	0.250
		1 M KCl 水溶液	0.280
		飽和 NaCl 水溶液 (SSCE)	0.236
	銀–塩化銀電極	飽和 KCl 水溶液	0.197
		3.5 M KCl 水溶液	0.205
		1 M KCl 水溶液	0.236

	電極の種類	構 成	電位 / V vs. SHE
有機溶媒系	Ag/Ag$^+$ 電極	0.01 M AgNO$_3$ in CH$_3$CN	0.514
		0.01 M AgNO$_3$ in 0.1 M Et$_4$ClO$_4$ / CH$_3$CN 溶液	0.500
		飽和 AgNO$_3$ in 0.1 M ^{n}Bu$_4$NClO$_4$ / 1,2-dimethoxyethane 溶液	0.868

2) 内部標準

上記の理由から，有機溶媒中の測定については適当な Ag/Ag$^+$ 電極を作用電極として用いつつも，その後内部標準による補正を行う。すなわち，試料の測定後に基準物質を系中に投入し，そのサイクリックボルタモグラム（4-8-6 項参照）などから電位の補正を行う。基準物質として IUPAC はフェロセン（Fc）を推奨している。フェロセン–フェロセニウムのレドックス対を基準とした電位表示が有機溶媒系では多く用いられる。より溶媒の影響を受けにくい，フェロセンのすべての水素原子をメチル基で置換したデカメチルフェロセンを使用する提案もなされている。試料の式量電位がフェロセンのそれと近い場合には，デカメチルフェロセンを含む置換フェロセンやコバルトセンを用いる。

4-3-3 対 極

3 電極系（4-3-4 項(2)参照）にて用いられる。水系・有機溶媒系問わず，貴金属の板状もしくはらせん電極が良く用いられている。対極は作用電極に比べ十分大きな表面積（目安として 20 倍）を有していなければならない。小さすぎると対極上での反応が律速となり，作用電極上での反応速度を制限することになる。

4-3-4　電極の配置
(1)　2電極系

2電極系では作用電極，参照電極の2本の電極の間に電位差Vを印加する。作用電極で酸化反応が進行すると，参照電極では逆に同電子数が消費される還元反応が起こる。参照電極の電位をE_Rとするとき，作用電極の電位Eは式(4-13)で規定される。

$$E = E_R + V - IR_{sol} \tag{4-13}$$

特に参照電極の電位を基準としてみなせば（$E_R = 0$），

$$E = V - IR_{sol} \tag{4-14}$$

となる。Iは系を流れる電流である。本書ではIUPACの提言にしたがい，作用電極上で酸化反応，すなわち，試料溶液と作用電極との界面において，電子が前者から後者へ移る際に流れる電流を正とする。逆に還元反応，すなわち，電子が後者から前者へ移動する際の電流を負と定義する。なお，古い文献では符号が逆転した表記も多い。またR_{sol}は溶液抵抗である。試料に比べ支持電解質が大量に含まれる一般的な電気化学測定条件においては，電流は支持電解質由来のイオンによりもたらされる（イオン伝導性）。イオンは電場によって加速されるが，移動方向とは逆向きに溶媒による摩擦力を受け，ある一定の速度以上に加速されることはない。摩擦力により失なわれた運動のエネルギーは熱として周囲に散逸される。これは抵抗成分と，また摩擦により生じる熱はジュール熱にほかならない。R_{sol}は支持電解質の電離が十分な水系では小さいが，これが不十分な有機溶媒中，特にジクロロメタンなどの無極性有機溶媒中では大きな値となる。

$|I|$もしくはR_{sol}が大きいとき，IR_{sol}の寄与が無視できなくなる。これをiRドロップと呼ぶ。iRドロップは作用電極電位を計測する上での誤差となる。加えて参照電極自身の抵抗値は小さくなく，大電流を流す際にはこれによるiRドロップも看過できなくなる。大電流はまた，E_Rの変動も引き起こす。これらの理由により，ほとんどの電気化学測定系は後述の3電極系を採用している。

(2) 3電極系

ここでは作用電極，参照電極に加え，対極を用いる。3電極系では電位差 V を作用電極と対極の間に印加し，この2電極間に大部分の電流が流れる。作用電極の電位は参照電極に対して制御・計測されるが，作用電極と参照電極間にはごく微小の電流のみが流れる（図4-1）。

3電極系では V および対極の電位は重要視されない。作用電極上で酸化反応が進行すれば，対極では等電子分の還元反応が進行するが，具体的にどのような還元反応が進行するのかについても通常興味の対象外である。

2電極系に比べると小さいものの，3電極系においても iR ドロップ（4-3-4項(1)参照）を完全には無視できない。参照電極に対して測定された見た目の作用電極の電位を E_{app} とすると，真の作用電極の電位 E は式（4-15）で表される。

$$E = E_{app} - IR_u \tag{4-15}$$

I は作用電極と対極間に流れる電流，また抵抗成分 R_u を非補償溶液抵抗と呼ぶ。作用電極と参照電極とを近接させることで R_u を低減させることができるが，近すぎると物質移動過程（4-7-2項参照）を乱すなど，測定に悪影響をおよぼす。作用電極をルギン管と呼ばれる塩橋の一種（4-3-4項(3)参照）を経由して試料溶液と接触させることで，作用電極と参照電極との実効距離をルギン管先端の直径 d に対して $2d$ まで小さくすることができる。

大きな R_u は誤った測定結果の解釈を与える場合があるので注意が必要である（4-8-6項(2)参照）。なお，市販の電気化学システムには R_u を補償する回路・

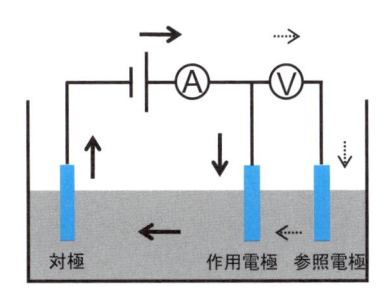

図4-1 3電極系の概略。ほとんどの電流は作用電極と対極の間を通過する

プログラムが組み込まれている。

(3) 塩橋

異なる溶液同士を接触させると界面に液間起電力と呼ばれる電位差を生じることが知られている。液間起電力は参照電極と試料溶液との間にも生じ，作用電極電位 E の誤差となる。両者を高濃度の支持電解質溶液を介して間接的に接触させることで液間起電力を低減することができる。この支持電解質溶液を塩橋と呼ぶ。例えば，SHE に対しては寒天でゲル化した高濃度の KCl 水溶液が良く用いられる。また，参照電極と試料溶液との間で導通を取るということは，微量ではあるが溶液の相互的な流入・流失を可能とするということにほかならない。塩橋はこの相互的な汚染を防止する役割も果たす。ルギン管(4-3-4項 (2)) も塩橋の 1 種である。

4-4 電気二重層

電極と電解質溶液間に電位差が存在し，電極表面では酸化および還元反応が進行しないとする。このとき電位差を打ち消すために電解質由来のイオンの分布に偏りが生じる。例えば，電極の電位が電解質溶液のそれに比べ負であるとき，電極近傍にはカチオンが多く分布することで電位差を打ち消そうとする。これを電気二重層と呼ぶ。イオンの分布の変化は極めて電極近傍 ($\sim 10^{-9}$ m) のみで起こるとされ，これを電気二重層の厚みと考える。電気二重層はキャパシタと，イオンの動きはキャパシタへの充電とみなすことができる。

電解質溶液に 2 つの電極を浸漬した場合，それぞれの電極近傍に電気二重層が形成される。一般に電極表面積が大きいほど電気二重層の静電容量は大きくなる。例えば，2 電極系の場合，参照電極由来の静電容量 C_R は作用電極の静電容量 C_W に比べはるかに大きい。両者は直列しているとみなすことができるので系全体の静電容量 C_{dl} は，

$$C_{dl} = C_R C_W / (C_R + C_W) \approx C_W \qquad (4\text{-}16)$$

となる。同様に 3 電極系においても作用電極の形状・材質が系の静電容量を決定する。電気二重層への充電電流は電気化学測定に常に付随し，感度低下の一因となる。

4 電気化学

化学種の酸化および還元によってもたらされる電流のことをファラデー電流と呼ぶ。一方で電気二重層への充電電流に代表される，化学種の酸化および還元によらない電流のことを非ファラデー電流と区別する。

4-5　電位窓

溶媒・支持電解質ともに測定対象に比べ大量に存在することから，前者由来のファラデー電流は後者のそれをはるかに凌駕する。したがって，ある溶媒・支持電解質の組み合わせにおける測定可能な電位の範囲（電位窓）は，多くの場合溶媒および支持電解質の酸化および還元が顕著となる前に制限される。

表 4-2 および表 4-3 に様々な電解質溶液，作用電極を用いた系における電位

表 4-2　水系の電位窓 [1)]

電　極	支持電解質	電位窓 / V vs. SCE	
		還元側	酸化側
Pt	0.1 M HCl	−0.3	1.1
	Phosphate buffer (pH = 7.0)	−0.70	0.94
	0.1 M NaOH (pH = 12.9)	−0.91	0.72
Au	1 M HClO$_4$	−0.2	1.5
	Phosphate buffer (pH = 7.0)	−1.19	—
	0.1 M NaOH (pH = 12.9)	−1.28	—
カーボンペースト	1 M HCl	−0.90	1.02
	1 M KCl	−1.1	1.10
	0.2 M NaOH	—	0.87
	1 M NaOH	−1.4	—

表 4-3　有機溶媒系の電位窓（作用電極：Pt）[1)]

溶　媒	支持電解質	電位窓 V / vs. SCE	
		還元側	酸化側
CH$_3$CN	0.1 M LiClO$_4$	−3.0	2.5
	0.1 M TEAP	−1.8	2.0
C$_6$H$_5$CN	0.1 M TEAP	−1.8	2.0
DMSO	TEAP	−1.85	0.7
PC	0.25 M TEAP	−1.9	1.7
CH$_2$Cl$_2$	0.2 M TBAP	−1.70	1.80
ニトロベンゼン	TPAP	−0.7	1.6
ニトロメタン	TMAC	−0.9	0.9

TEAP = tetraethylammonium perchlorate; TBAP = tetra-*n*-butylammonium perchlorate; PC = propylene carbonate; TPAP: tetra-*n*-propylammonium perchlorate; TMAC: tetramethylammonium chloride.

窓を示した。水系においては水，水酸化物イオン，プロトンの酸化・還元に伴う酸素発生および水素発生が電位窓を決定する。これらの反応はいずれもpH依存を示すため，電位窓もこれに大きく依存する。また酸素発生・水素発生ともに活性化過電圧（4-7-4項参照）の電極材質依存性が大きいことが知られており，電位窓は電極材質にも大きく影響を受ける。貴金属電極においては自身の溶解電位が正側の電位窓に影響を与える。

有機溶媒は水に比べ酸化還元を受けにくいものが多く，この場合支持電解質の酸化および還元が電位窓の制限となることもある。

系に含まれる不純物は電位窓を狭める要因となる。大気下における酸素の飽和濃度は 0.2 mM（水），0.4〜5 mM（有機溶媒）にもおよび，試料濃度に匹敵する。酸素は還元されやすい（$O_2 + e^- \rightarrow O_2^{-\cdot}$，$E^{0'} = -0.54$ V vs. SHE, in 0.1 M Et_4NClO_4–DMSO）ため，溶存酸素は負側の電位窓を狭める。極性有機溶媒中に含まれやすい水も電位窓を狭めることがある。

4-6　機器

電気化学測定は作用電極電位を制御しながら電流変化を観測する測定法と，逆に電流値を制御しながら作用電極電位変化を観測する手法に大別される。前者のための制御装置をポテンシオスタット，後者のためのそれをガルバノスタットと呼ぶ。両者は統合されている場合が多い。特に作用電極電位を制御する場合様々な波形の電位が必要となるが，この役割はファンクションジェネレータが担う。また，得られる電流−電位曲線などはレコーダーにより記録される。近年ではこれらがすべて統合され，コンピュータで制御可能なシステムが市販されている。

4-7　電荷移動律速と拡散律速

電極表面における電子移動反応速度（＝電流の大きさ）を支配する因子に，電荷移動速度と物質移動速度がある。どちらの機構が反応律速になっているかにより，得られる測定結果は大きく変わる。

4-7-1　電荷移動律速

　O, R が共存している系において O+ne$^-$ → R という半反応に着目する。作用電極はディスク電極（円筒形電極の側面にテフロンやガラスなどの絶縁被膜をコーティングしたもの，試料溶液と接する部分は円形となる）とし，電極平面と垂直方向 x にのみ O および R の濃度分布があり（電極表面を $x=0$，バルク溶液方向を正とする），水平方向 y,z の濃度は一様である系を考える。位置 x，時間 t における O, R の濃度を $C_\mathrm{O}(x,t)$ および $C_\mathrm{R}(x,t)$，また，バルク溶液の濃度を C_O^* および C_R^* とする。O から R への還元に伴い流れる電流を I_c，および R から O への酸化に伴う電流を I_a とする。また，電極単位面積当たりの電流を電流密度と定義する（例えば，$i_\mathrm{c}=I_\mathrm{c}/A$：$A$ は電極面積）。これらの酸化および還元反応が，それぞれ電極表面における R および O の濃度 $C_\mathrm{R}(0,t)$, $C_\mathrm{O}(0,t)$ に対して一次反応であるとすると，ファラデーの法則ならびに電流の定義（≡単位時間当たりに流れる電荷量）より，

$$v_\mathrm{f} = k_\mathrm{f} C_\mathrm{O}(0,t) = \frac{-i_\mathrm{c}}{nF} \tag{4-17}$$

$$v_\mathrm{b} = k_\mathrm{b} C_\mathrm{R}(0,t) = \frac{i_\mathrm{a}}{nF} \tag{4-18}$$

となる。ただし $v_\mathrm{f}, v_\mathrm{b}$ は電極単位面積当たりの還元および酸化反応速度，$k_\mathrm{f}, k_\mathrm{b}$ は電極単位面積当たりの還元，酸化に関する反応速度定数である。すなわち電流密度（電流）は反応速度に比例する。ここで観測される正味の電流密度 i は，

$$i = i_\mathrm{c}+i_\mathrm{a} = -nFk_\mathrm{f}C_\mathrm{O}(0,t)+nFk_\mathrm{b}C_\mathrm{R}(0,t) \tag{4-19}$$

となる。電極反応の特徴の1つとして，速度定数 k_f および k_b が電極電位 E の関数であり，反応速度を自由に変化させることができる点があげられる。具体的には k_f および k_b は，

$$k_\mathrm{f} = k^0 \exp\left[-\frac{\alpha nF}{RT}(E-E^{0\prime})\right] \tag{4-20}$$

$$k_\mathrm{b} = k^0 \exp\left[\frac{(1-\alpha)nF}{RT}(E-E^{0\prime})\right] \tag{4-21}$$

で表される。k^0 は標準速度定数，α は移動係数と呼ばれる化学種に固有の値

($0 < \alpha < 1$, $0.3 \sim 0.7$ の間に収まり，通常 0.5 に近い値をとる）である．

式 (4-20) および式 (4-21) を式 (4-19) に代入すると，

$$i = -nFk^0 \left\{ C_O(0,t) \exp\left[-\frac{\alpha nF}{RT}(E-E^{0'})\right] - C_R(0,t) \exp\left[\frac{(1-\alpha)nF}{RT}(E-E^{0'})\right] \right\}$$
(4-22)

となる．

E が平衡電位 E_{eq}（式 (4-4) 参照）に等しいときには $v_c = v_a$，すなわち $i_a = -i_c$ となる．また O, R の濃度は試料溶液中で一様となるため，$C_R(0,t) = C_R^*$，$C_O(0,t) = C_O^*$ となる．このとき式 (4-17) に式 (4-20) を代入し，さらに式 (4-4) を用いて整理すると，

$$i_a = -i_c = i_0 = nFk^0 (C_O^*)^{1-\alpha} (C_R^*)^{\alpha}$$
(4-23)

となる．i_0 は交換電流密度と呼ばれる電流密度と同じ次元を有する値である．i_0 は k^0 に比例し，k^0 の代わりに電極反応速度の指標として用いられることが多い．式 (4-23) は $E = E_{eq}$ であっても酸化および還元反応自体は進行するが，互いに打ち消し合い観測される電流密度および O, R の濃度変化はゼロであることを意味している．

式 (4-4) および式 (4-23) を用いると，式 (4-22) は次のように書き換えられる．

$$i = -i_0 \left\{ \frac{C_O(0,t)}{C_O^*} \exp\left[-\frac{\alpha nF\eta}{RT}\right] - \frac{C_R(0,t)}{C_R^*} \exp\left[\frac{(1-\alpha)nF\eta}{RT}\right] \right\}$$ (4-24)

ただし，η は過電圧であり，

$$\eta \equiv E - E_{eq}$$
(4-25)

で定義される．

i が十分小さいときには $C_O(0,t) \approx C_O^*$，$C_R(0,t) \approx C_R^*$ と見なすことができる．この近似が成立するとき，当該の電極反応は電荷移動律速であると呼ぶ．このとき式 (4-24) はさらに簡略化され，

$$i = -i_0 \left\{ \exp\left[-\frac{\alpha nF\eta}{RT}\right] - \exp\left[\frac{(1-\alpha)nF\eta}{RT}\right] \right\}$$ (4-26)

となる.式(4-26)はバトラー・ボルマー式と呼ばれる.

式(4-22)および式(4-24)によると,k^0 が大きければ,または,k^0 自体は小さくても,$|E-E^{0'}|$ もしくは $|\eta|$ を大きくすれば無限大の $|i|$,すなわち無限大の電極反応速度が得られるように思われる.しかしながら実際には上限が存在する.これは電極表面への O または R の供給速度が電荷移動速度に追随できなくなり,$C_O(0,t)$ もしくは $C_R(0,t)$ がゼロに近づくためである.

4-7-2 拡散律速(物質移動律速)

O, R が共存している系において O+ne$^-$ → R という半反応に着目する.作用電極をディスク電極とし,4-7-1項と同じ座標系を採用する.また,電極に対して垂直方向 x に関する一次元的な物質移動のみを考慮すれば良い(平面拡散).電荷移動速度が大きい場合には,観測される正味の電流密度は R および O が単位時間・単位面積あたりにバルク溶液側から電極表面に流入,もしくは,電極表面からバルク溶液側に流出する量に比例する.すなわち,

$$i = nFJ_O(0,t) = -nFJ_R(0,t) \tag{4-27}$$

ただし,$J_O(x,t)$, $J_R(x,t)$ はそれぞれ位置 x における,O および R の単位時間・単位面積当たりの物質移動量である.J は流入の場合負,流出の場合正である.一般に物質移動は濃度勾配による拡散,電位勾配による泳動,対流による溶液自体の移動にもたらされる.このうち泳動については多量の支持電解質が加えられている通常の電気化学測定系においては無視できる.また,試料溶液を静置しておけば対流の効果も無視できる.なお,撹拌などにより対流が誘起されても,電気化学測定ではこれが直接物質移動に関与することは少ない.拡散のみが物質移動を担う系では,$J_O(x,t)$, $J_R(x,t)$ は式(4-28)で表される.

$$J_i(x,t) = -D_i \frac{\partial C_i(x,t)}{\partial x} \quad (i = \text{O, R}) \tag{4-28}$$

ただし,D_O, D_R は O および R の拡散定数である.式(4-27)と式(4-28)を合わせると,

$$i = -nFD_O\left(\frac{\partial C_O(x,t)}{\partial x}\right)_{x=0} = nFD_R\left(\frac{\partial C_R(x,t)}{\partial x}\right)_{x=0} \tag{4-29}$$

となる。すなわち, i は電極表面における O もしくは R の濃度勾配に比例する。

では, 電極表面における物質の濃度勾配はどのようになっているのだろうか？ここでは, 単純であるうえ実用的でもある, ネルンスト拡散層の考え方を紹介する。図4-2には電極上でRからOへの酸化が素早く進行する, ある電極電位における R の濃度分布を示した。$0 \leq x \leq \delta_R(t)$ の領域にのみ線型な濃度勾配が存在し, $x > \delta_R(t)$ においては初期濃度 C_R^* が保たれている。前者を拡散層, 後者をバルク溶液と呼ぶ。したがって, ネルンスト拡散層のモデルにおいては, 電極表面における濃度勾配は式（4-30）で表される。

$$\left(\frac{\partial C_R(x,t)}{\partial x}\right)_{x=0} = \frac{C_R^* - C_R(0,t)}{\delta_R(t)} \tag{4-30}$$

式（4-29）と式（4-30）を合わせると,

$$i = nFD_R[C_R^* - C_R(0,t)]/\delta_R(t) \tag{4-31}$$

となる。i が最大となるのは $C_R(0,t) = 0$ のときである。このときの電流密度 i_{la} は,

$$i_{la} = nFD_R C_R^*/\delta_R(t) \tag{4-32}$$

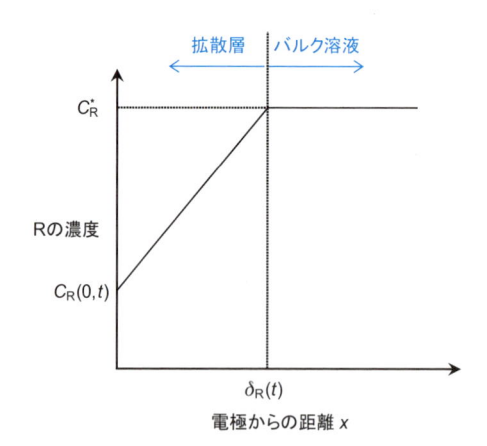

図 4-2　ネルンスト拡散層のモデル

となる。i_{la} を酸化に関する限界電流密度と呼ぶ。i_{la} が観測される環境においては，R が電極表面に輸送されるとすみやかに O への酸化が起こり，$C_R(0, t)$ は常にゼロ（正確にはほぼゼロ）である。この状態を物質移動律速と呼ぶ。電気化学測定においては，多くの場合物質移動は拡散によってのみもたらされることから，拡散律速とも呼ばれる。

O から R への還元が素早く進行する条件においても同様の議論が成立する。すなわち，観測される電流密度 i，および E を E_{eq} に比べ十分負にとった際の還元に関する限界電流密度 i_{lc} は，

$$i = -nFD_O[C_O^* - C_O(0, t)]/\delta_O(t) \tag{4-33}$$

$$i_{lc} = -nFD_O C_O^*/\delta_O(t) \tag{4-34}$$

となる。

$C_O(x, t)$ および $C_R(x, t)$ の解析的な解も得ることができる。巻末にあげた成書を参考にされたい。

4-7-3 物質移動を考慮に入れた電位-電流曲線

式（4-24）の問題は，$C_O(0, t)$ および $C_R(0, t)$ が i に依存することを明確に示していない点にあった。式（4-31）および式（4-34）を変形すると，それぞれ式（4-35）および式（4-36）が得られる。

$$\frac{C_R(0, t)}{C_R^*} = 1 - \frac{i}{i_{la}} \tag{4-35}$$

$$\frac{C_O(0, t)}{C_O^*} = 1 - \frac{i}{i_{lc}} \tag{4-36}$$

これらを式（4-24）に代入すると，式（4-37）となる。

$$\frac{i}{i_0} = -\left(1 - \frac{i}{i_{lc}}\right)\exp\left[-\frac{\alpha nF\eta}{RT}\right] + \left(1 - \frac{i}{i_{la}}\right)\exp\left[\frac{(1-\alpha)nF\eta}{RT}\right] \tag{4-37}$$

式（4-37）は物質移動過程を考慮した電流密度と過電圧との関係式である。式（4-37）によると，$i_0(k^0)$ が大きい，もしくは $i_0(k^0)$ が小さくとも $|\eta|$ が十分大きく，i_{la} または i_{lc} に近い電流密度が得られる状況においては，η は O お

およびRの濃度プロファイルと関連付けられ，$i_0(k^0)$やαなどの速度論的パラメータとは無関係となる。このような状態のとき，ηを特に濃度過電圧と呼ぶ。

一方$i_0(k^0)$が小さい場合，OおよびRの濃度変化が十分に無視できるようなηの範囲は小さくない。この領域ではηは$i_0(k^0)$やαなどの速度論的パラメータと関連付けることができる（4-8-4項参照）。このような状態のとき，ηを特に活性化過電圧と呼ぶ。水およびプロトンの還元に伴う水素発生，水および水酸化物イオンの酸化に伴う酸素発生の$i_0(k^0)$はいずれも小さく，十分大きな活性化過電圧を与えない限り大きな電流は観測されない。これらの反応の$i_0(k^0)$は電極材質に依存することが知られており，これが電位窓の電極依存性（4-5節参照）の一因となっている。

4-7-4　可逆系，準可逆系，非可逆系

k^0が大きく，物質移動過程が電極反応速度の律速となる系のことを可逆系，逆にk^0が小さく，電荷移動過程が律速となる系のことを非可逆系と呼ぶ。また，両者の中間を準可逆系と呼ぶ。ただし，可逆～非可逆系の間には明確な線引きは存在せず，k^0のみならず各種測定法のタイムスケールにも規定される（4-8-6項(1)参照）。

表4-4に様々な化合物のk^0の値を掲載した。芳香族炭化水素やフェロセンのように，酸化・還元に伴う構造変化が小さい系，非結合性軌道との電子授受を行う系ではk^0が大きく，逆に水からの酸素・水素発生や$Co(NH_3)_3^{3+/2+}$のように酸化・還元に伴い結合の組み換えなど大きな構造変化を示す系，結合性・反結合性軌道との電子授受を行う系ではk^0が小さい。

表 4-4 標準速度定数 k^0

化合物	支持電解質／溶媒	電極	$E_{1/2}$ / V vs. SCE	温度 / °C	k^0/cm·s^{-1}	reference
Anthracene$^{0/-}$	0.5 M TBAP/DMF	Hg	−1.82	25	5	2
Fe(bpy)$_3^{3+/2+}$	0.2 M TBAP/DMF	Pt	1.03	25	1.1	3
9,10-anthraquinone$^{0/-}$	0.1 M TEAB/CH$_3$CN	Au	−0.85	25	0.83	4
IrCl$_6^{3-/2-}$	1.0 M HCl/H$_2$O	Pt	0.685	25	0.5	5
Cp$_2$Co$^{0/-}$	0.3 M TBAF/CH$_3$CN	Hg	−1.88	25	0.27	6
Os(bpy)$_3^{2+/+}$	0.2 M TBAP/DMF	Pt	−1.18	25	0.25	3
Ferrocene$^{+/0}$	0.1 M TEAP/CH$_3$CN	Pt	0.37	25	0.22	7
Fe(CN)$_6^{3-/4-}$	1.0 M KCl/H$_2$O	Pt	0.20	20	0.09	8
V(aq)$^{3+/2+}$	1.0 M HClO$_4$/H$_2$O	Hg	−0.49	20	4×10^{-3}	9
O$_2^{0/-}$	0.1 M TEAP/DMSO	Hg, Pt	−0.75	30	1×10^{-3}	10
Mn(aq)$^{3+/2+}$	4.0 M HClO$_4$/H$_2$O	Pt	1.2	22	6×10^{-4}	11
Co(NH$_3$)$_6^{3+/2+}$	1.0 M NH$_4$Cl/1M NH$_3$/H$_2$O	Pt	−0.146	25	5×10^{-6}	12
Cr(aq)$^{3+/2+}$	0.5 M NaClO$_4$/H$_2$O	Hg	−0.65	25	8.1×10^{-6}	13

bpy = 2,2'-bipyridine; TBAP = tetra-n-butylammonium perchlorate; TEAB = tetraethylammonium bromide; TBAF = tetra-*n*-butylammonium hexafluorophosphate; TEAP = tetraethylammonium perchlorate.

4-8 測 定 法

4-8-1 クロノアンペロメトリー（電位ステップ法）

O+ne$^-$ → R という系について，試料溶液中には R のみが存在する．試料溶液は静置され，作用電極としてディスク電極を用いる．作用電極電位を酸化反応が起こらない電位 E_1 から，E_1 より十分正の電位 E_2 にステップさせ，電位を保持し続ける．作用電極電位が E_2 のとき，電極における酸化反応は物質移動律速となり限界電流が観測されるとする．このときコットレル式（4-38）にしたがう電流 I-時間 t 曲線が得られる．

$$I(t) = I_{la}(t) = nFAD_R C_R^* (\pi D_R t)^{-1/2} \qquad (4\text{-}38)$$

実際に観測される電流値 $I_{total}(t)$ には $I(t)$ のほか指数関数的に減少する電気二重層の充電電流 $I_{dl}(t)$ が加わるが，セル時定数 $R_u C_{dl}$ が極端に大きくなければ $I_{dl}(t)$ は $I(t)$ に比べ早く減衰する（図 4-3 (a)）．したがって，電解開始ごく初期（t < 10 〜 100 ms）を除き，$t^{-1/2}$ に対し $I_{total}(t)$ をプロットしたものは原点を通る直線となる（コットレルプロット，図 4-3 (b)）．また $I(t)$ の時間減衰

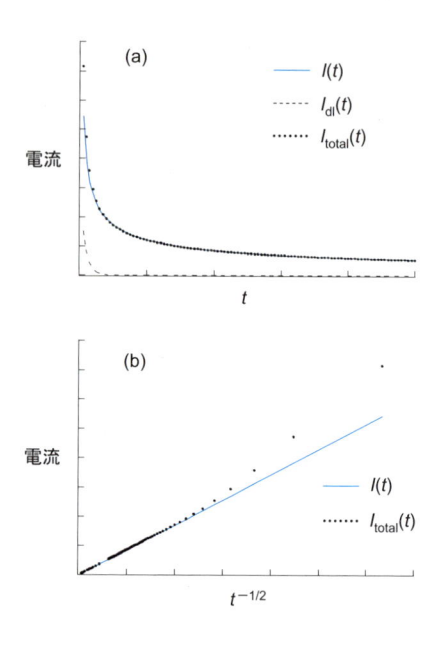

図 4-3 (a) クロノアンペロメトリーにおける電流と時間の関係；(b) コットレルプロット

は拡散層の成長（その厚さ $\delta_R(t) = (\pi D_R t)^{1/2}$，式（4-32）と式（4-38）を比較せよ）によるものであるが，実際は自然対流の影響を受けるため拡散層は無限に伸びることはない（$\delta_R = 10^{-3} \sim 10^{-2}$ cm 程度で成長は止まる）。クロノアンペロメトリーではこの拡散層の成長阻害が無視できる，$t < 10 \sim 100$ s までのデータを採用する。

　他の形状の電極や，平面形であっても面積が小さな電極は平面拡散に加え球面拡散の影響が加わるため，I_{total}-$t^{-1/2}$ プロットはコットレル式にしたがわなくなる。

　例えば n, A, C_R^* が既知であれば D_R が算出できるといったように，本法を用いることで種々のパラメータが抽出できる。

4-8-2　クロノクーロメトリー

　前項であげたクロノアンペロメトリーと同条件で電解を行ったとすると，時

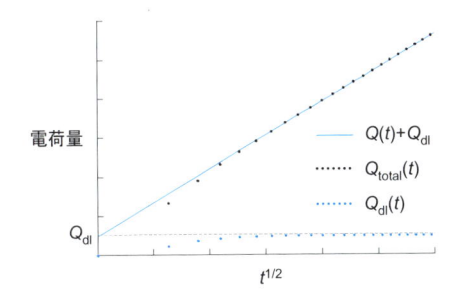

図 4-4 クロノクーロメトリーで得られる電荷量と時間の関係

間 t における総電荷量 $Q_{\text{total}}(t)$ は式 (4-39) で表される。

$$Q_{\text{total}}(t) = \int_0^t I_{\text{total}}(t)\,\mathrm{d}t = 2\pi^{-1/2}nFAD_R^{1/2}C_R^*t^{1/2} + Q_{\text{dll}}(t) \qquad (4\text{-}39)$$

ただし，$Q_{\text{dl}}(t)$ は電気二重層に充電された電荷量である。電気二重層への充電はファラデー過程に比べ短時間のうちに完了するため，ある程度の時間経過後 ($t > 10 \sim 100$ ms) には $Q_{\text{dl}}(t)$ は，t によらない定数 Q_{dl} として考えられる。すなわち，

$$Q_{\text{total}}(t) = 2\pi^{-1/2}nFAD_R^{1/2}C_R^*t^{1/2} + Q_{\text{dll}} \qquad (4\text{-}40)$$

となる。したがって電解開始ごく初期を除き，Q_{total}-$t^{1/2}$ プロットは切片 Q_{dl} の直線となる（図 4-4）。クロノクーロメトリーにおいて得られるパラメータはクロノアンペロメトリーと同じである。

4-8-3　回転ディスク電極を用いた測定

回転ディスク電極(Rotating Disk Electrode, RDE)とは，ディスク型電極をモーターに連結し，一定の角速度 ω ($500 \sim 5000$ rpm) にて電極を回し続けるものを指す。この電極の回転は一定の対流をもたらし，これにより拡散層の厚さは極めて薄い，時間によらない一定の値（$\delta_R = 1.61 D_R^{1/3}\omega^{-1/2}\nu^{1/6}$, ν は動粘性係数で，水の場合 0.01 cm^2 s^{-1}）に規定される。

O+ne$^-$ → R という系について，初期条件として系中には R のみが存在する

とする。ここで、クロノアンペロメトリー（4-8-1 項参照）と同様の電位ステップを与えた場合、k^0 が大きな可逆系においては式（4-41）で表される時間に依存しない電流 I が観測される。

$$I = I_{\mathrm{la}} = 0.62nFAC_{\mathrm{R}}^{*}D_{\mathrm{R}}^{2/3}\nu^{-1/6}\omega^{1/2} \tag{4-41}$$

これをレビッチ式と呼ぶ。すなわち、$\omega^{1/2}$ に対し I をプロットしたもの（レビッチプロット）は、原点を通る直線となる。一方、k^0 が小さな準可逆系や非可逆系では、ω が増大するにつれ、もしくは初めからレビッチプロットは直線から外れる。この場合 I に対して式（4-42）が成立する。

$$1/I = 1/I_{\mathrm{k}} + 1/I_{\mathrm{la}} \tag{4-42}$$

I_{k} は活性化支配電流と呼ばれ、以下の式で表され、

$$I_{\mathrm{k}} = nFAk_{\mathrm{b}}C_{\mathrm{R}}^{*} \tag{4-43}$$

である。なお、逆に O から R への還元反応に着目する場合には、

$$I_{\mathrm{k}} = -nFAk_{\mathrm{f}}C_{\mathrm{O}}^{*} \tag{4-44}$$

である。準可逆もしくは非可逆系においては $\omega^{-1/2}$ に対し $1/I$ をプロットすると直線が得られ、その切片が $1/I_{\mathrm{k}}$ となる。すなわち、異なる作用電極電位 E にて測定を行うことで α および k^0 を抽出できる。

RDE を用いた測定は試料溶液を静置する方法に比べ、再現性が高い特長を持つ。

4-8-4 ターフェルプロット

O+ne$^-$ → R という半反応の k^0 が小さい（非可逆系である）とする。このとき、$|\eta|$ を十分に大きくとると（具体的には、$e^{-\frac{nF}{RT}|\eta|} \leq 0.01$）式（4-26）の右辺第一項もしくは第二項が無視できる。ここで両辺の絶対値の対数をとると以下の二式が現れる（ターフェル式）。

$$\log i = \frac{(1-\alpha)nF}{2.3RT}\eta + \log i_0 \tag{4-45}$$

$$\log |i| = -\frac{\alpha nF}{2.3RT}\eta + \log i_0 \tag{4-46}$$

したがって，η に対して $\log|i|$ をプロットすると2本の直線が得られる（ターフェルプロット）。その $\log|i|$ 切片は共に $\log i_0$（ただし $|\eta| = 0$ 付近では上記の近似が成立しないため，直線を外挿しなければならない）となり，また直線の傾きから α が得られる。

ターフェルプロットを行う際には試料溶液を定常的に撹拌する。

4-8-5 パルスボルタンメトリー

ここでは，使用頻度の高い微分パルスボルタンメトリー（Differential Pulse Voltammetry, DPV），方形波ボルタンメトリー（Square Wave Voltammetry, SWV）について述べる。O+ne$^-$ → R という半反応において，試料溶液中には R のみが存在し O への酸化について着目する。

DPV においては図 4-5 のような時間依存する電位を作用電極に印加する。すなわち，パルス的なポテンシャルステップ（パルス高さ ΔE（10 〜 100 mV），パルス電解時間 Δt（5 〜 100 ms））を与える。パルス印加後にはベース電位 E_n（$n = 1, 2, 3\cdots$）に対し一定の変化量 ΔE_s（1 〜 10 mV）を付与する。また，パルス間には待機時間 t_w（$\gg \Delta t$, 0.5 〜 4 s）を設定する。パルス印加終了直前に観測される電流値から，印加直前に得られる電流値を差し引いたものを E_n に対してプロットしたものを微分パルスボルタモグラム（Differential Pulse Voltammogram, DPV）と呼ぶ。

可逆系の DPV においては，ピーク電位 E_p は式（4-47）で表される。

$$E_p = E_{1/2} - \Delta E/2 \tag{4-47}$$

ただし，$E_{1/2}$ は半波電位である。

$$E_{1/2} = E^{0'} - \frac{RT}{nF}\ln\left(\frac{D_O}{D_R}\right)^{1/2} \tag{4-48}$$

一方，SWV においては方形波に似た電位ステップ（パルス高さ ΔE（5 〜 50 mV），パルス幅 t_p（1 〜 500 ms））を印加するが，DPV と同様一定の変化量（ΔE_s, 1 〜 10 mV）にてベース電位 E_n を変化させていく（図 4-6）。t_p は 1 サイクル

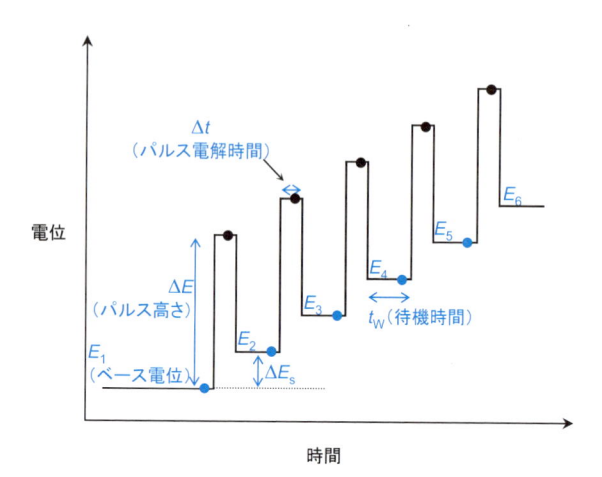

図 4-5　DPV における電位と時間の関係
青丸および黒丸は電流をサンプリングする地点を表す

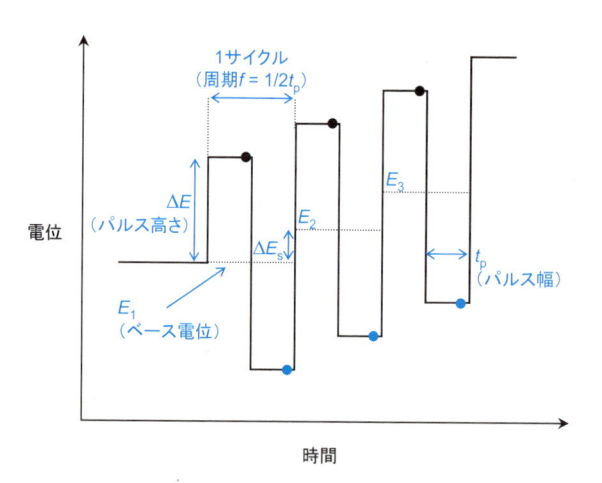

図 4-6　SWV における電位と時間の関係
青丸および黒丸は電流をサンプリングする地点を表す

の周期 $f = 1/2t_p$（1 〜 500 Hz）で表されることが多い。2 つの電位ステップ終了直前の電流値の差分を，E_n に対しプロットしたものを方形波ボルタモグラム（Square Wave Voltammogram, SWV）と呼ぶ。

可逆系の SWV においては，ピーク電位 E_p は半波電位 $E_{1/2}$ に等しい。

$$E_p = E_{1/2} \tag{4-49}$$

　DPV，SWV 両者に共通する利点として，他の測定法に比べバックグラウンドの寄与を低減することができる点があげられる。第一に電位ステップから電流をサンプリングするまでに時間差を設けることで，電気二重層への充電電流の寄与を低減できる。電位ステップから $5R_u C_{dl}$ 経過後に電流のサンプリングを行えば充電電流の寄与はほぼ無視できる。さらに，2 点の電流値の差分をとるため，両者に共通するバックグラウンド電流（不純物由来のファラデー電流など）の寄与を相殺できる。結果として，サイクリックボルタンメトリー（4-8-6 項参照）に比べ高感度（検出限界が 10^{-8} M）となる。また，複数のレドックスが互いに近い電位で起こり，他の測定法ではそれぞれの $E_{1/2}$ 値が読み取れなくても，DPV，SWV においては可能である場合がある。

　両者の差であるが，一般に DPV に比べ SWV のほうがより感度が高い。互いに似たボルタモグラムが得られるが，測定の前提は異なっている。DPV においては t_w を非常に大きくとり，E_n における拡散層の十分な成長を促しているため，ステップごとに解析が可能である。一方，SWV においては電位変化後の拡散層の成長が不十分となっている。これは各サイクルを連続的に取り扱わなければならないなど理論的な取り扱いを難しくしているが，代わりに測定時間の短縮をもたらしている。

4-8-6　サイクリックボルタンメトリー
(1) 理　論
　最も汎用的な測定法がサイクリックボルタンメトリー（Cyclic Voltammetry, CV）である。サイクリックボルタンメトリーの優れた点は，多くの情報が短時間のうちに容易に得られることにある。

　サイクリックボルタンメトリーは静置した試料溶液中で行われる。作用電極としては通常ディスク電極が用いられる。

　$O + ne^- \rightarrow R$ という半反応に着目し，R のみがバルク溶液中に存在するとする。作用電極電位をファラデー電流が流れない電位 E_1（$E^{0'}$ より十分負の電位）

から $E^{0'}$ よりも十分正の電位 E_2 まで変化させ，折り返し E_1 に戻る。単位時間当たりの電位変化量は E_2 に到達するまでが $v\,(>0)$，折り返し後 E_1 に戻るまでは $-v$ である。k^0 が十分に大きな可逆系においては，以下の関係が成立する。

$$I_{pa} = 0.4463\,(F^3/RT)^{1/2}\,n^{3/2}AD_R^{1/2}\,v^{1/2}\,C_R^* = (2.69\times10^5)\,n^{3/2}AD_R^{1/2}\,v^{1/2}\,C_R^*\ (25\text{℃}) \quad (4\text{-}50)$$
$$I_{pc} = -I_{pa} \quad (4\text{-}51)$$
$$E_{pa} = E_{1/2} + 1.109\,(RT/nF) = E_{1/2} + 0.0285/n\ (25\text{℃}) \quad (4\text{-}52)$$
$$\Delta E_p = E_{pa} - E_{pc} \approx 2.3\,(RT/nF) = 0.059/n\ (25\text{℃}) \quad (4\text{-}53)$$

ただし，I_{pa}，I_{pc} は酸化，再還元に対するピーク電流値，E_{pa}，E_{pc} はピーク電流を示す電位，ΔE_p はピーク電位差である。すなわち，I_{pa}，I_{pc} は $v^{1/2}$ に比例するが，E_{pa}，E_{pc} および ΔE_p は v によらず一定の値をとる。また，ΔE_p からは n がわかる。

k^0 が小さな準可逆系においては，$\Delta E_p > 2.3\,(RT/nF)$ となり，v が大きくなるにつれて ΔE_p もさらに増大する。また，I_{pa} が $v^{1/2}$ に比例しない。

k^0 がさらに小さい非可逆系においては ΔE_p は非常に大きくなり，再還元もしくは再酸化波が観測されないことすらある。一方で I_{pa} は再び $v^{1/2}$ に比例するようになる。k^0 は大きいが，酸化種もしくは還元種が後続の化学反応により電気化学的に不活性な化学種に変換される系においても再還元もしくは再酸化波は観測されない。k^0 が小さい系とは原理はまったく異なるが，この種の系も非可逆系に分類される。

サイクリックボルタンメトリーでは可逆〜非可逆系の分類は以下のようになされている。

① 可逆系：$k^0 > 0.3\,(nv)^{1/2}$
② 準可逆系：$0.3\,(nv)^{1/2} > k^0 > 2\times10^{-5}\,(nv)^{1/2}$
③ 非可逆系：$k^0 < 2\times10^{-5}\,(nv)^{1/2}$

(2) 実　例

蒸留したジクロロメタンに支持電解質として $n\text{-Bu}_4\text{NClO}_4$ を 0.1 M となるように加える。作用電極として 3 mmϕ のディスク型グラッシーカーボン電極，参

4 電気化学

照電極として Ag/Ag$^+$ 電極,対極として白金らせん電極を用いる.支持電解質溶液にはジクロロメタンを飽和させた窒素を 15 分程度吹き込んだのち,流量を落として窒素を流し続ける.

試料を加えて本測定を行う前に,系の清浄さと電位窓を確認する目的でバックグラウンド測定を必ず行う.図 4-7 は支持電解質のみ,さらにフェロセンを溶かしこんだ (1.0×10^{-3} M) 試料溶液のサイクリックボルタモグラムである.バックグラウンド測定においても電流値はゼロとならない.これは電気二重層への充電電流 $C_{dl}v$(正側へ挿引時)もしくは $-C_{dl}v$(負側へ挿引時)が流れるためである.

フェロセンを投入するとフェロセン自身の酸化および再還元に由来する電流が観測される.この例のように十分な濃度の試料が溶解していれば電気二重層への充電電流の寄与は無視できるが,濃度が小さい場合には解析の際注意が必要となる.充電電流を差し引いて解析を行うこともある.

酸化に関するピーク電流 I_{pa},および再還元におけるピーク電流 I_{pc} の算出法を図 4-8 に示した.I_{pa} はそのままピーク電流値を読み取ればよいが,I_{pc} については,より正側に挿引したボルタモグラムを図のように折り返したものをベースラインとする.

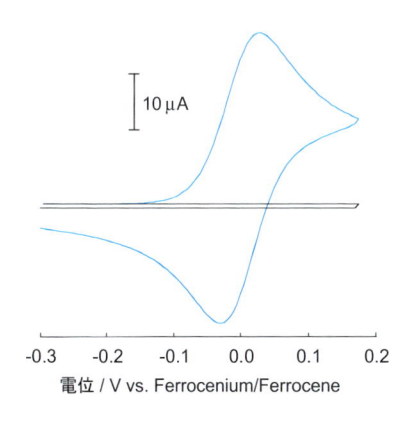

図 4-7 フェロセン投入前(黒)および投入後(1.0×10^{-3} M, 青)のサイクリックボルタモグラム
$v = 100$ mVs^{-1}, -0.3 V → 0.2 V → -0.3 V

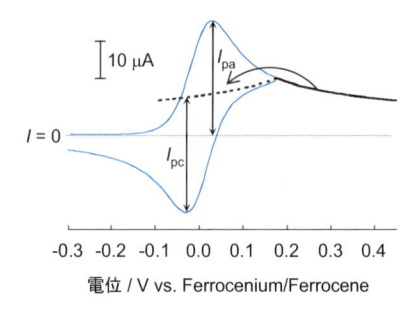

図 4-8　I_{pa}, I_{pc} の算出方法。対象となるボルタモグラム（青）より高電位まで挿引したボルタモグラム（黒）を折り返した（黒破線）ものを，I_{pc} のベースラインとする

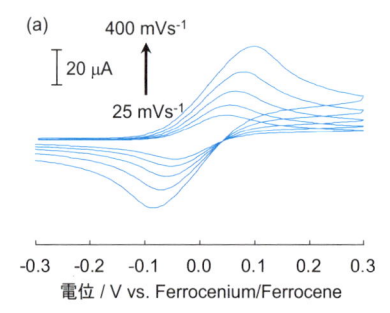

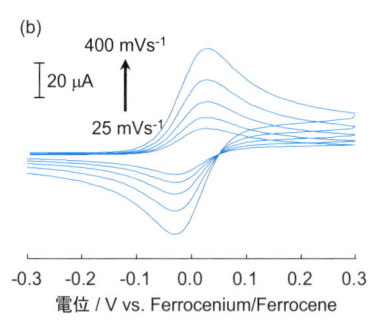

図 4-9　サイクリックボルタモグラムの挿引速度依存
（v = 25, 50, 100, 200, 400 mVs^{-1}）
(a) R_u 補正なし；(b) R_u 補正あり

　図 4-9 にはサイクリックボルタモグラムの挿引速度依存を電気化学測定システムの非補償溶液抵抗 R_u 補正機能を用いず，および用いて測定したものであ

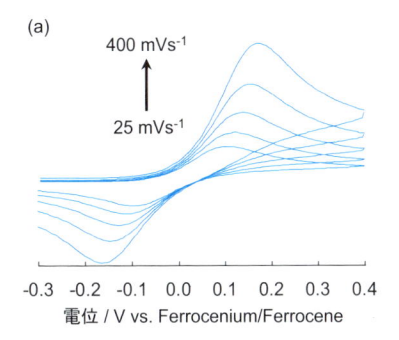

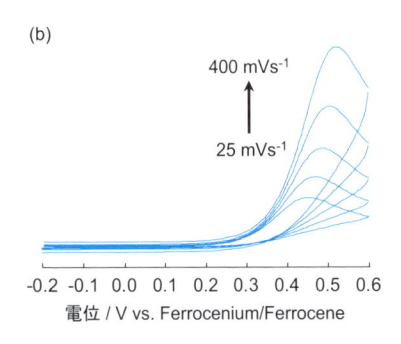

図 4-10 サイクリックボルタモグラムの挿引速度依存
($v = 25, 50, 100, 200, 400$ mVs^{-1}, R_u 補正あり):
(a) 準可逆系；(b) 非可逆系

る。フェロセンは可逆系であるので, E_{pa}, E_{pc}, ΔE_p は挿引速度によらず式 (4-53) 〜式 (4-53) にしたがい一定の値を示すはずであるが, 前者では一見準可逆系のような顕著な依存が見られる。有機溶媒, 特にジクロロメタンのような無極性溶媒の溶液抵抗は大きく, R_u を適切に補正するか, もしくはこの影響を考慮してボルタモグラムを解釈する必要がある。

参考に図 4-10 にはフェロセンと同じ E^0 などのパラメータを持ち, k^0 のみが異なる準可逆系および非可逆系のサイクリックボルタモグラムを示した。準可逆系では R_u 補償を行っても ΔE_p が v の増加とともに増大する。非可逆系では E_{pa} の増大がより顕著であり, 表示された電位幅では再還元波が観測されない。

フェロセニウム/フェロセンのレドックス対は可逆な 1 電子反応を示すため,

極めて単純なサイクリックボルタモグラムを与える。しかし連続的な電子移動を起こす系，電子移動反応後に後続の化学反応が進行するEC反応，さらに電子移動反応が起こるECE反応などにおいてはより複雑な波形が観測される。この際，ボルタモグラム解析ソフトウェアは解析の強力なツールとなる。一例としてDigiSim 3.03b（Bioanalytical Systems, Inc.）をあげる。実際に我々は上記ソフトウェアを用いた解析を報告している[14~17]。

4-8-7 バルク電解法

これまでに紹介した測定法では電解される試料の物質量は微小であり，バルク濃度C_O^*およびC_R^*の変化は無視できた。一方，バルク電解法では測定系中に存在する試料をすべて電解するため，C_O^*およびC_R^*は時間tの関数となる。本法では対極でも大量の電解物が生成する。この対極生成物の作用電極への拡散を防ぐため，バルク電解法ではガラスフィルターなどで区切った2室セル（1室に作用電極と参照電極，もう1室に対極を配置する）などを利用する必要がある。

（1） 定電位電解

今，$O + ne^- \rightarrow R$という半反応について着目し，Rのみが存在する系を考える（バルク濃度$C_R^*(t)$）。作用電極の電位を$E^{0'}$よりも十分正側の値に固定し，電極反応が物質移動律速となるようにする。作用電極が浸漬されている試料溶液はマグネティックスターラーで十分に撹拌され，電解により生じる拡散層の成長を制限しこの厚さが時間によらず一定値（$= \delta_R$）となるようにする。この場合，観測される電流値$I(t)$は，

$$I(t) = I(0)\mathrm{e}^{-pt} \tag{4-54}$$

となる。ただし，$I(0) = nFAD_R C_R^*(0)/\delta_R$，$p = AD_R/\delta_R V$，このうち$V$は試料溶液の体積である。

時間tだけ電解したとすると，酸化反応に伴う総電荷量$Q(t)$は，

$$Q(t) = \int_0^t I(t)\,\mathrm{d}t = \frac{I(0)}{p}(1 - e^{-pt}) \tag{4-55}$$

100% RのOへの還元が進み（すなわち，$t \rightarrow \infty$），また流れた電流がすべて

Rの酸化に用いられたとすると，総電荷量 Q に対し下式が成立する。

$$Q = \lim_{t \to \infty} Q(t) = \frac{I(0)}{p} = nFVC_R^*(0) \tag{4-56}$$

本法は $C_R^*(0)$ や n を算出するのに用いられる。通常は電流値が $I(t) = I(0)/1000 \sim I(0)/100$ となったところで測定を打ち切る。測定時間の短縮には p を大きくする，すなわち，V に対し A をできるだけ大きくとるようにする。実用的には作用電極の形状は問われないので，平板電極だけでなく A が稼げる円柱状や多孔性のものも利用される。

流れる電流値は必然的に大きくなるので，有機溶媒系では大きな iR ドロップ，およびこれに付随するジュール熱による温度上昇に注意する。

(2) 定電流電解

一方でガルバノスタットにより流れる電流値を一定に保ちながらバルク電解を行うこともできる。電流は単位時間当たりに電解される化学種の物質量に比例するため，本法は電解により不溶性の化学種が生成し，この結晶成長を行いたい場合などに適している。

4-8-8 電解紫外可視近赤外分光法

紫外可視近赤外スペクトルは分子の電子構造を鋭敏に反映するため，酸化・還元に伴いその形状は大きく変化する。特に，特徴的な電子遷移を発現することが多い金属錯体にとっては重要な測定法の1つである。本法では分光セル，もしくは，それに準じたセル中にてバルク電解を行いながら紫外可視近赤外スペクトルを測定する。酸化剤・還元剤の投入による化学酸化・還元法に比べ，本法は系中に余計な化学種が溜まらない，電位もしくは電流規制という簡便な操作により精密かつ迅速な電解量の制御が可能などの利点を有する。分光セルの光路長に応じて光透過電極（Optically Transparent Electrode, OTE）法，光透過性薄層電極（Optically Transparent Thin Layer Electrode, OTTLE）法と呼びわけられているが，両者に本質的な差はない。ただし，光路長が短いほど作用電極に電位を与えてから系全体が平衡に達するまでの時間を短縮することができる。プローブ光を透過させる必要があるため，作用電極としては金もしくは白金の網電極が用いられる。他には分光セルの一面と電極とが一体となった，

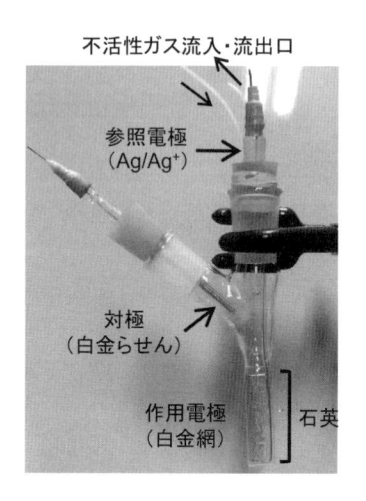

図 4-11　不活性雰囲気下で電解可能な有機溶媒系用 OTTLE セル

金属薄膜蒸着石英や ITO などの透明電極が用いられることもある。図 4-11 に1 例をあげる。

4-8-9　表面修飾電極を用いた測定

表面修飾電極とは，分子を電極表面に固定化したものである。電極表面への分子の固定化についてはラングミュア-ブロジェット法（LB 法），スピンコート法などが古くから知られていたが，近年では自己組織化単分子膜（Self-Assembled Monolayers, SAMs）に多くの関心が寄せられている。SAMs 法では金-チオール，金属酸化物-オキソ酸，ケイ素-炭素など電極-分子間に化学結合を施すため，導電体および半導体上への機能性分子の強固な固定が可能である。表面修飾電極はセンサー，ナノエレクロトニクス，光電変換素子などへの応用が期待されている。

今 $O+ne^- \rightarrow R$ という可逆系において，R のみが作用電極表面に存在する系を考える。R および酸化により生成する O は共に電極表面と強固に結合し，支持電解質溶液中への解離は起こらないものとする。このとき得られるサイクリックボルタモグラムは式（4-57）で表される。

$$|I| = \frac{n^2F^2}{RT} \frac{vA\Gamma_R^* \exp[(nF/RT)(E-E^{0'})]}{\{1+\exp[(nF/RT)(E-E^{0'})]\}^2} \quad (4\text{-}57)$$

ただし，Γ_R^* は R の被覆率である。ピーク電位は $E_{pa} = E_{pc} = E^{0'}$ であり，溶液系とは異なり $\Delta E_p = 0$ である。またピーク電流値 I_{pc}, I_{ac} は式 (4-58) となる。

$$I_{pa} = -I_{pc} = \frac{n^2F^2}{4RT} vA\Gamma_R^* \quad (4\text{-}58)$$

溶液系では $v^{1/2}$ に比例していた I_{pc}, I_{ac} は，表面固定種では挿引速度 v に比例する。

参考文献

1) R. N. Adams, Electrochemistry at solid electrodes, Marcel Dekker (1969).
2) H. Kojima, A. J. Bard, *J. Am. Chem. Soc.*, **97**, 6317 (19752).
3) T. Saji, S. Aoyagi, *J. Electroanal. Chem.*, **63**, 31 (1975).
4) R. Samuelsson, M. Sharp, *Electrochim. Acta.*, **23**, 315 (1978).
5) T. Saji, Y. Maruyama, S. Aoyagi, *J. Electroanal. Chem.*, **86**, 219 (1978).
6) W. E. Geiger, D. E. Smith, *J. Electroanal. Chem.*, **50**, 31 (1974).
7) M. Sharp, M. Peterson, K. Edstrom, *J. Electroanal. Chem.*, **109**, 271 (1980).
8) J. Jordan, *Anal. Chem.*, **27**, 1708 (1955).
9) J. E. B. Randles, K. W. Somerton, *Trans. Faraday Soc.*, **48**, 937 (1952).
10) D. T. Sawyer, J. L. Roberts, *J. Electroanal. Chem.*, **12**, 90 (1966).
11) N. Hale, *in Reactions of Molecules at Electrodes* (ed: N. S. Hush), John Wiley & Sons Ltd, (1971).
12) L. N. Klatt, W. J. Blaedel, *Anal. Chem.*, **39**, 1065 (1967).
13) F. C. Anson, N. Rathjen, R. D. Frisbee, *J. Electrochem. Soc.*, **117**, 477 (1970).
14) K. Nomoto, S. Kume, H. Nishihara, *J. Am. Chem. Soc.*, **131**, 3830 (2009).
15) S. Muratsugu, S. Kume, H. Nishihara, *J. Am. Chem. Soc.*, **130**, 7204 (2008).
16) R. Sakamoto, M. Murata, II. Nishihara, *Angew. Chem. Int. Ed.*, **45**, 4793 (2006).
17) R. Sakamoto, S. Kume, H. Nishihara, *Chem. Eur. J.*, **14**, 6978 (2008).

電気化学一般

18) 喜多英明, 魚崎浩平,「電気化学の基礎」, 技報堂 (1983).
19) 電気化学協会編,「新編　電気化学測定法」, 社団法人　電気化学協会 (1988).
20) 逢坂哲彌, 小山昇, 大坂武男,「電気化学法―基礎測定マニュアル」, 講談社サイエンティフィク (1989).
21) D. T. Sawyer, A. Sobkowiak, J. L. Roberts, Jr.,「Electrochemistry for Chemists Second Edition」, John Wiley & Sons, Inc. (1995).
22) A. J. Bard, L. R. Faulkner,「El ectrochemical methods : fundamentals and applications 2nd ed」, John Wiley & Sons, Inc. (2001).
23) K. Izutsu,「Electrochemistry in Nonaqueous Solutions: Second, Revised and Enlarged Edition」, WILEY-VCH (2009).

5 熱 測 定

はじめに

熱測定は，熱量測定と熱分析の両者を含んだ意味で用いられる実験手法に対する総称である。蒸気圧測定など熱力学量の測定も広い意味で前者に含めることがある。一方，熱分析は「物質の温度を一定のプログラムによって変化させながら，その物質のある物理的性質を温度の関数として測定する一連の方法の総称（ここで，物質とはその反応生成物も含む）」（日本工業規格 K0129）である。以下では錯体化学において実用上価値が高いと思われる熱分析と熱容量測定について解説を行う。酸解離定数，安定度パラメータなどの熱力学量の測定と取り扱いについては 3 章を参照されたい。

5-1 熱分析

5-1-1 熱分析概説

熱分析は上述の通り「試料温度を定められたプログラムにしたがって変化させながら，試料（あるいはその反応生成物）の物理的性質を，温度（あるいは時間）の関数として測定する一連の技法の総称」と定義されている。この定義を文字通りに受け取ると，ほとんどすべての物性測定が熱分析に含まれることになる。このため実際には，

① 熱力学に関係した量にかかわる方法
② 温度を変化させながら行う方法

を熱分析と考えることも多い。後者には分光学的性質の測定なども含まれている。代表的な熱分析技法を表 5-1 に示す。

熱分析は，測定対象物質の物性が既知である場合には物質の分析（定性・定量）手段としても働き得る。しかし，測定対象の物性が未知であるという前提に立てば，熱分析は基本的には状態分析の手法というべきである。このため，測定対象としている物理量，測定条件下で起こりうる現象と測定物理量への影

表 5-1　おもな熱分析技法

測定対象	技法	英語名（略号）
質　量	熱重量測定	thermogravimetry (TG)
発生気体	発生気体検知法	evolved gas detection (EGD)
	発生気体分析	evolved gas analysis (EGA)
熱的変化（温度）	示差熱分析	differential thermal analysis (DTA)
	全熱解析あるいは	total thermal analysis
	加熱（冷却）曲線法	heating/cooling curve method
エンタルピー	示差走査熱量測定	differential scanning calorimetry (DSC)
大きさ	熱膨張測定	thermodilatometry
力学特性		
静的応力またはひずみ	熱機械測定	thermomechanical analysis (TMA)
動的応力またはひずみ	動的熱機械測定	dynamic thermomechanical analysis (DMA)
光学特性	熱光学測定	thermo-optometry
音響特性	熱音響測定	thermoacoustimetry
	熱音響放出測定	thermosonimetry

響，さらに測定技法についての正しい理解が必要である。なかでも，化学熱力学についての基本的な理解は欠かすことができない。また，後述する熱分析の動的性格を反映して相転移や反応の速度論についても一定の理解が要求される。

　熱分析を「温度を変化させながら」行う技法と考えれば，温度走査が必須である。これは広い温度範囲における物質の性質を連続的に測定することを意味するから，広い温度範囲の物質の性質を短時間で明らかにするには大変有用であるといえる。しかし，温度走査を前提とするため，物性測定装置としては最高の性能を求めずに比較的単純な測定法を採用することが多い。簡便な測定法を採用しているため，複数の技法を1つの装置に組み込むことが容易であり，実際，そのような市販装置も多い。別々に複数の熱分析技法を適用しても，熱分析の動的性格を反映して試料の状態は同じになるとは限らない。これに対し，複合技法では，観測されている試料が厳密に同一であるため，総合的な知見が得られきわめて有用である。

　このように，試料の挙動を広い温度範囲に渡って簡便かつ迅速に把握するのに極めて有用な熱分析であるが，一方では欠点あるいは限界も持っている。そ

れは，端的に特徴づければ「動的性格」である．熱分析の利点を支える温度走査は，必然的に，測定系に温度勾配と熱流の存在をもたらす．このため，熱分析は熱平衡を捉え得ないという本質的限界を持っている．

　温度を制御するには，熱を加えるにしろ奪うにしろ，制御対象とは異なる温度の部分が必要であり，温度を変化させることを特徴とする熱分析では実験系内に必ず温度勾配と熱流が存在する．温度センサーが感じるのは温度センサーの温度であるから（熱力学第零法則），熱分析で試料の挙動を正しく観測するには温度センサーと試料の温度を関係づける（較正する）ことが必要になる．ところが，この関係を測定対象である試料と無関係に決定することは（原理的には）できない．しかも，試料も有限の大きさを持っているので，厳密にいえば試料自体の温度も均一ではない．したがって，温度センサーと試料にどの程度の温度差があり得るかを自覚することが極めて重要である．

　温度勾配の存在と関係してもう1つ注意すべきことがある．熱分析は，通常数 mg 程度の試料を用いて行われる．その実験結果をもって大量の物質の挙動を予測する場合には，試料内の温度分布と熱伝導を十分考慮しなければならない．

　測定系の熱的応答には巨視的な時間を要するため，瞬間の情報を分析信号が反映しない場合もある．次項で説明するように，電気回路や情報処理による時間の遅れが無視できたとしても，熱分析信号が試料の状態を即時的には反映しない可能性があるのである．実験の目的によっては，これは深刻な影響をもたらすことになる．

　最近では，コンピュータの進歩と普及により市販の熱分析装置のブラックボックス化が急速に進行している．高度な解析が初心者にもできるようになる一方で，機械的で誤ったデータ解析の一因ともなっている．利用者には測定技法についての深い理解が求められる．

5-1-2　示差熱分析と示差走査熱量測定

　示差熱分析（Differential Thermal Analysis, DTA）は，温度差を原因として起きるエネルギー移動である「熱」を対象とする熱分析技法であり，もっとも熱分析らしさを備えた技法といえる．すなわち，動的であることを本質的特徴

としており，加熱（冷却）速度を極端に大きくしても小さくしても測定ができなくなる。DTAを改良することによって確立された示差走査熱量測定（Differential Scanning Calorimetry, DSC）も同じ特徴を持っている。

　DTAとDSCは，いずれも物質からの熱の出入りに注目した熱分析技法である。相転移（融解など）や反応には必ず熱の出入りが伴うので，原理的にはあらゆる現象を分析対象に含めることができる。「示差」の言葉が示すとおり，DTAとDSCでは複数（多くの場合は2個）の試料の一方に性質既知の物質を，他方に未知物質を用い，両者の示す挙動の差を測定することで測定感度を高めている。数多くの実験装置が市販されているので，最近では手作りすることは稀である。

　熱を直接測定することは困難なのでDTAでもDSCでも実験で直接（一次的に）測定する量は温度差である。このため，DTAとDSCには共通点が多い。

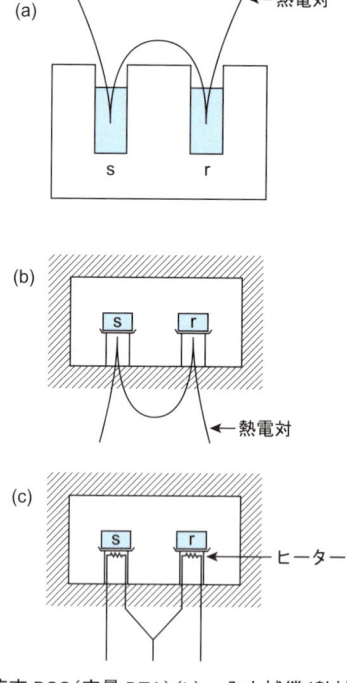

図5-1　古典的DTA(a)，熱流束DSC(定量DTA)(b)，入力補償(熱補償)DSC(c)の模式図

5 熱 測 定

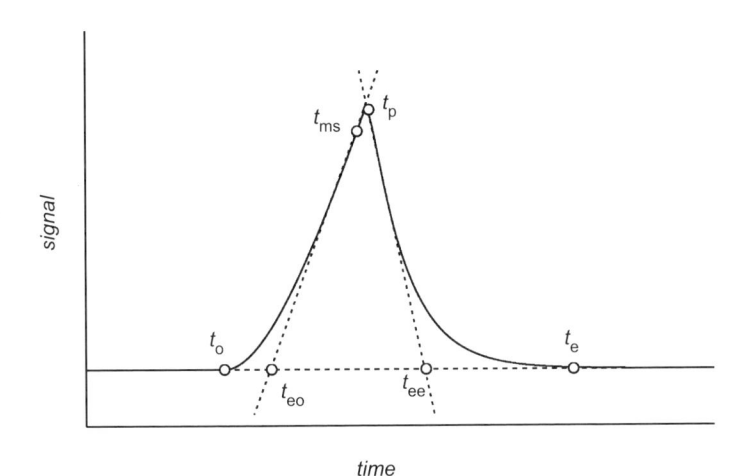

図 5-2 一次相転移で見られる信号（模式図）
白丸はピーク開始時間（t_o），補外開始時間（t_{eo}），ピークトップ（t_p），最大勾配時間（t_{ms}），ピーク終了時間（t_e），補外終了時間（t_{ee}）

一方で，DSC には測定原理の異なる 2 種類の装置があり，その一方は定量 DTA とも呼べるものである。こうした違いをわかりやすく示したのが図 5-1 である[1]。古典的 DTA は試料と基準（参照）物質の温度差を記録する。熱流束 DSC は試料と基準物質の外側にある温度計の示す温度差を記録する。記録している量が温度差なので定量 DTA ということもできる。入力補償（熱補償）DSC では試料と基準物質側にそれぞれヒーターが備えられていて，両者の外側にある温度計が同じ温度を示す状態を保つのに必要な入力エネルギーの差を記録する。

このような装置で融解現象を観測すると，図 5-2 のようなピーク状の信号が記録される。融解開始以前に定常状態が実現していたものが，融点では融け始めから融け終わりまで試料の温度が一定に止まるので，基準物質と試料の温度差が大きくなる。融解が終了すると，周囲と試料の温度差が大きいので急速に熱が流入し，やがて定常状態に復帰することになる。ピークの前後の平坦な部分を基線（ベースライン）という。また，ピークを特徴づける「点」には図 5-2 のような名前がつけられている。

141

(1) 理　論

初期の熱分析理論は物質内の温度分布を無視するという粗っぽい近似を用いたが，DTA（や DSC）の動的性質など基本的な特徴は十分に反映している。ここでも，温度分布を無視する簡単なモデルに基づく解説を行う。

1) 基線と熱容量

DTA と 2 種類の DSC を統一的に記述できる簡単なモデルが Mraw[1] によって提案されている（図 5-3）。もっとも複雑な場合に相当する熱流束 DSC を取り上げて基線の意味について考えてみる。熱系は物体の熱容量（C）とその間の熱抵抗（R）で特徴づけられると考える。また，物体内部の温度の不均一は考えない。測定に用いられるのは測温部 m の温度である。試料側 s の系の熱収支は，

$$\frac{1}{R}(T_\mathrm{h}-T_\mathrm{sm}) = C_\mathrm{m}\frac{dT_\mathrm{sm}}{dt} + C_\mathrm{s}\frac{dT_\mathrm{s}}{dt} - \frac{dQ}{dt} \tag{5-1}$$

$$\frac{1}{R'_s}(T_\mathrm{sm}-T_\mathrm{s}) = C_\mathrm{s}\frac{dT_\mathrm{s}}{dt} - \frac{dQ}{dt} \tag{5-2}$$

と書くことができる。T_h はヒーターの温度 dQ/dt は試料からの発熱速度を表す。基準物質側 r では $Q=0$ とした式が成立する。熱容量や熱抵抗に温度依存性

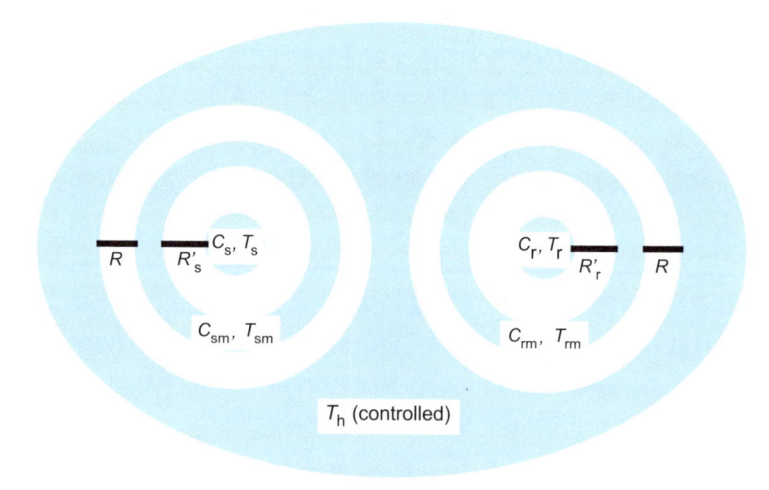

図 5-3　熱流束 DSC に対する Mraw のモデル[1]

がなく，相転移などの熱異常が存在しない場合には（$dQ/dt = 0$），ヒーターの温度を一定の速さ a で変化させると，やがて定常状態となり，系内の各部分は同じ速さで変化するようになる。このとき，

$$T_{sm} = T_h - aR(C_m + C_s) \tag{5-3}$$

となるから記録される信号は，

$$\Delta T_b = T_{sm} - T_{rm} = aR(C_r - C_s) \tag{5-4}$$

である。したがって基線の位置には試料の熱容量の情報が，直接的に含まれる。これは古典的 DTA，入力補償 DSC でも同様である。ただし，市販の装置では基線の零点がどこにあるか不明なものがある。連続した測定中に零点が動くことはないが，独立した複数の測定を比較する場合には注意が必要である。

相転移が終了しても信号は基線に直ちに復帰（緩和）することはない。この緩和の時間依存性はほぼ指数関数的であり，その時定数を応答時間とか緩和時間という。応答時間は試料の性質にも依存するので[2]，装置定数と考えるのは正しくない。観測している現象が装置の応答より充分遅い場合に限って，記録された信号は試料の熱容量の温度依存性とみなすことができる。

入力補償 DSC と熱流束 DSC では，温度測定を（有限の熱抵抗を介して）試料の外部で行うことが，定量性を実現する要となる。入力補償 DSC では有限の熱抵抗がなかったとすると，一次相転移点で無限に大きなヒーター入力が必要になるし，定量化された DTA である熱流束 DSC では定量化に不可欠の条件である（後述）。ところが，こうした有限の熱抵抗は温度測定の観点からは明らかに邪魔な存在である。Mraw のモデルでは試料と測温部に，

$$T_{sm} - T_s = aR_s{}'C_s \tag{5-5}$$

だけの温度差がある（入力補償 DSC でも同じ）。しかも，$R_s{}'$ は測温部と試料の間の熱抵抗であり，試料自体の性質にも依存する。このため，原理的には実験を行う（未知）試料毎に熱抵抗を決定しなければならないのである。なお，Mraw のモデルのような簡単なモデルを仮定すれば，理想的な一次相転移による熱異常ピークを解析することによっても $R_s{}'$ を求めることができる[2]。一般

的な場合については実際上だけでなく理論上も，試料と測温部の温度差を求める方法は存在しない。熱異常の温度の決定の実際については 147 頁を参照されたい。

2) ピークの面積と熱量

入力補償 DSC では試料と基準物質に加える単位時間あたりのエネルギーの差を記録しているから，熱異常のピークを時間に対して積分すれば直ちにその現象に関係したエネルギー変化が得られることは容易に理解できる。そこで，ここでは Mraw のモデル[1]を用いて熱流束 DSC におけるピークの面積と熱量の関係を示す。

試料側と基準物質側の式（5-1）を引き算すると $\Delta T = T_{sm} - T_{rm}$ として，

$$\Delta T = -RC_m \frac{d\Delta T}{dt} + RC_r \frac{dT_s}{dt} - RC_s \frac{dT_s}{dt} + R \frac{dQ}{dt} \quad (5\text{-}6)$$

となる。ピーク面積は図 5-2 を参照すると，

$$\int_{t_o}^{t_e} (\Delta T - \Delta T_b) dt = -RC_m [\Delta T - \Delta T_b]_{t_o}^{t_e} + R[C_r T_r - C_s T_s]_{t_o}^{t_e} + RQ \quad (5\text{-}7)$$

である，ここで ΔT_b は基線の位置を表す。熱異常が始まる前には定常状態が実現しているはずであるし，積分の上限でも定常状態が実現しているから，式（5-7）の右辺の第 1 項も第 2 項もその積分は 0 である。したがって，

$$\int_{t_o}^{t_e} (\Delta T - \Delta T_b) dt = RQ \quad (5\text{-}8)$$

となって，ピーク面積が試料の発熱量 Q に比例することになる。比例係数の R は測温部とヒーターの間の熱抵抗であるから試料に依存しない装置定数であり，既知の現象（相転移など）を利用してあらかじめ決めることができるので，定量的な測定が可能なことがわかる。つまり，試料の外で温度測定を行うことが定量性を得るための要なのである。古典的 DTA の場合にも同様の式変形ができるが，試料の温度を試料内部で測定しているため，ヒーターとの間の熱抵抗には試料自身が関係してしまい定量性が失われる。

ここで，式（5-8）の積分範囲がピークの前後であって，ピークをもたらす熱異常現象の最初（t_i）から最後（t_f）ではないことに注意しよう。実際，熱異常現象における発熱量 Q は式（5-2）から，

$$Q = \frac{1}{R'_s}\int_{t_i}^{t_f}(T_{sm}-T_s)\,\mathrm{d}t - C_s[T_s]_{t_i}^{t_f} \tag{5-9}$$

と書くこともできる．DSC が動的測定であり，信号が試料の状態を即時的には反映していないことを如実に表している．実験系（あるいは実験装置）の熱的緩和時間より十分遅い現象を扱うのでなければ，測定結果を直ちに試料の状態と考えることはできないのである．可能であれば速度論的解析には試料の状態を即時的に反映する方法（TG など）を利用すべきである．

3) ピークの高さ

熱異常によるピークを積分すれば熱量が得られるが，実験上は，ピークがはっきりしたものでなければ利用が難しい．ピークの検出しやすさの目安はピークの高さである．ここでは再び Mraw のモデルの枠内で古典的 DTA における一次相転移によるピークの高さを取り上げる[3]．得られる結論は入力補償 DSC，熱流束 DSC でも基本的に成立すると考えられる．

理想的な一次相転移では，古典的 DTA におけるピークの高さ h は，試料温度が相転移温度で一定に止まるので，相転移の開始時刻 (t_i) と終了時刻 (t_f) を用いて $a(t_f-t_i)$ と表される．(t_f-t_i) は，

$$\Delta_{trs}H = \int_{t_i}^{t_f}(T_r-T_s)\,\mathrm{d}t = \int_{t_i}^{t_f}(aR_sC_s+at)\,\mathrm{d}t \tag{5-10}$$

から決定される．これから h は，

$$h = -aR_sC_s + \sqrt{a^2R_s^2C_s^2 + 2aR_s\Delta_{trs}H} \tag{5-11}$$

となる．急速加熱（冷却）の極限（$a \to \infty$）では，試料の量に依存しない極限値 $h_{max} = \Delta_{trs}H/C_s$ に収束する．式 (5-9) は無次元の変数 $y = aR_sC_s^2/\Delta_{trs}H$ を用いると，

$$\frac{h}{h_{max}} = -y + \sqrt{y^2 + 2y} \tag{5-12}$$

と書き直すことができる．式 (5-12) を図 5-4 に示す．y は試料の量と加熱（冷却）速度に比例しているから，試料の量を増す，あるいは加熱（冷却）速度を大きくすることでピークを高くすることができることがわかる．ただし，実現され得るピークの高さには物質毎に決まった限界がある．他のパラメータが同

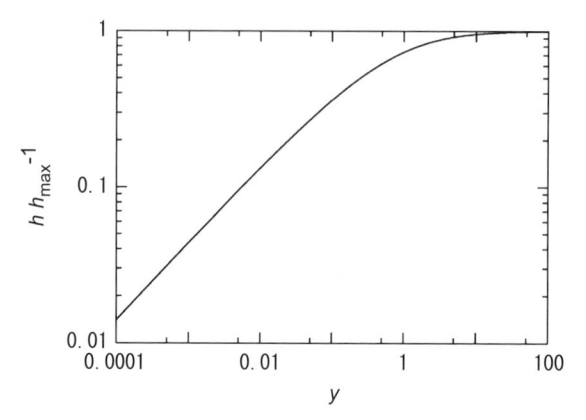

図 5-4 古典的DTAにおけるピークの高さのパラメータ依存性[3]
横軸の変数は $y = aR_sC_s^0/\Delta_{trs}H$. 縦軸は試料物質ごと決まった最大値（$h_{max}$）で規格化されている

じであれば $\Delta_{trs}H$ が小さい相転移ほどピークの高さは容易に飽和する。たとえば，同じ物質が $\Delta_{trs}H_1 = 1000$ および $\Delta_{trs}H_2 = 1$ の2つの相転移を起こす場合，C_s と R_s が一定で $aR_sC_s^2 = 1$ であれば，転移エンタルピーの比（面積比と同じ）は1000であるがピークの高さの比は $h_1/h_2 \approx 60$ に過ぎない。

4）熱量決定のための熱異常の分離

先にDSC測定の結果において熱異常ピークを時間に対して積分すると熱量が得られることを示したが，そこでは熱異常の前後で基線が一致していることを前提としていた。実際の実験でこれが必ずしも実現するとは限らない。ここでは，そのような場合にどう考えるかについて説明する[4]。

図5-5は試料の熱的挙動を左に，単純な入力補償DSCにおける測定結果を右に模式的に示している。(a)では一切の熱異常が無いのでDSCの結果も平坦である。(b)では一次相転移が起こるが，高温相と低温相の熱容量は等しい。これは，これまでの単純な取り扱いに相当していて，ピークの前後の基線をつないだ部分をピーク面積とすればよい。(c)では相転移が起きるが潜熱はなく，熱容量だけがジャンプしている。この場合，試料の温度が相転移温度になって熱容量が変化すると変化が始まり，時間が経つと新しい基線（式（5-4）で決まる）で定常状態になる。(d)がここで問題とする一次相転移の前後で熱容量

5 熱 測 定

(a)

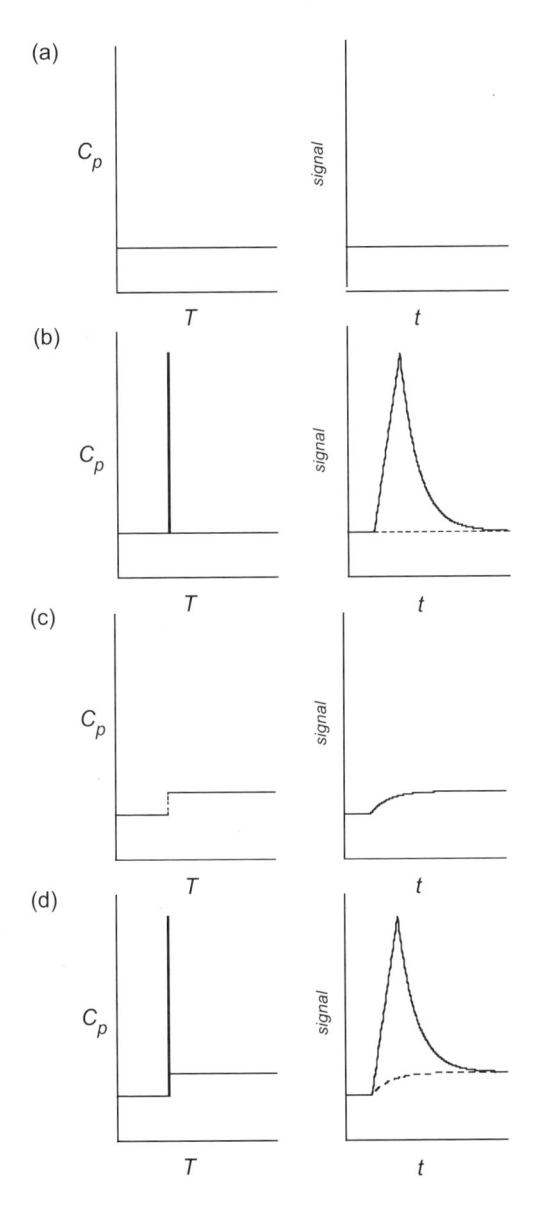

C_p 対 T / signal 対 t

(b)

C_p 対 T / signal 対 t

(c)

C_p 対 T / signal 対 t

(d)

C_p 対 T / signal 対 t

図 5-5 熱的挙動と単純化した熱流束 DSC のモデルで期待される測定結果の対応[4] (d) では破線が転移エンタルピーを見積もるための基線になる

が異なる場合であるが，(a) 〜 (c) の例から明らかなように，この場合は潜熱がない場合に観測されるであろう (c) と同じ基線の変化が熱量測定にとって適切な「基線」になる。すなわち，どのような場合でも，熱量変化を決定したい現象が起こらなかった場合に観測されるはずの（仮想的な）信号を「基線」として用いれば良いのである[3]。Mraw のモデルの範囲内では理想的な一次相転移について厳密かつ「実用的」な基線の決定法がある[3]。実測のピーク以降の信号を基線のずれにスケールして熱異常のはじまりに接続するというものである。使っている装置を Mraw のモデルがどれほど良く近似しているかなど検討すべき点も多いが，得られた結果の妥当性を検討する際には参考になろう。少なくとも，多くの装置に内蔵されているピークの最初と最後を繋ぐという方法には疑問の余地があることを理解すべきであろう。

5) パージガスの影響

これまでは試料（および基準物質）は温度センサー（あるいは電気炉）とのみ熱交換をすると考えてきたが，市販の装置では試料容器の周囲にはパージガスが存在している。気体の熱伝導率は分子量の小さい気体ほど大きく，He と N_2 ではおよそ 6 倍異なる。こうした違いは試料（と基準物質）への熱の出入りに影響をおよぼすばかりでなく，装置内の温度分布にも影響する。較正を測定に使うパージガスで行わなければならない理由である。熱的異常のない温度領域では試料と基準物質がパージガスと同じだけ熱交換すると考えられるから影響は無視できるが，相転移領域などで精緻な議論を行う場合には考慮しなければならないことが指摘されている[5]。

気体が発生するような現象（分解反応など）では，試料まわりの雰囲気によって反応速度が大きな影響を受けることに注意しなければならない。反応熱の温度依存性はそれほど大きくないのが普通なので，反応熱の決定を目的とする場合にはさほど問題にならないが，反応の様子を解析したい場合には注意を要する。試料容器に小さな穴を空けることによって，自生気体の分圧を平衡蒸気圧（程度）に保った実験を行うこともある。

(2) 実験結果の解析

以下では典型的な利用事例を念頭に，順を追って説明を行う。概ね，後で解説する事項ほど精緻な解析であり，それに応じて装置の較正に注意が必要とな

る。なお，ここでは実験結果から熱容量や相転移エンタルピーを求めるまでにとどめ，これらの（物性科学的）解析例については 5-2 節の熱容量測定で解説する。

1) 相転移の温度と相転移次数

熱異常によるピークを特徴づける点としてはピークトップ（図 5-2 の t_p）の他に，補外開始点（t_{eo}）や開始点（t_o），終了点（t_e），補外終了点（t_{ee}）などがある。変曲点（t_{ms}，勾配が最大）も使われることがある。一次相転移に対しては補外開始点が再現性の点で優れているとされるが[6]，必ずしも理論的な根拠があるわけではない。

実験的にはヒステリシスの存在が一次相転移の最も確実な証拠である。ただし，DTA や DSC では温度走査を行っているので，見かけの相転移温度が加熱と冷却で異なるのは，ある程度当然である。実際には 10 K 程度のずれが観測されれば一次相転移と判定してまず間違いない。厳密には装置の較正と同様，走査速度ゼロへ補外して判定する必要がある。

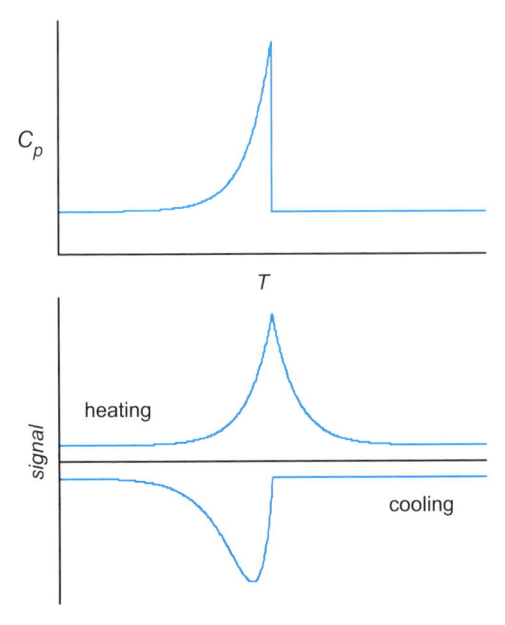

図 5-6 二次相転移における熱容量と DTA 曲線の例

二次相転移（あるいはより一般の高次相転移）は潜熱を伴わず，熱容量が不連続（あるいはピーク）を示すだけであり，融解などの一次相転移に比べ熱的な効果が非常に小さいので，検出には高感度の実験を行わなければならない。熱容量異常の形も試料によって様々であるから，相転移温度の決定方法も試料によってまちまちである。温度に対して熱容量異常が非対称な図5-6のような場合には，加熱時と冷却時で異なる形状の信号となる。

2) 純物質の相関係の分析

物質を理解する上で，その物質がどのような相を経て完全結晶へといたるか（冷却方向での記述）は基本的な情報である。この目的に，簡便に相転移などの熱異常を捉えることのできる DTA と DSC の利用価値は非常に高い。

相関係の分析の基本的な手順は以下のようになる。目的とする温度範囲で実験を複数回繰り返す。このとき，分解などにより元の状態に戻らないことがわかった場合は，元に戻る温度範囲に実験範囲を狭めて始めからやり直す。得られた結果について相転移温度やピークの面積（DSC では相転移エンタルピー）を決める（手続きは次節以下で説明）。実験で得られたすべての相転移について以下の操作を行う。実験開始温度に近い相転移から順に，その相転移が終了したら加熱（または冷却）をやめ，温度変化の方向を逆転して，その相転移の可逆性を複数回確認する。大幅に過冷却する場合もあることに注意する。一通り終わったら実験結果を整理し，すべての相転移についての挙動が確認できたかを確認する。新しい相転移が見られたら，それらについて同様にその挙動を確認する。最も簡単な場合を図 5-7(a) に示す。

実験結果を説明するのに最低限必要な相の数を求め，横軸を温度，縦軸にギブズエネルギーをとったグラフ（模式図）を作る。一次相転移で隔てられた各相は1本の曲線で表される。二次相転移がある場合には二次相転移で関係づけられる二相は1本の曲線でよい。いずれにせよ，$(\partial G/\partial T)_p = -S$（$< 0$）なので曲線は右下がりである。さらに $(\partial S/\partial T)_p = C_p/T$（$> 0$）であるから，本来，上に凸の曲線となるが，相転移エントロピーは大きいことが普通なのでここで問題にするようなグラフでは直線で近似できることが多い。加熱時の相転移は二相のギブズエネルギー曲線の交点と考えて大きな間違いはない。相転移エントロピーは交点における傾きの変化量であるから，これを考慮してつじつまの

5 熱 測 定

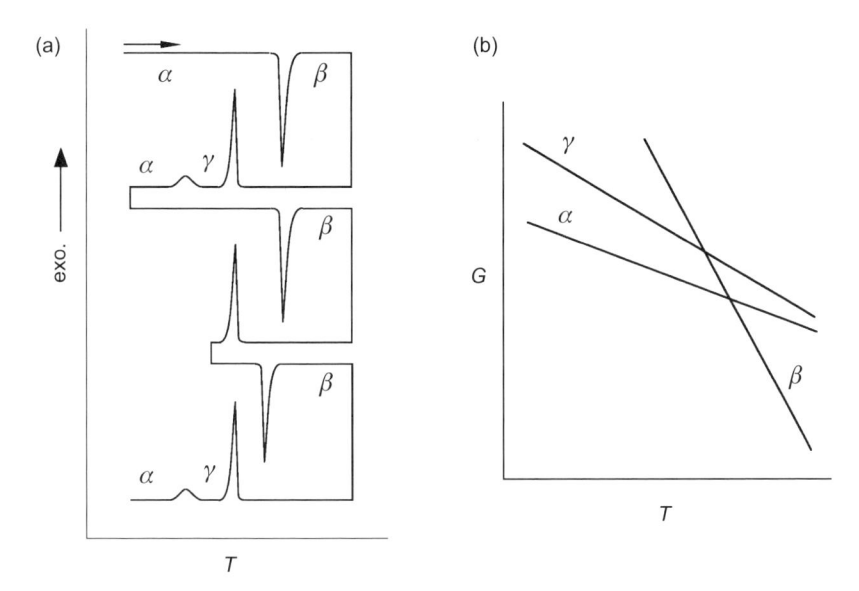

図 5-7 単変転移を示す仮想的物質の DTA 曲線 (A) と G-T 図 (B)

合うグラフを完成させる。この段階で実験を追加しなければならない場合も多い。すべての実験結果とつじつまが合うグラフが得られたら，相関関係についてほぼ正しい理解に達したと考えられる。たとえば図 5-7 の (a) が実験結果であれば (b) が対応するグラフになる。各温度で最低のギブズエネルギーを与える相が安定相である。こうして得られた相関関係は相の種類（構造など）とは独立であるから，別の実験によってその対応関係を明らかにする必要がある。

3) 熱容量

材料物性としては熱容量そのものを求めたいときもある。この目的には定量性のある DSC を用いる必要がある。

観測している現象が装置の応答より充分遅ければ，記録された信号は試料と基準物質の熱容量差の温度依存性と見なすことができる。試料容器の同一性がよければ，参照側に空の試料容器を用いて直接，熱容量を測定することもできる。

信頼性が高い方法は参照試料は同じにし，試料，熱容量既知の基準物質，および空の試料容器について 3 回の実験を行う方法である（図 5-8）。目的温度

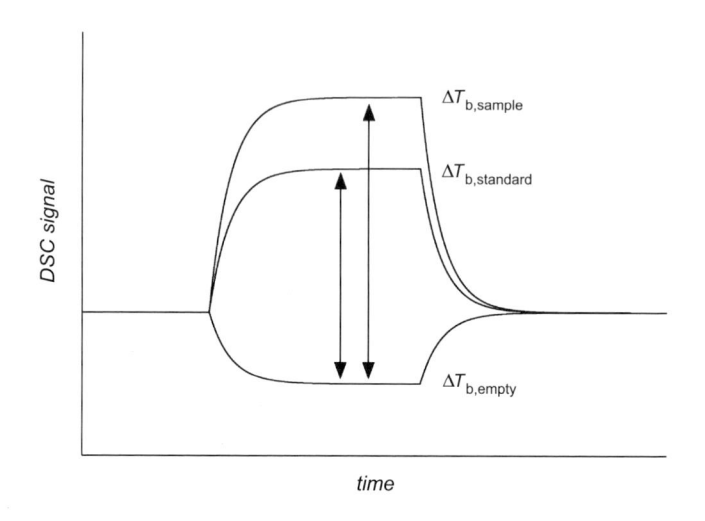

図 5-8　DSC による熱容量測定の方法

を中心とした 10 K 程度の範囲で実験を行う。温度プログラムとしては定温-加熱-定温とする。相関係の分析の場合より遅めの加熱速度 ($1 \sim 2$ K min^{-1} 程度) を用いないと加熱時に定常的な信号が得られない。3 回の実験結果の両端の定温時の信号は互いに重ね合わせることができるはずである。こうしたとき，加熱中の定常的な信号の差 (ΔT_b) から，

$$C_{\text{sample}} = C_{\text{standard}} \frac{\Delta T_{b,\text{sample}} - \Delta T_{b,\text{empty}}}{\Delta T_{b,\text{standard}} - \Delta T_{b,\text{empty}}} \tag{5-13}$$

によって試料の熱容量を求めることができる。基線の位置ではなく空の試料容器の結果とで囲まれる面積（熱量）を使う方法もある。これらの方法では 1% 程度の信頼度で熱容量を決定できる[7]。

定圧熱容量を温度変化に対するエンタルピーの応答関数と考えることもできる。すると，緩和現象の一般論[8] から，運動の速さと観測周波数が近いと熱容量を複素数（複素熱容量）として表す必要があることになる。

$$C_p = C_p' - i\, C_p'' \tag{5-14}$$

ここで i は虚数単位である（$i^2 = -1$）。実部である C_p' は温度変調に瞬間的

5 熱 測 定

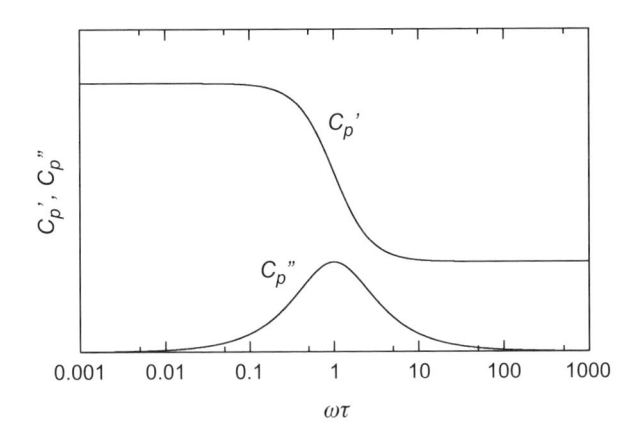

図 5-9 一定温度において温度変調の角振動数 ω （$= 2\pi f$, f は周波数）で複素熱容量 ($C_p = C_p{'} - \mathrm{i}\,C_p{''}$) を測定した場合に得られるべき結果 τ は注目する運動の相関時間

に追随する応答を表すのに対し，虚部である $C_p{''}$ は温度変調に対し遅れて応答する成分を表す。温度変調 DSC ではこれらを測定することができる。図 5-9 に示すように，相関時間の逆数（$1/\tau$，運動の速さに相当）と観測周波数 f（$= \omega/2\pi$，ω は角振動数）の大小により $C_p{'}$ に階段状の差が現れ，$C_p{''}$ は $\omega\tau = 1$ 付近で極大を示す。このため，運動の速さの決定には $C_p{''}$ が便利である。

4) 反応の速度論

DTA や DSC の信号は試料の状態を即時的には反映しないので，速度論的解析には不利であるが，あらゆる現象を捉え得るという点で有用な場合もある。試料の質量に影響が現れないため TG では観測できない結晶化がその例である。

注目している反応の進行が実験系の熱的緩和時間より充分遅ければ，測定されている信号には反応熱の出入りが直接反映される。適切な基線を引くことができれば，その基線からのずれ $\Delta s(t)$ そのものがその時刻 t における反応速度に比例する。また，全反応熱と時刻 t までの反応熱量の比によって（無次元化した）反応の進行度 $\alpha(t)$ を定量できることになる。

$$\alpha(t) = \frac{\int_0^t \Delta s(z)\,\mathrm{d}z}{\int_0^\infty \Delta s(z)\,\mathrm{d}z} \tag{5-15}$$

温度変調 DSC で求められる複素熱容量の実数部分には，反応熱の影響は現

れないから反応前後の熱容量が有意に異なれば，

$$\alpha(t) = \frac{C_p{'}(t) - C_p{'}(\infty)}{C_p{'}(0) - C_p{'}(\infty)} \tag{5-16}$$

によっても反応の進行度を定量できる。反応速度の解析については種々の因子が関係する。詳しくは他書を参照されたい[9]。

5-1-3 熱重量測定

高温で連続的に試料質量を記録して試料の性質を調べる技法を熱天秤（thermobalance）と命名して世に問うたのは本多光太郎（1915 年）であった[10]。現在では熱重量測定（thermogravimetric analysis, TG）と呼ばれるこの技法は我が国で創始されたといって良い。

(1) 原　理

TG では温度制御された状態で精密に質量を測定する。天秤そのものとしては一般の天秤と大きく変わることはなく，力学的な「力」を一次的な測定量として質量の測定が行われる。力の伝達には，時間の遅れが生じるような方法は使わないのが普通で，温度を一次測定量とした DTA や DSC とは違い，TG は（電気回路での遅れを無視すれば）試料の状態を即時的に反映した信号が得られる。このため，時間が関係した反応速度の解析などに適している。

TG の装置では，試料の質量に比例する重力を測定する必要があるから，それ以外の力を低減する工夫がとられる。いずれにせよ，対流や浮力の影響を完全になくすことはできないので，温度変化に伴って，ある程度の「見かけの質量変化」が記録されるのが普通である。このため，精密測定にはあらかじめ「見かけの質量変化」の大きさを確認しておく必要がある。熱的に安定で試料と同程度のダミー試料を使うのが有効である。

TG では測定中に化学反応が起きて試料の質量が変化することを観測する。質量変化として観測されるには（固体）試料と気相との気体のやりとりが必要である。気体の化学ポテンシャルは圧力（分圧）依存性が大きいので，化学反応の速度は，発生した気体の分圧に大きく影響される。このため，測定にあたっては関心のある現象に応じて試料の雰囲気を適切に設定しなければならない。他の実験手法による結果と比較する場合にも十分注意を払う必要がある。

いうまでもないがTGから質量変化の原因を直接特定することはできない。発生した気体を分析する，構造変化を分光学的に検討するなどしなければならない。

(2) 結果の解析

1) 化学反応の化学量論と反応温度

TGで観測できる簡単な化学反応の例として，結晶化溶媒（S）を含む化合物Xの結晶が分解（気体が解離）していく反応を考える。この反応は，

$$X \cdot S_n(s) \to X \cdot S_m(s) + (n-m)S(g) \quad (5\text{-}17)$$

と表すことができる。化学種の後の括弧内のsとgは，固相と気相を表す。固相の化合物の化学ポテンシャルの圧力依存性は小さいので無視すると，気相にあるのはSの蒸気だけであるから，平衡の条件は，それぞれの化学ポテンシャルμを使って，

$$\mu_{Xn}°(T, p_S) = \mu_{Xm}°(T, p_S) + (n-m) \cdot [\mu_S°(T) + RT\ln p_S°] \quad (5\text{-}18)$$

と書くことができる。ここでは，添え字XnでXのn溶媒和物を，Sで溶媒蒸気を表した。これから，

$$(n-m)\ln p_s° = \frac{\mu_{Xn}°(T) - \mu_{Xm}°(T) - (n-m)\mu_s°(T)}{RT} = -\frac{\Delta_r G°(T)}{RT} \quad (5\text{-}19)$$

となる。最右辺の$-\Delta_r G°(T)$はこの反応の標準反応ギブズエネルギーである。

平衡蒸気圧（平衡解離圧）よりも低い分圧の環境に保てば，原理的にはすべての溶媒が解離してしまう。この意味で，平衡蒸気圧の温度依存性を示す図は各溶媒和結晶の安定領域を示した「相図」のようなものである（図5-10）。この「相図」で注意したいのは，解離する結晶の溶媒和数nを指定しても生じる先の結晶の溶媒和数を指定しなければ平衡蒸気圧が決まらないことである。さらに，純物質の単純な相図とは異なり，平衡状態で物質が存在できるのは，蒸気圧曲線上に限られている。それ以外の分圧での平衡状態は実現しない。$[\partial(G/T)/\partial(1/T)]_p = H$であるから，この相図の相境界の傾きは$-\Delta_r H°/(n-m)R$，すなわち，解離する溶媒和分子1 molあたりの解離熱に負号をつけ

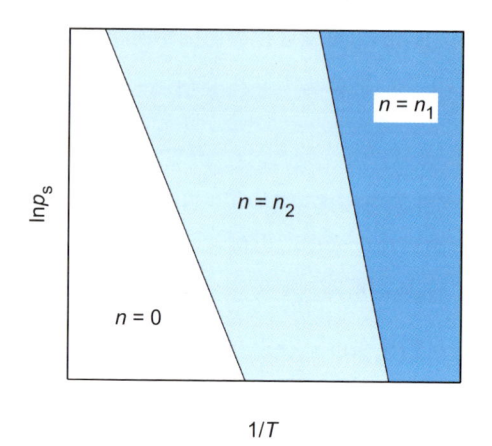

図 5-10 結晶化溶媒を含む化合物 X·S_n の平衡解離圧
実線がその両側の溶媒和化合物との平衡解離圧

たものに相当する。

　解離圧が無視できる低温から結晶 X·S_n を加熱すると，試料の性状や雰囲気中の S の分圧に応じたある温度で解離反応の進行，つまり質量減少が顕著になり，X·S_m が生じる。さらに加熱を続けると X·S_m から X が生じるであろう。この際にも質量減少が見られるはずであり，全体としては図 5-11 のような結果が得られると期待される。$\Delta m_1/\Delta m_2 = (n-m)/m$ である。解離前の質量と解離後の質量から結晶に含まれる S の量を決定できることになる。

　温度変化が速すぎると，本来，二段階で解離が起きる物質でも図 5-11 のように明瞭なステップが観測されるとは限らない。温度変化速度の異なる複数の実験の結果を比較する必要がある。TG の微分曲線（DTG 曲線）は質量減少の早さを反映するので，反応過程の詳細の検討に役立つ。また，質量減少速度に応じて温度変化速度を変化させる技法［試料制御 TG（sample controlled thermal analysis, SC-TA）あるいは速度制御 TG（controlled rate TG, CRTG）[11, 12]］を利用すると複数の過程が明瞭に分離できる。

　反応の駆動力は試料雰囲気中の S の分圧 p_S と平衡蒸気圧 $p_S°$ を使って $RT\ln(p_S°/p_S)$ と表すことができるから，反応が雰囲気に大きく影響を受けることがわかる。実験上は減圧がとくに有効である。可逆反応では試料の周囲は近

5 熱 測 定

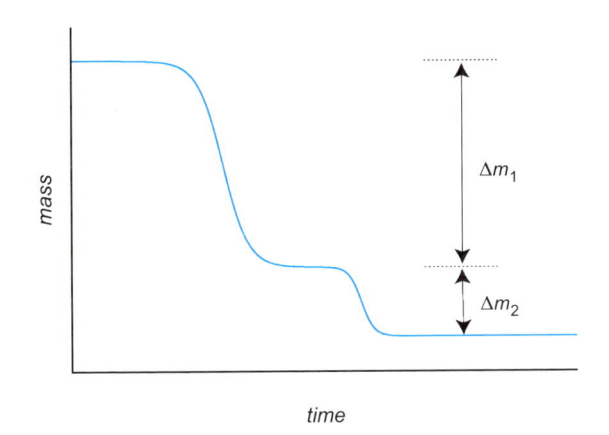

図5-11 溶媒和結晶の2段階での脱溶媒和（解離）過程で期待されるTG曲線

似的に飽和蒸気圧の自生気体で満たされるが，周囲の全圧が飽和蒸気圧以上の時には反応が化学ポテンシャルだけによって駆動されるのと対照的に，全圧が飽和蒸気圧以下になると，化学ポテンシャルだけでなく力学的な不安定性がおき，反応が顕著に進行するようになる。このため，気体が発生する反応ではわずかな全圧の変化で反応の起きる温度が大きく変化する。これに対し，相転移などの固相の性質で決まる温度は，1気圧程度の圧力変化ではほとんど変化しないので[†1]，反応が平衡蒸気圧の増大によるものか，それ以外の要因によるかを区別することが可能になる[13]。なお，全圧を変化させた場合に，$RT\ln(p_S^\circ/p_S)$ が一定の値に達すると反応（質量減少）が顕著になるというわけではないので，反応が顕著になる温度（たとえば質量減少率が最大になる温度）を使って図 5-10 のようなプロットを作っても，そのグラフの傾きから解離熱を求めることはできない。

2） 等温測定による反応速度論

TGが試料の状態を即時的に反映することを利用して等温条件における化学反応の解析を行うことができる。試料の性状や雰囲気によって反応の様子が変わることに留意しなければならない。等温反応の速度論的解析の一般的手法についてはDTAとDSCを対象として先に説明を行ったので，参照されたい。な

[†1] dT_{trs}/dp にして 10^{-7} K Pa^{-1} 程度。

お，DTA や DSC では測定結果が反応速度に比例していたのに対し，TG では反応の進行度 α が，

$$\alpha(t) = \frac{m(t) - m(\infty)}{m(0) - m(\infty)} \tag{5-20}$$

により決定されることに注意しなければならない。DTG 曲線が DTA や DSC の信号に対応している。

3) 等温測定による一次元多孔性物質の粒径分布

物質が強い構造異方性を持つ場合には反応の進行が物質の異方性に規定された異方性の強いものとなる。とくに，反応が一次元的に進行する場合には，反応物の形状を常に「ロッド」として扱うことができるため，反応の速度論的データから試料の形状の分布を演繹することが可能となる。常に新たな反応界面が生成される界面律速（表面律速）反応では，界面の反応方向への進行速度は一定であるから，時々刻々の「見かけの反応速度」はその瞬間において反応に参加している界面の面積に比例している。したがって，「見かけの反応速度」の微分はロッド長分布関数に比例することになる[14,15]。一次元細孔内に吸着した分子の脱着によりフレームが壊れる場合や，逆に気相から分子を取り込んで一次元構造ができあがる場合にはこのような記述が妥当と考えられる。一方，フレーム構造が強固で，分子の吸・脱着に対し安定な場合には，反応物と未反応物を区別するのは困難であり，むしろ拡散過程を考えるのが妥当である（拡散律速反応）。この場合にも，分子の吸・脱着は表面からのみ起きるから，分解能は悪くなるが同様の考え方でロッド長分布関数を求める可能性が提案されている[15]。

4) 定速昇温による化学反応過程の解析

化学反応速度論の解析には，（ミクロな）反応速度が一定にとどまる等温測定が理解しやすいが，測定温度に達するまでの過程で反応が開始されてしまうという難点がある。この点で，反応の進行が無視できる温度から温度変化をさせながら反応過程を解析する方法には独特な意味がある。こうした解析法についても我が国の研究者による先駆的研究と展開が顕著であった[16]。やや複雑な解析が必要であり，錯体化学において（現状では）あまり用いられていないので，ここでは参考書[9]をあげるにとどめる。

5-2 熱容量測定

5-2-1 熱容量と他の熱力学量

温度 (T) と圧力 (p) を独立変数とする完全な熱力学関数はギブズエネルギー $G = H-TS$ であり，平衡状態は「G が最小」と特徴づけることができる。定圧熱容量 (C_p) を積分することでエンタルピー (H) とエントロピー (S) を，

$$H(T)-H(T_0) = \int_{T_0}^T C_p dT \tag{5-21}$$

$$S(T) = \int_0^T \frac{C_p}{T} dT \tag{5-22}$$

のように得ることができる。ここで式 (5-22) では熱力学第三法則を仮定した。定圧熱容量を測定すればギブズエネルギーが実験的に決定できる。エントロピーの直接的な定量は熱容量測定によってのみ可能である。通常の実験では定圧とも定積（定容）とも異なる条件の熱容量が得られるが，それらは大変よい近似で定圧熱容量と考えることができるから，熱容量から試料についての完全な熱力学的性質が得られることになる。

エントロピーはボルツマンの関係，

$$S = k_B \ln W \tag{5-23}$$

によって微視的状態数 (W) と関係づけられる。したがって，ミクロな立場から扱うには複雑すぎる現実の物質の物性研究において，エントロピーの定量は，巨視的物性量の測定が直ちにミクロな情報を与えるという類まれな手段となり得る。たとえば，複数の分子の動的相関はエントロピーがほとんど唯一の定量法と考えられる。

かつてアインシュタインは「物質を理解するために実験が 1 種類しか許されないとしたら熱容量を測定せよ」と語ったと伝えられている。熱容量には系内のあらゆる自由度が関与するからであろう。熱容量からどのような議論ができるかは，利用する研究者の力量にかかっている。

5-2-2 固体熱容量概観

一般に固体の熱容量は様々な自由度・現象による寄与の和として，

$$C_p = C_{\text{lattice}} + C_{\text{intra}} + C_{\text{elec}} + C_{\text{mag}} + C_{\text{defect}} + C_{\text{expand}} \tag{5-24}$$

のように書くことができる。ここでそれぞれの記号は格子熱容量（構成粒子の運動自由度に起因する熱容量），分子内運動による熱容量，電子熱容量，磁気熱容量，格子欠陥の生成による熱容量，他の寄与に含まれない膨張項を表している。

先にあげた様々な寄与のうち比較的明確な根拠を持って計算ができるのは，分子内振動による熱容量である。室温程度では分子内振動の非調和性の影響は小さく，振動数が既知であれば，Einstein の式を使って熱容量を計算することができる。しかし分子が大きくなると，低振動数の分子内振動が多くなり非調和性の影響や，並進，回転といった分子全体の運動自由度との結合が無視できなくなるので注意を要する。

低温に限定すれば結晶格子の熱容量も温度依存性がはっきりしているという点で扱いやすいとされている。固体を連続体で近似する Debye モデルでは，低温で熱容量は温度の三次の項から始まる奇数巾の級数で展開される。Debye 温度の 1/50 程度以下ではほぼ第 1 項だけで近似できるので，格子熱容量は T^3 に比例するとしばしば表現される。これをデバイの T^3 則という。この温度依存性は，低温での電子熱容量や磁気熱容量の温度依存性よりも大きく，極低温では無視できるほど小さくなるので解析が容易となる。現実の結晶は離散的で周期性を持つので連続体では近似しきれない。このことがフォノンの状態密度に連続体で期待されるより大きな振動数依存性と，熱容量の T^3 則からの大きなずれをもたらす。

温度依存性という点では電子熱容量は，特性温度が Fermi 温度であり，ふつう数万 K であるから，室温においても低温展開である温度に比例する項でよく表現される。ただし比例係数は，自由電子気体モデルではフェルミ準位における状態密度に比例するが，現実には結晶の周期性やフォノンとの相互作用による見かけの質量の変化もあり，それほど単純ではない。温度依存性が明確とはいえ，熱容量はそれほど大きくないので，電子系の情報は，格子熱容量が小さくなった極低温で，C/T を T^2 に対してプロットして，勾配から Debye 温度を，切片から電子熱容量の温度に対する比例係数を求めることによって行われる。

磁気熱容量は，相転移が起きる場合には典型的な多体問題となって一般に計算が難しいが，低温でのマグノンの励起による熱容量と高温での短距離秩序の崩壊に伴う熱容量の温度依存性は求めることができる。低温でのマグノンの熱容量は $T^{d/n}$ に比例する。ここで d は系の次元，n はマグノンの分散関係を示す指数で反強磁性では 1，強磁性（フェリ磁性も含めた自発磁化がある状態）では 2 となる。実際には電子熱容量と同じように適当なプロット（後述）によって Debye 温度と比例係数が決定される。一方，高温側は系の詳細によらず T^{-2} に比例して小さくなる。これは，スピン系が有限個のエネルギー準位しか持たないことの直接的な帰結である。

実際には様々な自由度・現象による熱容量への寄与が互いに分離できるとは限らない。たとえば，構成粒子の並進自由度についての振動が非対称的であれば必然的に体積膨張をもたらすから，格子熱容量と膨張項の区分は多分に人為的にならざるを得ない。格子欠陥の生成も同様である。また，相転移の研究では定積熱容量の理論値と比較する必要も生じるが，定積熱容量が求められないという実際的な問題だけでなく，体積変化が相転移の直接的な原因（あるいは結果）である場合もあり，体積一定の理論と比較し得るベースラインは存在しないと考えるべき状況もあり得る。

5-2-3　熱容量測定法
(1)　断熱法による熱容量測定

孤立系に一定量のエネルギー（ΔE）を加え，それによって生じた温度上昇（ΔT）を測定することにより熱容量を測定するのが断熱法による熱容量測定の原理である。孤立系の熱容量（C）は，

$$C = \lim_{\Delta T \to 0} \frac{\Delta E}{\Delta T} \tag{5-25}$$

で定義されるから，加えるエネルギーを小さくすれば良い近似で $C \approx \Delta E/\Delta T$ とすることができる。

原理的には定量的に熱を奪うことができれば冷却方向の測定も可能であるが，そのような試みは少ない[17]。したがって，測定に先立つ冷却は行われるが熱容量測定そのものは常に加熱方向で行われると考えて良い。

孤立系を実現するために通常，試料は試料容器に充填されるので，試料容器を熱的に孤立させる時間が充分長くできれば，どのような試料でも熱力学平衡状態に到達する。このため，試料容器に封入さえできれば試料の性状によらず測定の対象とできる。固体を試料とする場合には試料容器内の熱伝導を確保するために熱伝導ガス（多くは He）を導入するのが普通であるが，多孔性の試料では熱伝導ガスが低温で吸蔵されてしまい測定ができなくなる場合もある。そのような試料では温度センサーと直接に熱交換できるタイプの熱量計（後述の緩和法や交流法など）の方が望ましい。

　断熱法では，温度上昇の過程に相転移が存在したり化学反応が起きる場合にも，系を孤立系として記述できるかぎり，それに関係した熱量を測定できる。したがって，断熱型熱容量測定装置は同時に相転移の潜熱や化学反応熱の測定装置にもなる。さらに，平衡測定であるため測定結果の信頼性を試料の性状によらず一定にできる。これは，試料自身の熱伝導性が測定結果に直結する動的測定法と比較した場合，断熱法の際だった特徴である。

　実際には真の孤立系は実現できず，また，熱力学平衡の実現のために費やすことのできる時間も装置の安定性などにより制約を受ける。それでも，断熱法は通常実行される物性測定実験の中では最も長い時間をかけて行われる実験であり，得られる熱容量の信頼度は他の測定法に比べて最も高い。実際，熱力学第三法則の実験的検証にも用いられた。その一方で，結果の信頼度が昇温幅に比例するため，温度分解能を高めるには特別の工夫が必要である。また，断熱制御の現実的制約から必要とされる試料量も多い（約 1 g 程度）。測定に要する時間が長く（液体窒素温度から室温で最低 3 日程度），市販の装置がほとんど存在しないことも普及を妨げている。

(2)　緩和法による熱容量測定

　試料と熱浴を熱的に弱く結合しておき，定常状態から定常状態への温度応答（緩和）を解析して熱容量を求めるのが緩和法である。良好な市販装置が販売されるようになり広く普及してきた。緩和法では，

①　試料内の熱伝導は十分大きく温度分布は無視できる

②　緩和の過程は単一の経路で熱が試料から熱浴へ移動する

という強い条件を満たすと考えて実験を行うのがほとんどである。最も簡単な

5 熱 測 定

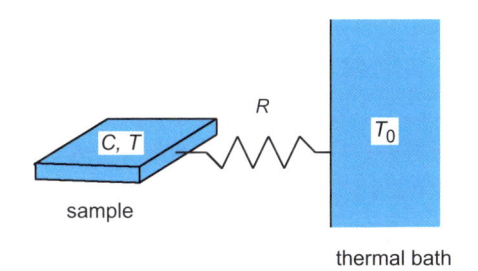

図 5-12　緩和法で仮定する最も簡単な熱系

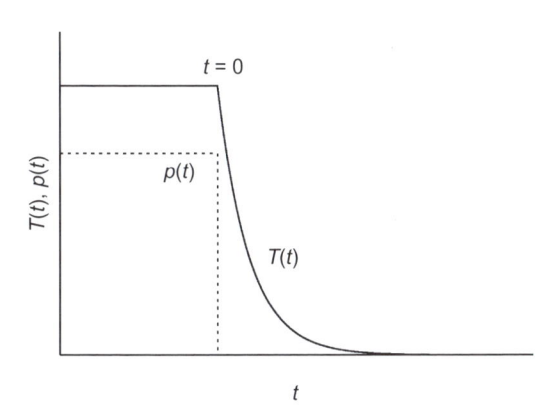

図 5-13　緩和法の原理
$t \leq 0$ では一定の割合で試料に熱が加えられた定常状態。$t = 0$ で入力が打ち切られると試料温度は指数関数にしたがって新しい定常値へ変化する

熱系を図 5-12 に示す。試料（熱容量 C）に一定の速度でエネルギー（$p = \mathrm{d}Q/\mathrm{d}t$）を供給している場合としていない場合の定常状態の温度を T_on と T_off とすると，ある時刻（t_off）でエネルギー供給を停止した後に定常状態にいたる試料温度の変化は，

$$T(t-t_\mathrm{off}) = (T_\mathrm{on}-T_\mathrm{off})\exp\left(-\frac{t-t_\mathrm{off}}{RC}\right)+T_\mathrm{off} \tag{5-26}$$

と表される（図 5-13）。ここで R は熱浴と試料の熱抵抗で，

$$p = \frac{1}{R}(T_\mathrm{on}-T_\mathrm{off}) \tag{5-27}$$

163

により温度測定から決定できる。したがって，エネルギー供給停止後の試料温度の緩和挙動を観測して，緩和時間を決定すれば熱容量を決定することができる。いうまでもないが，エネルギー供給を行っていない状態からエネルギー供給開始後の温度緩和を解析しても同じように熱容量を決定できる。市販の装置では，試料とアデンダの間に有限の熱抵抗を仮定することにより，信頼できる熱容量を得る工夫が行われている[18]。

実際の測定では試料の温度を直接測定することはできず，温度計などを備えた試料台（アデンダ）が必要になる。試料のアデンダへの固定にはグリースが用いられる。このため，通常の実験では，アデンダとグリース，アデンダとグリースと試料，という2回の測定を行い，その熱容量差から試料の熱容量を求める。アデンダと試料の熱接触が理想的でない可能性もあるが，最近普及した市販の緩和法熱容量測定装置では，モデルにその効果を取り入れた解析が行われている[18]。ただし，モデルから期待される通りの温度応答が実現しているかどうかを実験結果から判定するのが困難であるという欠点は改善しようがない。このため複数回の試料セットなどによる確認が必要である。

試料内の温度分布を小さくするには試料そのものを小さくするのが有利であり，実際，緩和法では少量の試料（数 mg）で絶対値が決定できる。試料をアデンダに直接貼り付けるので熱交換ガスは不要であり，（試料セット時の操作上の問題点をクリアできれば）多孔性試料についても測定が可能である。一方，粉末しか得られない場合にはペレットを作って測定を行うことになるが，粒界の影響で熱伝導性が悪いことが多いので注意が必要である。

温度センサーの制約から緩和法の温度分解能は断熱法と同程度である。また，式 (5-25) は有限の熱容量を仮定しているから，一次相転移の潜熱は，（過熱・過冷却が生じない理想的な場合でさえ）特別な解析を行わなければ決定できない。ただし，冷却を行う過程[†2]でも測定を行うことが可能であるから，一次相転移の過冷却状態を測定することは比較的容易である。緩和法は熱量測定を行っているわけではないから，化学反応による吸熱・発熱は測定できない。

[†2] 1データの測定のための加熱・冷却ではなく，「室温から200 K まで冷却する過程」のような意味。

5 熱測定

(3) 交流 (ac) 法による熱容量測定

緩和法と同じ熱系（図 5-12）を考える。すなわち，試料と熱浴を熱的に弱く結合しておき，一定の振幅で周期的にエネルギーを試料に印加すると，やがて試料の温度はエネルギー印加と同じ周期で振動するようになる（動的定常状態）。このとき，試料の熱容量が大きければ温度振幅は小さく，熱容量が小さければ温度振幅が大きくなる。この振動的温度変化を利用して熱容量を測定するのが交流加熱法による熱容量測定（ac カロリメトリー）である。ロックインアンプを使うと，温度振幅を 0.01 K 程度としても，熱容量に 0.1% あるいはそれ以上の分解能が得られる。得られる熱容量は温度振幅内の平均値であるから，温度分解能が非常に高く，臨界点（高次相転移点）近傍での臨界現象の研究に特に適している。一方で，この特長を生かすために熱容量の絶対値の決定に困難があることが多い。

交流法は定常的とはいえ動的方法であるから，試料内の熱伝導，試料からの熱漏れの大きさなどに依存したモデル化と解析が必要である。振動的温度変化の間は試料温度は均一で，しかも振動 1 周期程度の時間では外部への熱漏れを考えなくてよい（動的断熱条件）という最も単純なモデルでは，熱容量（C）は温度振幅（ΔT_{ac}）と測定を行っている角振動数（ω）に逆比例する。

$$C \propto \frac{1}{\omega \Delta T_{ac}} \tag{5-28}$$

このような実験条件は小さな試料で実現することができ，装置も市販されている。

振動的摂動に対する応答という立場で交流法をみると，誘電応答などと同じ枠組みで議論が展開できる[8]。このとき周波数に依存した熱容量は複素数になり，実部と虚部の間には（形式的には）Kramers-Kronig の関係が成り立つ。エンタルピー緩和の特性時間（緩和時間）と測定周波数の逆数が同程度の領域（ガラス転移領域）では熱容量の虚部が大きな値を持つようになる（図 5-9）。交流法による熱容量測定を利用して熱容量の分散を観測する方法を熱容量分光法ということがある。ただし，熱伝導が有限であるため，誘電率と平行した議論が成立する周波数には上限がある[19]。

交流法は，緩和法同様，熱容量を求める方法であって，真の意味の熱量測定

ではない。測定温度領域内に一次相転移があっても，熱容量に不連続が認められない場合には見落とす可能性もある。試料の分解なども測定結果の「熱容量」だけからは判定できない可能性がある。

5-2-4 正常熱容量（ベースライン）の取り扱い

熱容量測定には分光法のような選択則が存在しないので，原理的にはあらゆる事象に関係したエネルギーの収支が捉えられる。このため，熱容量から有益な情報を引き出すには，関心がある自由度以外の寄与を引き去る必要がある。この"関心のない部分"が，その問題における正常熱容量，いわゆるベースラインである。したがって，問題が設定できなければそもそも解析が不可能である。正常熱容量の確定には，本質的には，すべての自由度についての理解が不可欠である。自然が無限の奥深さを秘めているとすれば，正常熱容量は熱容量の解析における永遠かつ最大の課題であるともいえる。

実測されるのは多くの場合（近似的に）定圧熱容量 C_p であるが，理論的な取り扱いには定積熱容量 C_v の方が便利である。多くの熱力学の教科書にはこれらの間には次の関係があり，互いに変換可能であるとの記述がある。

$$C_p - C_v = \frac{\alpha^2}{\kappa_T} VT \tag{5-29}$$

ここで，α と κ_T はそれぞれ定圧熱膨張係数と等温圧縮率である。しかし上式は，実験を行った時の物質の体積を一定に保ったまま温度を上昇させる場合の熱容量が計算できることを教えているにすぎないから，実測の熱容量を C_v に変換して理論（モデル）と比較することは不可能といえる。通常の熱容量測定では，物質の体積は温度の関数として変化しているので，式 (5-29) にしたがって定積熱容量に変換しても，それらは一定の（たとえば 0 K での）体積における定積熱容量ではないのである。

はじめの例として一次相転移の解析を考える。解析の目的としては，潜熱の決定と相転移機構の研究がまず考えられる。これら 2 つの目的は互いに関係しあっているが，考えるべき正常熱容量は必ずしも同じではない。一次相転移に対しては，相転移温度と圧力の間に Clapeyron の関係 $dT_{trs}/dp = \Delta_{trs}V/\Delta_{trs}S$ が成立する。これは熱力学的に厳密な関係である。エントロピーの跳び $\Delta_{trs}S$ と

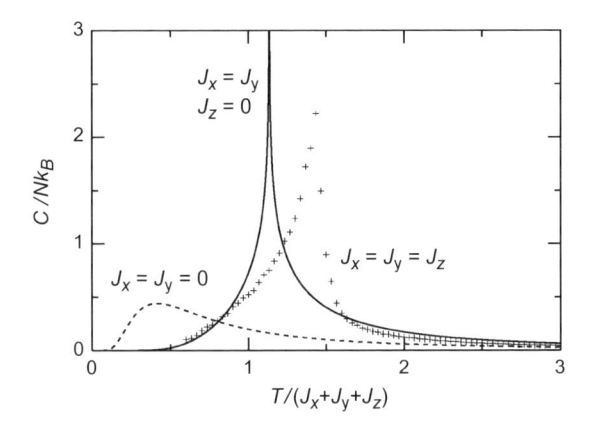

図 5-14 三次元単純立方格子上の異方性イジングモデル（最近節相互作用のみ）の熱容量の温度依存性。J は交換相互作用

潜熱 $\Delta_{\mathrm{trs}}H$ の間には $\Delta_{\mathrm{trs}}S = \Delta_{\mathrm{trs}}H/T_{\mathrm{trs}}$ という関係があるから，Clapeyron の関係を用いるには潜熱を正しく求める必要がある。一方，相転移の機構を解明するためには，どれだけのエントロピーが潜熱に伴って獲得されたかよりも，どのような自由度がどれだけのエントロピーを獲得したかが重要なので，転移エントロピーの見積もりには，相転移によると思われる熱異常の裾も算入しなければならない。

以上の議論は明快であり，何ら問題は生じそうにない。ところが実際には，不純物などのために相転移の温度に幅が生じることがある。不純物によって生じた裾は本来，潜熱として吸収されるものと考えられるから，熱異常の裾として観測されても潜熱に算入しなければならない。特別な状況がない限り，熱異常の裾が本質的か不純物などに起因するかを判定することは難しい。高次相転移では事態は一層困難である。

別の例として古典的なスピンの配向に関する秩序-無秩序転移を考える。おのおののスピンがとり得る配向を2種類とし，0 K では完全秩序状態にあるとする。この場合，系内の相互作用や格子の構造の詳細に関係なく，高温極限におけるスピン系のエントロピーは 1 mol あたり $R\ln 2$ である（R は気体定数）。たとえば図 5-14 は単純格子上の，様々な異方性を持つイジングモデルの熱容量である。これほど多様な熱容量曲線のどれもが積分すると同じエントロピー

を与えるのは驚くべきことであろう。このようなモデルで近似できるような相転移を扱う場合には，過剰なエントロピーとして$R\ln 2$を与えるベースラインが物理的意味を持つと考えるべきである。もっともらしいベースラインによって$R\ln 2$という過剰なエントロピーが得られることをもって，相転移機構が秩序–無秩序型であることが実験的に示唆されるからである。古典的なスピン系でも場合によっては秩序相から無秩序相へ一次相転移によって移ることもあり得る。このような場合，潜熱の大きさの解釈はより高度な問題であって，スピン系の相転移であることを確定すること，つまり$R\ln 2$を確認することが基本的な問題である。

以上の2つの例から理解される通り，実験結果を生かすためには，明確な目的を持ってベースラインを引くこと，その意味を明確に報文に記述することが必要なのである。

これまでに述べてきたようなことを前提にした上で，実際に行われている正常熱容量の見積もり方を紹介する。なお，格子熱容量がT^3項でよく記述できるような低温については説明しない。

(1) 単純な外挿

二次相転移のように熱容量の跳びが観測され，かつ跳びの大きさが重要となる場合は，単純に高温側と低温側からの外挿によってジャンプを見積もる。金属–絶縁体転移でも同様の方法で電子系についての情報を引き出すことができる。

(2) コンピュータ利用によるあてはめ

計算機の能力の向上と普及によって広く行われるようになりつつある。分子内振動など既知の寄与をできる限り引きさった後で，許される自由度の数を固定して関数にあてはめる。最小2乗法がしばしば用いられる。たとえば，相転移に関係すると思われる領域をあらかじめ特定して除外し，それ以外の温度領域の熱容量を，

$$C_p = C_{\text{lattice}} + C_{\text{intra}} + AC_p^2 T \tag{5-30}$$

のように表す。ここで右辺は第一項から順に，格子熱容量，分子内振動による熱容量，膨張項である。ここでは膨張項としては経験的にNernst-Lindemannの式を用いていて，Aは定数である。分光学的に決められない（あるいは量子

化学計算の信頼度の低い）分子内振動の振動数，Debye 温度と A をパラメータとして関数のあてはめをおこなう。このようにして決めた関数が相転移領域でも妥当であると考えて正常熱容量とする。相転移による熱異常の高温側の裾を T^{-2} に比例するとして関数に加えることなども行われる。相転移に関係のない領域を，あてはめを繰り返して選択するので，任意性から逃れることはできない。

　液晶物質など分子内振動の振動数を求めることが困難な場合や明らかに非調和的な運動が起きている場合には，実効的な振動数分布をパラメータとしてあてはめが行われることもある。この場合は，自由度の数も固定せず，むしろ現実的な自由度の数であてはめが行われたことから妥当性を吟味することが行われる。

　関数形として単純な多項式を用いて実験値を再現することのみに重点をおいたあてはめも，潜熱の見積もりなどには用いられる。

(3) グラフィカルな内挿

　グラフ上でスムースに内挿することも行われる。温度依存性が小さくなるように適当なプロット行い，相転移に関係した部分を分離する。プロットとしては，熱容量を等価な Debye 温度に変換することも多い。0 から古典値に至る大きな変化を，理想的な Debye 結晶では一定の Debye 温度で再現できるからである。

(4) モデル計算

　量子化学の進歩によりかなりの信頼度で分子の振動解析が可能になった。格子熱容量についてもいくつかの方法でかなり高精度のモデル計算が可能であり，他の寄与を分離するための正常熱容量として用いられることがある。無機結晶や簡単な分子結晶に対しては，経験的に求められた分子間相互作用を用いる。低温の結晶に対しては格子振動計算によって格子振動の状態密度を求める。乱れが存在する場合（固溶体，不定比化合物，アモルファス物質など）には分子動力学シミュレーションが用いられる。速度相関関数から状態密度を求める方法が採られる。また，これらとは別に，経験的なパラメータを用い非調和性も考慮して高温での熱容量を計算する試みもある。

(5) 参照物質の利用

　注目する現象を示さない類似物質について熱容量を測定し，その熱容量に，

分子量などに関する一定の補正を施して正常熱容量とする方法である。例としては，磁性に興味がある場合に，磁性イオンを非磁性イオンに置換した化合物を参照物質として用いる場合をあげることができる。超伝導現象を問題にする場合には磁場によって超伝導を破壊して正常熱容量を得ることもできる。

5-2-5 エントロピーの解析

エントロピーと微視的状態の間にはボルツマンの関係（式5-33）が成り立つとはいえ，実際の物質は多数の自由度を持つから，仮想的なスピン系のような特殊な場合を除けば全エントロピーの大きさそのものを解析することは難しい。

一方，ボルツマンの関係から，同じ物質の2つの状態（HとL）について，

$$\Delta S = S_\mathrm{H} - S_\mathrm{L} = k_\mathrm{B} \ln \frac{W_\mathrm{H}}{W_\mathrm{L}} \tag{5-31}$$

の関係があるから，たとえば，一次相転移により獲得する相転移エントロピーは2相の微視的状態数の変化量を直接反映している。H相における1分子あたりの状態数を w_H，L相におけるそれを w_L とすれば，モル相転移エントロピー $\Delta_\mathrm{trs} S_m$ $(= \Delta_\mathrm{trs} H / T_\mathrm{trs})$ とこれらの状態数は，

$$\Delta_\mathrm{trs} S_m = k_\mathrm{B} \ln \frac{w_\mathrm{H}^{N_A}}{w_\mathrm{L}^{N_A}} = N_A k_\mathrm{B} \ln \frac{w_\mathrm{H}}{w_\mathrm{L}} = R \ln \frac{w_\mathrm{H}}{w_\mathrm{L}} \tag{5-32}$$

の関係を持つことになる（R は気体定数）。たとえば，結晶化溶媒の配向について $w_\mathrm{L} = 1$（配向に乱れがない），$w_\mathrm{H} = 2$（対称性で関係づけられる2方向に乱れている）場合，相転移エントロピーのうちの $R\ln 2$（$\approx 5.8 \mathrm{~J~K^{-1}~mol^{-1}}$）は配向の乱れによるものであり，実測された相転移エントロピーが誤差の範囲内でこれと一致していれば，（結晶化溶媒の配向に関する）秩序–無秩序転移と結論できる。逆に，実測の相転移エントロピーが配向の無秩序化から期待されるよりはるかに大きければ，他の自由度が本質的にかかわることが明らかになる。たとえば，スピンクロスオーバー現象における格子振動の重要性を指摘した徂徠らの有名な研究[20]はこうした論理に立脚している[†3]。

[†3] 他の自由度との関わりがどのようなものか（両方の自由度が存在すれば良いのか強い相互作用が必要かなど）についてこれだけの論理では何もいえない。

5 熱 測 定

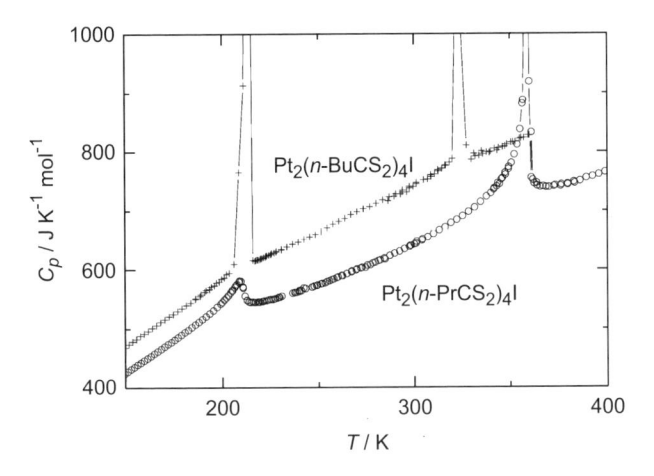

図 5-15 Pt$_2$(n-PrCS$_2$)$_4$I と Pt$_2$(n-BuCS$_2$)$_4$I の熱容量

エントロピーの解析の実例をあげよう。MMX 型の Pt 錯体 Pt$_2$(RCS$_2$)$_4$I (R：アルキル基) を取り上げる。MMX 錯体は低次元化合物としてその物性に興味が持たれ，これまでに多くの研究が行われてきた[21]。Pt$_2$(n-PrCS$_2$)$_4$I と Pt$_2$(n-BuCS$_2$)$_4$I には 3 相が知られている[22,23]。室温相は一次元鎖方向に 3 ユニットの錯体を含む(3 倍周期)。1 ユニットだけが構造の乱れを示している。乱れは 2 種類あり，1 つは Pt 原子に配位した CS$_2$ 部分が一次元鎖に対してどちら側に倒れるかであり，同様の乱れは Pt$_2$(MeCS$_2$)$_4$I [Pt$_2$(dta)$_4$I と書くことが多い] でも見出されている。もう 1 つの構造乱れは外側のアルキル基がそれぞれ 2 つの配座を持つことである。温度を下げると 2 倍周期で構造的に乱れのない低温相に相転移する。この構造は熱力学第三法則の予想に一致しているといえる。一方，室温から温度を上げると，1 倍周期の高温相に相転移する。高温相ではブチル基の構造乱れは無くなり，CS$_2$ 部分の配向乱れのみが観測される[22,23]。

2 つの化合物について熱容量を測定した結果を図 5-15 に示す[24,25]。熱異常の形も温度も異なるが，低温相-室温相-高温相という相転移が明瞭に捉えられている。こうして決定された相転移による過剰エントロピー（転移エントロピー）をまとめたのが表 5-2 である。表中，太字で示した数字はその相転移で構造変化だけが起きている場合，斜体はその相転移で磁性などにも変化が見ら

表 5-2 $Pt_2(RCS_2)_4I$ の相転移エントロピーと構造モデルに基づくエントロピーの比較 太字は構造のみに変化が見られる相転移の転移エントロピー，斜体は他の性質（磁性・伝導性）にも変化が見られる相転移の転移エントロピー

	低温相	室温相	高温相
Alkyl	0	$R(\ln 2^4)/3$	0
$-CS_2$	0	$R(\ln 2^4)/3$	$R\ln 2^4$
Total	0	$R(\ln 2^4 \cdot 2^4)/3$	$R\ln 2^4$
$\Delta S_{disorder}$ / J K^{-1} mol^{-1}		15.36	7.68
$Pt_2(n\text{-}PrCS_2)_4I$		**14.6**	*10.1*
$Pt_2(n\text{-}BuCS_2)_4I$		*20.1*	**7.46**

れる場合である。CS_2 部分とアルキル基がそれぞれ独立に構造解析で報告されている乱れを持つと考えた場合に期待されるエントロピー変化（$\Delta S_{disorder}$）も示してある。構造だけに変化が見られる場合のエントロピー変化は期待される大きさとほぼ同じかわずかに小さく，他の物性変化を伴う相転移のエントロピー変化は期待される大きさより大きい。このことは，エントロピーの解析によって，結晶中の 1/3 の錯体ユニットのみが構造乱れを示すという一見奇妙な構造解析結果の妥当性が確認されたことを意味している。さらに，適切な構造モデルを用いれば，構造変化による大きなエントロピー変化と同時に現れる磁性などの物性異常によるわずかなエントロピー変化を実験的に分離できることをも示している。

　複数の粒子が強い相関を持って運動を行うとき，それらが独立に運動している場合に比べて小さなエントロピーを持つことになる[26]。たとえば，2つの配向（＋と－）を持つ2個の粒子が独立に運動するとき，状態の数は 2×2 = 4（＋＋，＋－，－＋，－－）であるが，2個の粒子の運動が強く相関するとき，状態の数は半分の 2 になる［相互作用の符号により（＋＋，－－）あるいは（＋－，－＋）］。これが秩序-無秩序転移で起きる場合，高温無秩序相の構造解析では各粒子が二つの配向に乱れているという結果が得られるのが普通であり，運動の相関は構造化学的な考察から推論されることになる。エントロピーを定量できれば相関がある場合とない場合ははっきりと区別される。再び MMX 錯体を取り上げる。$Pt_2(MeCS_2)_4I$ は室温以上で CS_2 部分の配向（傾斜）が乱れた構造に相転移するが，先の $Pt_2(n\text{-}BuCS_2)_4I$ や $Pt_2(n\text{-}PrCS_2)_4I$ とは異なり，その

エントロピー変化はおよそ $R \ln 2$ しかない[27]。錯体1ユニットには4個の配位子が配位しているので，4個の配位子について二通りしか「配向」がないことになる。他の錯体ユニットとの間に強い相互作用は期待できないので，相転移エントロピーの大きさから1つのユニットを構成する4個の CS_2 部分が協同的に「右ねじれ」と「左ねじれ」の二通りの状態のみをとっていることが結論される。

5-2-6 磁気熱容量

磁性は角運動量に関係した性質である。3d 遷移金属とそのイオンでは一般にスピン軌道相互作用より結晶場が大きく電子スピンだけを考えることができる。希土類などでは逆にスピン軌道相互作用が大きく，全角運動量が良い量子数となって J 多重項を形成し，通常は最低エネルギーの J 多重項の結晶場分裂を考えればよい。この場合も実効的なハミルトニアンはスピンを用いて書き表すことができる。以下では，J 多重項の取り扱いも含めた意味で，有効スピン s を用いて表記を行う。磁性にかかわる物性の詳細は他著を参照されたい[28]。

スピン間の相互作用を考えなくて良い場合には，有効スピン s を持つ1原子のエネルギー準位は結晶場によって $(2s+1)$ 個に分裂する。このため，これらのうちの最高エネルギーまでが励起されるような高温では，スピンによるエントロピーは原子数を N として，

$$S = N k_B \ln(2s+1) \tag{5-33}$$

となる。

1原子のエネルギー準位が，エネルギー e_i ($e_i < e_{i+1}$ とする)，縮重度 g_i の組に分かれたとすると，(1粒子についての) 分配関数 z は，

$$z = \sum_i g_i \exp\left(-\frac{e_i}{k_B T}\right) \tag{5-34}$$

と計算でき (ただし $\sum_i g_i = 2s+1$)，これから熱容量 c_{mag} は，

$$C_{mag} = \frac{1}{k_B T^2}(\langle e^2 \rangle - \langle e \rangle^2) \tag{5-35}$$

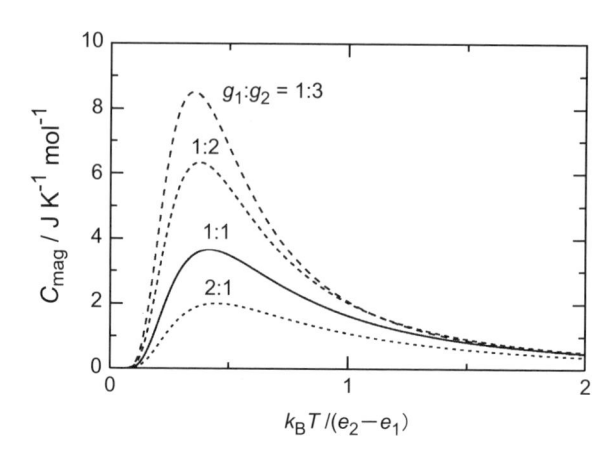

図 5-16　2 準位系の Schottky 熱容量

と計算できる。ただし $<e^2>$ と $<e>$ は，

$$\langle e^2 \rangle = \frac{1}{z} \sum_i e_i^2 g_i \exp\left(-\frac{e_i}{k_B T}\right) \tag{5-36}$$

$$\langle e \rangle = \frac{1}{z} \sum_i e_i g_i \exp\left(-\frac{e_i}{k_B T}\right) \tag{5-37}$$

である[†4]。式 (5-35) から熱容量は，$T \ll (e_2-e_1)/k_B$ では指数関数的に 0 になり，また $T \gg (e_{max}-e_1)/k_B$ では T^{-2} に比例して 0 に近づく。中間温度では極大を示す。このような，有限のエネルギー準位が関係したブロードな熱異常を（熱容量の）Schottky 異常とか Shottky 熱容量という。

　測定した全熱容量から磁気熱容量を曖昧さ無く求めることができれば，磁気的な相互作用を考えなくて良い物質では，磁気熱容量曲線の解析を通じてエネルギー準位を決定できる可能性がある。実際には格子熱容量の見積もりが困難なため，完全な解析は難しいことが多い。しかし，最低励起準位については，かなり信頼できる情報を得ることができる。図 5-16 に 2 準位系の熱容量を示す。$k_B T/(e_2-e_1) \approx 0.4$ 付近に極大がある。極大の大きさそのものは縮重度に大きく依存しているが，極大を示す温度は縮重度が変化してもあまり変化しな

[†4] 式 (7-35) ～ 式 (7-37) はスピン系に限らないまったく一般的な表式である。

い。これからSchottky異常を捉えることができれば基底準位と第一励起のエネルギー準位の間隔を，比較的小さな曖昧さで決定できることがわかる。

スピン間に相互作用が働く場合にはハミルトニアンは，

$$H = -\sum_{\langle i,j \rangle} J_{ij}[\alpha(s_{ix}s_{jx}+s_{iy}s_{jy})+\beta s_{iz}s_{jz}] \tag{5-38}$$

のようなものになる。ここで和は2つのスピン s_i（$=(s_{ix}, s_{iy}, s_{iz})$）と s_j の組についてとる。J_{ij} が正であれば，同じ向きを向く方がエネルギーが低く，スピンは揃う傾向を持つ。これを強磁性的相互作用という。逆に，J_{ij} が負では，スピンは逆向きである方がエネルギーが低くなる。これを反強磁性的相互作用という。相互作用がクラスター内に限られる場合には，ハミルトニアンを対角化して得られるエネルギー固有値を使って式 (5-35)〜式 (5-37) にしたがって熱容量を計算することができることになる。つまり，熱容量曲線の解析によってエネルギー準位とそれをもたらす磁気相互作用を明らかにできる可能性がある。

相互作用が結晶全体にわたる場合には秩序状態が形成される可能性がある。直感的には，強磁性相互作用のみが働く場合には低温ではスピンがすべて揃った状態が安定で，高温ではスピンの配列が乱れた常磁性状態が実現すると期待できる。2つの状態を分ける境界として相転移が存在する可能性がある。反強磁性的相互作用が働く場合の秩序状態については単純な予想は難しい[†5]。エントロピーについては相互作用がない場合と同じで，十分高温では1原子あたりスピン多重度で決まるエントロピーとなる。

式 (5-38) で $\alpha = 0$ $(\beta = 1)$ としたモデルをIsingモデル，$\alpha = \beta = 1$ としたモデルをHeisenbergモデル，$\alpha \neq \beta \neq 0$ を異方的Heisenbergモデル，$\beta = 0$ $(\alpha = 1)$ としたモデルをXYモデルという。現実の磁性を扱う上でXYモデルは一般的ではないから，以下ではIsingモデルとHeisenbergモデルについて取り上げる。

物質科学の対象となる現実の物質は必ず三次元空間に存在しているが，磁気的な相互作用など特定の自由度に注目したとき，実効的に三次元よりも低い次元を持つことがある。とくに，低次元磁性では，結晶構造から予想される次元

[†5] たとえば奇数員環が可能ならスピン間の相互作用のためスピン配置につじつまが合わなくなる。これを幾何学的フラストレーションがあるという。

と磁気物性から結論される磁気的空間次元が異なる場合もある。この意味で，磁気的空間次元は実験してみないと決定できないという側面を持つ。

スピン系については理論的な取り扱いの容易さから低次元スピン系について数多くの研究が行われている。たとえば，Ising モデルで期待される熱容量の格子次元（相互作用の異方性）に対する依存性は図 5-14 のようである。低次元になるほど相転移温度より高温側の熱容量の裾が大きくなることがわかる。この傾向は Heisenberg モデルでも同様である。こうした傾向は一般に次元が高いほど格子点のまわりの隣接スピン数が増えてゆらぎが小さくなることと関係している。実際，磁気的空間次元が同じでも隣接スピン数が小さくなるとゆらぎが大きくなることが知られている [29]。

規則格子上に配列した最近接相互作用するスピン系の相転移に関しては以下のような知見が得られている。

① 一次元系は相転移を示さない（スピン系に限らない）
② Ising 系は二次元以上では相転移を起こす[†6]
③ Heisenberg 系は三次元以上で相転移を起こす

相転移温度のごく近く（臨界領域）では特徴的な熱容量の発散が見られることが知られているが，これを観測するには温度分解能の高い交流（ac）法を用いる必要がある。

相転移近傍の最も興味ある温度領域では熱容量の解析的な計算は，ある種の Ising モデルを除くと不可能であるが，高温と極低温では近似的な計算が可能である。このうち，磁気的相互作用が問題とならない高温では相互作用のないスピンの集まりと同等であるから，エネルギー準位の有限性に由来する T^{-2} に比例する熱容量が得られる。この性質は磁気熱容量の分離に際して利用することがある。低温では，Ising モデルと Heisenberg モデルではまったく挙動が異なる。Ising モデルでは 1 スピンの反転に有限のエネルギーが必要なので低温極限では熱容量は指数関数的に小さくなる。一方，Heisenberg モデルでは，隣接するスピンの為す角度の波であるスピン波を無限小のエネルギーで励起できる。このため，Heisenberg 磁性体の低温熱容量は温度の巾に比例するよう

[†6] ある種の格子上の二次元 Ising モデルでは分配関数が解析的に得られている。図 7-14 の $J_x = J_y = J_z$ はその例。

になる。スピン波の分散関係（エネルギー e とスピン波の波数 q の関係）は，自発磁化のある強磁性状態やフェリ磁性状態では $e \propto q^2$ であるのに対し，反強磁性状態では $e \propto q$ である。このため，熱容量の温度依存性は磁気次元を d とすると，強磁性体（フェリ磁性体を含む）では $C_{sw} \propto T^{d/2}$，反強磁性体では $C_{sw} \propto T^d$ となる。これらの依存性は三次元反強磁性の場合を除き，三次元結晶の格子熱容量の温度依存性より小さい巾を持つから，低温では主要な寄与となり，解析は比較的簡単である[30,31]。

格子振動による熱容量への寄与が T^3 で表されるような低温では，スピン波による寄与とあわせ熱容量は，β と δ を定数として，

$$C = \beta T^3 + \delta T^{\frac{d}{n}} \tag{5-39}$$

のように表せる。これは，

$$CT^{-\frac{d}{n}} = \beta T^{\left(3-\frac{d}{n}\right)} + \delta \tag{5-40}$$

と変形できるから，$CT^{-\frac{d}{n}}$ を $T^{\left(3-\frac{d}{n}\right)}$ に対しプロットすると，仮定した（支配的）相互作用［強磁性（$n=2$）か反強磁性（$n=1$）］と磁気的空間次元（d）が正しければ直線が得られ，傾きから β，切片から δ を決定できる。磁性体の熱容量測定には，磁場を印加することなく秩序状態の情報が得られ，非常に低エネルギーの励起を検出できるという特徴がある。

磁性体に磁場を印加すると，一般に磁場により作られる秩序が高温まで安定となる。強磁性体では磁場があると（完全な）常磁性状態がとれなくなるため特異点としての相転移は消失する。しかし，秩序状態は安定化するから熱容量の極大は磁場の増大につれて高温側へ移動する。一方，反強磁性体では，反強磁性秩序は（磁場で）分極した状態と競合するから，相転移は磁場印加と共に低温側へシフトする。その一方で分極した低エントロピー状態は高温まで安定に存在するようになるから熱容量の極大が現れるようになり，この極大は磁場の増大につれて高温側へ移動する。有機ラジカルについて報告されている実例を図 5-17 に示す[32]。この例では同じ物質の結晶多形が強磁性と反強磁性の両方の秩序状態をとり得るが，上述の傾向が明瞭に捉えられている。

磁性原子の位置に乱れがある場合には低温でも強磁性・反強磁性といった秩

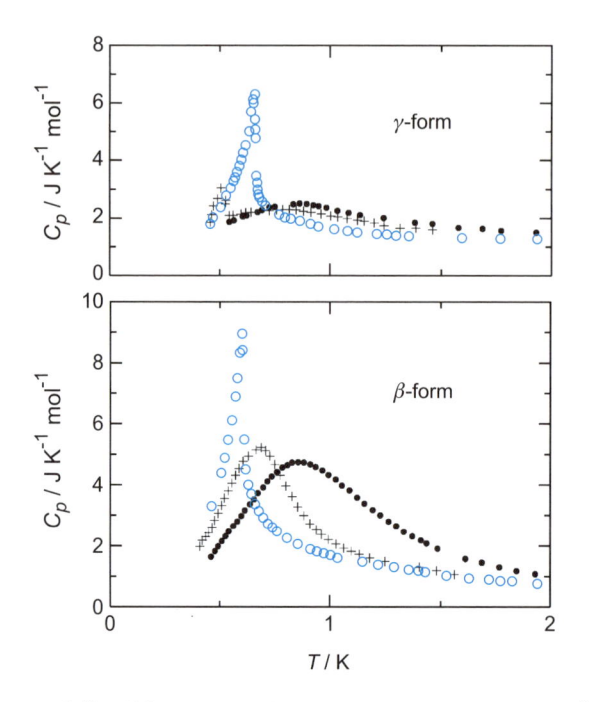

図 5-17　有機ラジカル p-NPNN（p-nitrophenyl nitronyl nitroxide）の熱容量 [32]　強磁性の β 型では無磁場（○）から磁場が大きくなる（+→●）につれブロードな極大が高温側へ移動する。反磁性の γ 型では磁場中でも反強磁性転移は存在するが，相転移とは別の熱容量の極大は磁場につれて高温側へ移動する

序状態が実現しない場合がある。スピングラスがそれである。スピングラスでは熱容量にカスプが現れることが知られている。

5-2-7　ガラス転移について

ギブズエネルギーを適当な座標（分子配置など）の関数としてプロットしたとき（図 5-18），極小となっている状態（a）と（b）が平衡状態である。極小が複数ある場合には，いずれに対しても平衡状態を考えることができる。ギブズエネルギーの「高い（平衡）状態」(b) は「低い（平衡）状態 (a)」に対し準安定であるという。

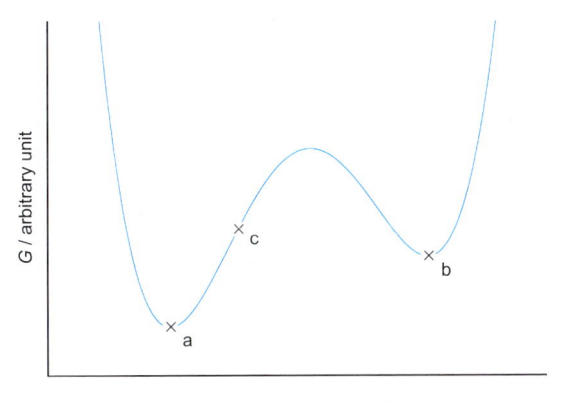

5 熱測定

図 5-18 平衡状態 (a と b) と非平衡状態 (c)

　これに対しプロットが傾きを持つ状態 (たとえば (c)) は, ギブズエネルギーが極小でないために自発的に変化が起こるはずであり, 非平衡状態である。しかし, 分子運動が遅くなって観測時間内に系が平衡状態に到達できなくなると, プロットに傾きのある状態があたかも"安定"に存在しているように見えてしまう。この"安定"な状態をガラス状態という。ガラス転移は平衡状態から非平衡状態への移行という特異な現象である。ガラス転移現象の研究では観測時間が極めて重要であり, それが長いほど低いガラス"転移点"が得られることになる。このような挙動は時間 (あるいは周波数) に依存した実験, たとえば熱容量分光法によって確認することができる。凍結した非平衡状態がどのような平衡状態の近傍にあるかは一意的ではないから, 同じ物質が (巨視的に見て異なる) 複数のガラス状態をとる可能性があることがわかる。さらに, 物質には数多くの自由度が存在するから, 単一の物質が複数回のガラス転移を示す可能性もある[33]。ガラス状態の物質は熱力学第二法則に反し 0 K において有限のエントロピーを持つように見える[†7]。これを残留エントロピーとか残余エントロピーという。

[†7] 熱力学第二法則は熱力学平衡状態を対象としているから, (非平衡状態の) ガラスが見かけ上, 第二法則に反することは, 熱力学の破綻を意味するわけではない。

参考文献

1) S.C. Mraw, *Rev. Sci. Inst.*, **53**, 228 (1982).
2) Y. Saito, K. Saito, T. Atake, *Thermochim. Acta*, **99**, 299 (1986).
3) Y. Saito, K. Saito, T. Atake, *Thermochim. Acta*, **107**, 277 (1986).
4) Y. Saito, K. Saito, T. Atake, *Thermochim. Acta*, **104**, 275 (1986).
5) A. Toda, M. Hikosaka, *Thermochim. Acta*, **436**. 15 (2005).
6) G.W.H. Höhne, H.K. Cammenga, W. Eysel, E. Gmelin, W. Hemminger, *Thermothim. Acta*, **160**, 1 (1990).
7) 神本正行, 高橋義夫, 熱測定, **13**, 9 (1986).
8) 早川禮之助, 伊藤耕三, 木村康之, 岡野光治, 「非平衡系のダイナミクス入門」培風館 (2006).
9) たとえば, 小澤・吉田編, 「最新熱分析」, 講談社サイエンティフィク (2005).
10) K. Honda, *Sci. Rep. Tohoku Imp. Univ., Ser 1*, **4**, 97 (1915).
11) L. Erdey, F. Paulik, J. Paulik, Hangarian Patent No. 152197 (1962).
12) J. Rouquerol, *Bull. Soc. Chim. Fr.*, 31 (1964).
13) H. Kawaji, K. Saito, T. Atake, Y. Saito, *Thermochim Acta*, **127**, 201 (1988).
14) K. Uemura, K. Saito, S. Kitagawa, H. Kita, *J. Am. Chem. Soc.*, **128**, 16122 (2006).
15) K. Saito, Y. Yamamura, *J. Therm. Anal. Calorim.*, **92**, 391 (2008).
16) 小澤丈夫, 熱測定, **31**, 125 (2004); 31, 194 (2004).
17) 好本芳和, 阿竹徹, 千原秀昭, 熱測定, **9**, 57 (1982).
18) J. S. Hwang, K. Lin, and C.Tien, *Rev. Sci. Instrum.*, **68**, 94 (1997).
19) N.O. Birge, *Phys. Rev. B*, **34**, 1631 (1986).
20) M. Sorai, S. Seki, *J. Phys. Chem. Solids*, **35**, 575 (1972).
21) M. Yamashita, S. Takaishi, A. Kobayashi, H. Kitagawa, H. Matsuzaki, H. Okamoto, *Coord. Chem. Rev.*, **250**, 2335 (2006).
22) M. Mitsumi, K. Kitamura, A. I. Morinaga, Y. Ozawa, M. Kobayashi, K. Toriumi, Y. Iso, H. Kitagawa, T. Mitani, *Angew. Chem.*, **41**, 2767 (2002).
23) M. Mitsumi, S. Umebayashi, Y. Ozawa, K. Toriumi, H. Kitagawa, T. Mitani, *Chem. Lett.*, 258 (2002).

24) S. Ikeuchi, K. Saito, Y. Nakazawa, A. Sato, M. Mitsumi, K. Toriumi and M. Sorai, *Phys. Rev. B*, **66**, 115110 (2002).
25) S. Ikeuchi, K. Saito, Y. Nakazawa, M. Mitsumi, K. Toriumi, M. Sorai, *J. Phys. Chem. B*, **108**, 387 (2004).
26) K. Saito, Y. Yamamura, *Thermochim. Acta*, **431**, 21 (2005).
27) Y. Miyazaki, Q. Wang, A. Sato, K. Saito, M. Yamashita, H. Kitagawa, T. Mitani, M. Sorai, *J. Phys. Chem. B*, **106**, 197 (2002).
28) たとえば, 金森順次郎,「磁性」, 培風館 (1969).
29) T. Hashiguchi, Y. Miyazaki, K. Asano, M. Nakano, M. Sorai, H. Tamaki, N. Matsumoto, H. Ôkawa, *J. Chem,. Phys.*, **119**, 6856 (2003).
30) L.J. de Jpngh, A.R. Miedema, *Adv. Phys.*, **23**, 1 (1974).
31) 豊富な実例は, 徂徠道夫,「相転移の分子熱力学」, 朝倉書店 (2007).
32) Y. Nakazawa, M. Tamura, N. Shirakawa, D. Shiomi, M. Takahashi, M. Kinoshita, M. Ishikawa, *Phys. Rev. B*, **46**, 8906 (1992).
33) たとえば K. Kishimoto, H. Suga, S. Seki, *Bull. Chem. Soc. Jpn.*, **51**, 1691 (1978).

6 単結晶 X 線構造解析

はじめに

Werner の配位説を契機とする錯体化学の発展に象徴的に示されるように，物質の三次元構造を知ることにより，反応性や物性など，その物質に対する理解は飛躍的に深まる。物質の構造を実験的に求める方法は数多くあるが，単結晶 X 線結晶構造解析は，そのなかで最も重要な手段であるといっても過言ではない。それは，原子の幾何学的配置と直接数学的関係を持つ回折データを解析するため，構造を決定しようとする際に必要となる前提が圧倒的に少ないからである。金属原子が様々な配位数や配位構造をとる錯体においては，物質の構造を予測することが困難な場合が多いので，実験的に構造を求める X 線結晶構造解析の重要性は極めて高い。

一昔前までは，単結晶 X 線構造解析のための測定装置（回折計）の数が限られていた上に，データの解析には大型計算機の利用が必須で，場合によってはユーザーによるプログラミングが必要であった。そのため，X 線結晶構造解析は非常に時間と労力のかかる作業であり，敷居の高いものであった。しかし，測定機器の進化と普及，そしてハードウェア・ソフトウェア両面でのコンピュータの進歩により，X 線構造解析のためのデータ収集および解析は非常に身近なものになりつつある。現在市販されている単結晶 X 線回折計には，データ収集から解析・レポートの作成までを，ほとんど自動的に行う機能を備えたパッケージプログラムが付属している。それを使えば，マウスクリックとわずかなキーボード入力のみで，一通りの解析を行うことが可能になっている。

このように，作業は非常に簡単になってきてはいるが，それにより X 線構造解析の理論自体が簡単になったわけでもなく，わかりやすくなったわけでもない。むしろ，予備的な知識なしに手軽に始められるがゆえに，わかってしまえば単純な結晶学独特の表記法について，不慣れなまま解析を行うことになり，それらの表記が難解な暗号のように思われるという状況が増えている。そのよ

うな好例（悪例？）として，空間群とディスオーダーがあげられるのではないだろうか。いずれも，結晶構造を簡明に表すために非常に便利なものではあるが，独特の流儀にしたがって表記されているため直感的には理解しづらい。

本章では頁数が限られていることもあり，空間群の概要の説明とその記号の解読方法を中心に取り上げることとした。また，可能な限り数式の使用は避け，定性的な説明のみ行った。理論の体系的な理解や，各事項の厳密な導出のためには，章末にあげた参考文献[1～4]を参照していただきたい。

6-1 結晶の対称性

6-1-1 結晶とは何か

固体の物質は，結晶質のものと非晶質（無定形質とも呼ばれる）のものとに大きくわけられる。それらの代表的な例として，図 6-1 に示す水晶とガラスがあげられる。これらはいずれも透明であるが，外形に大きな違いがある。水晶など結晶は，平面で形取られた規則的な外形をしていることが多い。それに対して，ガラスなど非晶質は，不規則な外形をとりやすい。この違いは，物質を構成する原子や分子が，結晶の中では三次元的に周期的かつ規則的に配列しているのに対し，非晶質中の原子や分子の配列には，三次元の周期性や規則性がないことに由来する。結晶における原子・分子の配列の周期性と規則性は，「対称性」として統一的に扱うことができる。本節では結晶の対称性について考える。

• 結晶とは，原子や分子が三次元に周期的・規則的に配列したものである

図 6-1 水晶とガラス

6-1-2 結晶格子

結晶の持つ三次元の周期性は，結晶格子により表される．図 6-2 に分子が二次元に周期的に配列した仮想的な構造を示す．その周期を考えるときには，この図形の中から任意の点を 1 点選び出し，その点と向きまで含めて，まわりの環境が等しい（すなわち，平行移動によって重ね合わせられる）点がどのように配列しているかを考える．たとえば，図中の分子 A 中の黒矢印で示した原子を選んで周期性を考えてみよう．分子 A 中の青矢印で示した 3 つの原子は，分子 A の中だけで考えれば黒矢印で示した原子と等価であるが，平行移動して黒矢印で示した原子に重ねると，図形全体は重ね合わせられない．分子 A とは向きが異なる分子 A*（およびそれを平行移動させた分子 A** など）中の青矢印で示した原子についても同様である．したがって，図 6-2 の周期を求めるためには，分子 A と同じ方向を向いた分子 A', A" などの黒矢印で示した原子の現れる周期を考える．この例では，周期を見つけるために分子 A 中の黒矢印で示した原子を選んだが，分子 A や分子 A* 中の別の適当な原子を選んでも良いし，結合の中点を選んで考えても良い．また，原子や分子が存在しない点であっても，まわりの構造が方向まで含めて等しい点を選んでやれば，それをもとに周期を考えることができる．

このようにすることにより，図 6-2 の例では二次元的に，実際の結晶では三次元的に規則正しく並んだ点の集合が得られる．これをその結晶の「結晶格子」といい，各点を「格子点」と呼ぶ．これまでの議論から明らかなように，格子点は必ずしも原子の位置と一致させる必要はない．

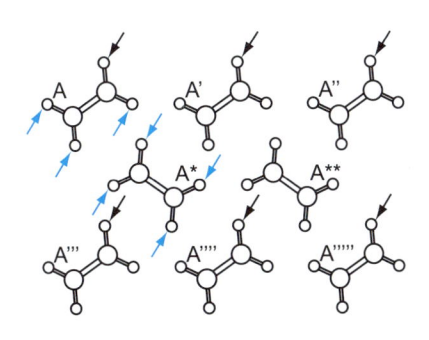

図 6-2 仮想的な分子の二次元配列

結晶格子は，格子点を結ぶベクトルから3本のベクトル$\bm{a}, \bm{b}, \bm{c}$を選んで表現する[†1]。それぞれをa軸，b軸，c軸とよび，$\bm{b}$と$\bm{c}$のなす角をα，$\bm{c}$と$\bm{a}$のなす角をβ，$\bm{a}$と$\bm{b}$のなす角をγと定義する。各軸の長さa, b, cとそれらのなす角α, β, γを格子定数（lattice constants）という。格子点を頂点として，3本のベクトル$\bm{a}, \bm{b}, \bm{c}$を稜とする平行六面体を，単位胞（unit cell）という[†2]。単位胞の8つの頂点のみに格子点を持つ格子を単純格子（primitive lattice）といい，記号Pで表す。一方，単位胞の側面や内部にも格子点を持つ格子を複合格子（centered lattice）という。複合格子には，ab面の中心に格子点を持つC底心格子，bc面の中心に格子点を持つA底心格子，ca面の中心に格子点を持つB底心格子，ab, bc, caすべての面の中心に格子点を持つ面心格子，平行六面体の中央に格子点を持つ体心格子，三方晶系のみに見られる菱面体格子があり，それぞれC, A, B, F, I, Rという記号で表す。図6-3にそれらの例を示す。

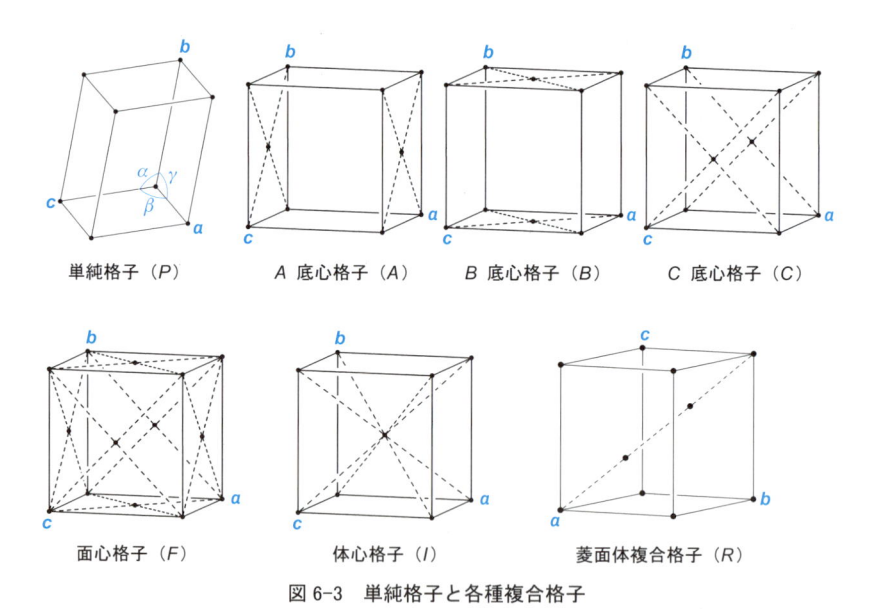

図6-3　単純格子と各種複合格子

[†1] $\bm{a}, \bm{b}, \bm{c}$は同一平面上になく，右手系を作る（$\bm{a}, \bm{b}, \bm{c}$が右手の親指，人差し指，中指に対応するような位置関係になる）ように選ぶ。その条件は，ベクトルの外積と内積を使うと$(\bm{a} \times \bm{b}) \cdot \bm{c} > 0$という不等式で表される。なお，本章ではベクトルは$\bm{a}, \bm{b}, \bm{c}$のように，太字斜体で表す。
[†2] 「単位格子」の語も用いられるが，本章では「単位胞」の語を用いる。

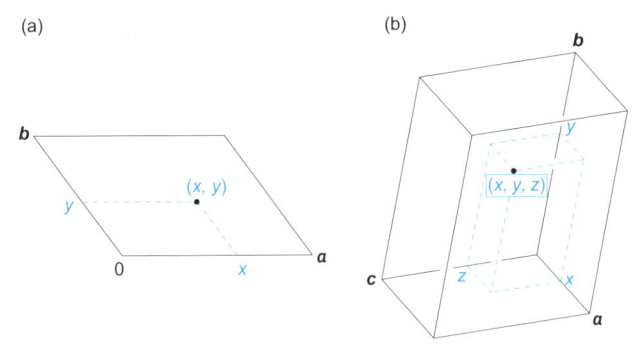

図 6-4 分率座標の求め方
(a) 二次元での例，(b) 三次元での例

単位胞内の点は，図 6-4 に示すように，単位胞の原点とその点を結ぶベクトル p を，a, b, c を用いて，

$$p = x\,a + y\,b + z\,c$$

と表したときの成分 x, y, z を用いて表す。これを分率座標 (fractional coordinate) という。分率座標を用いれば，単位胞内の点に対しては $0 \leq x < 1$, $0 \leq y < 1$, $0 \leq z < 1$ となる。単位胞の原点は (0, 0, 0)，体心の位置は (0.5, 0.5, 0.5) と表される。

結晶格子は，結晶の対称性にしたがって分類され，それに応じて a 軸，b 軸，c 軸をどの方向に取るかについての取り決めがある。そこで，結晶格子の分類について考える前に，対称性について考えてみよう。

- 結晶中で，まわりの構造が方向まで含めて等しい点の集合を結晶格子という
- 結晶格子は結晶の周期性を表し，格子定数 $a, b, c, \alpha, \beta, \gamma$ と複合格子の型 P, A, B, C, F, I, R を用いて記述される

6-1-3 対称性，対称操作と対称要素

物体を回転させたり鏡に映したりすることによって，もとの物体に重ね合わせることができるとき，その物体には対称性があるといい，その操作をその物体の対称操作 (symmetry operation) という。対称操作を行う際に基準となる

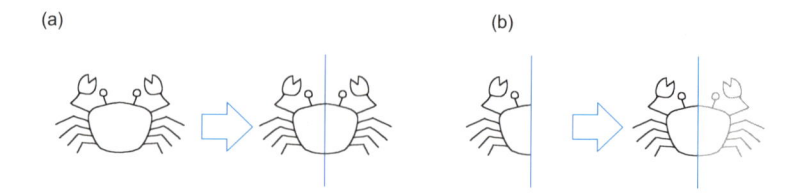

図 6-5 対称要素を持つ図形から対称要素を見つけだす例（a）と，非対称単位と対称要素から残りの部分を導き出す例（b）

点・線・面などを対称要素（symmetry element）といい，対称操作により関係づけられる点を等価点という。

図 6-5(a) では青で示した直線を通って紙面に垂直に鏡を置けば，図の右半分は左半分に，左半分は右半分に重ね合わせられ，図全体はそれ自身に重ね合わせられる。したがって，この鏡に映すという操作は図 6-5(a) の対称操作であり，鏡の面は図 6-5(a) の対称要素である。このとき，図 6-5(a) は鏡面対称性を持つという。

逆に，鏡面があることが最初からわかっていれば，図 6-5(b) に示すように，図の左半分を使って図の右半分を作り出し，全体の図形を再現することができる。一般に，対称性のある図形では，対称要素の配置に応じて，全体を再構成するために必要十分な領域が決まっている。そのような領域のことを，独立な空間または非対称単位という。対称要素の配置と，独立な空間における物体の配置とがわかっていれば，図形全体を再構成することができる。

結晶構造解析では，まず結晶中の対称要素の配置（6-1-7 項で述べる「空間群」により記述される）を決定し，次に独立な空間内の原子の配置を決定することによって，結晶全体の構造を求めていく。

- 対称操作：物体をそれ自身に重ね合わせる操作
- 対称要素：対称操作を行う際に基準となる点・線・面
- 等価点：対称操作で互いに関係づけられる点
- 独立な空間：対称操作によって関係づけられることのない点が存在する範囲

6-1-4 対称操作の分類

対称操作は，掌性を保存するものと反転するもの，不動点を持つものと持たないものという2つの観点をもとに4種類に分類できる。

(1) 掌性を保存する対称操作と掌性を反転する対称操作

図6-6に，片方のはさみを開いた蟹の絵2つからなる図形を2種類示す。図6-6(a)は，青丸で示した点を通り紙面に垂直な軸のまわりで180°回転することにより，それ自身に重ねられる。この図では，左右の蟹はいずれも右のはさみを閉じ，左のはさみを開いている。このように，右手は右手に，左手は左手に対応づける対称操作のことを「掌性を保存する対称操作」という。それに対し，図6-6(b)は，青線を通り紙面に垂直な鏡面を持つ。こちらでは，左側の蟹は左のはさみを開いているのに対し，右側の蟹は右のはさみを開いている。このように，右手に左手を，左手に右手を対応づける対称操作のことを「掌性を反転する対称操作」という。

光学活性を示す物質（キラルな化合物）の結晶においては，掌性を反転する対称要素を持つかどうかが重要な意味を持つ。一方の鏡像体のみが結晶を作る場合，その結晶は掌性を反転する対称要素を持たない。掌性を反転する対称要素を持つ結晶が得られた場合，それは互いに鏡像異性体の関係にある2種類の化合物を1:1の比で含むラセミ結晶である。

(2) 不動点を持つ対称操作と不動点を持たない対称操作

図6-6(a)に示した回転操作や，図6-6(b)に示した鏡に映す操作では，それぞれ回転軸上の点や鏡面上の点は，対称操作により動かない。このような点を

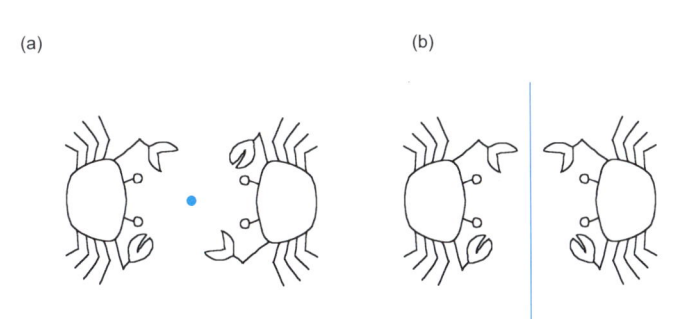

図6-6 掌性を保存する対称操作(a)と反転する対称操作(b)

(a)

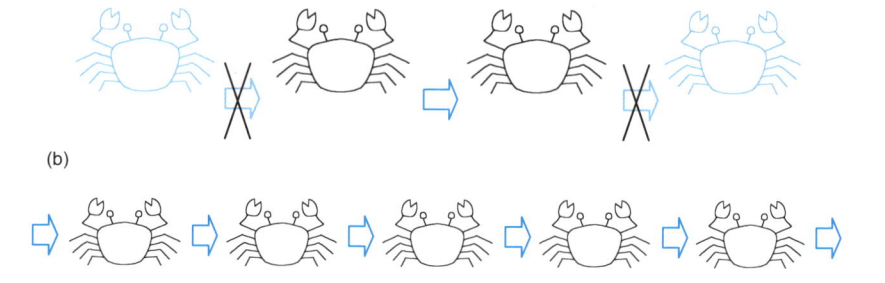

(b)

図 6-7　有限の大きさの図形 (a) と無限に続く繰り返し図形 (b)

対称操作の不動点という．対称操作は物体をそれ自身に重ね合わせる操作であるから，大きさが有限の物体に対して対称操作を施すとき，少なくともその物体の重心は移動しない．したがって，有限の大きさの物体に対する対称操作は，必ず不動点を持つ．

図 6-7(a) は同じ蟹の図を 2 つ並べたものであるので，左側の蟹の図を平行移動させて，右側の蟹の図に重ね合わせることができる．しかし，平行移動により，左側の蟹が移動した後には何もなくなるので，図形全体としては元の図形に重ね合わせられない．それに対し図 6-7(b) のように，無限に同じ図が繰り返されるときには，蟹一匹分（あるいは，二匹分，三匹分・・・）平行移動させることにより，図形全体がそれ自身に重ね合わせられることになる．全体を平行移動させる操作では，移動しない点（不動点）はあり得ない．このように，無限に続く繰り返し図形に対しては，不動点を持たない対称操作[†3]も許される．結晶の大きさは，結晶の繰り返し周期に比べて非常に大きいので，実質的に結晶は無限に続く繰り返し図形と考えて差し支えない．したがって，結晶に対しては，不動点を持たない対称操作も許される．

- **対称操作は，掌性の保存と反転，不動点の有無により，4 種類に分類される**

[†3] 並進を含む対称操作ともいう．

6-1-5　結晶中にみられる対称操作

結晶は，6-1-2 項で述べたように繰り返しの周期性を持つ．したがって，繰り返しの周期性と共存できる対称操作のみが，結晶の対称操作となりうる．本項では結晶中に見られる対称操作を，6-1-4 項で示した分類にしたがって紹介する．

(1) 掌性を保存し，不動点を持つ対称操作

結晶中に見られる，掌性を保存し不動点を持つ対称操作には，2 回，3 回，4 回および 6 回の回転と恒等操作がある．**回転**（rotation）とは文字通り，ある軸のまわりに一定の角度回転させる操作で，360°を回転角度で割った値 N を用いて N 回回転操作と呼ぶ．たとえば，90°の回転操作は 4 回回転操作であり，120°の回転操作は 3 回回転操作である．結晶中では，N = 2, 3, 4, 6 の回転のみが許される[†4]．

N 回回転操作の基準となる回転軸のことを N 回回転軸（N-fold rotation axis）とよび N で表す．特別な場合として「何も動かさない」という操作も対称操作の 1 つとして扱い**恒等操作**と呼ぶ．これは，360°の回転とみなすことができるので 1 で表す．図 6-8 に N = 2, 3, 4, 6 の回転軸を表す記号と，そのまわりの等価点の配置を示す．

(2) 掌性を反転し，不動点を持つ対称操作

結晶中に見られる，掌性を反転し不動点を持つ対称操作には，反転，鏡映，および 3 回，4 回，6 回の回反があり，本章ではこれらを総称して「**広義回反**」と呼ぶ．

反転（inversion）とは，ある点に対して，各点を対称的な位置に持って行く操作を表す．反転の基準となる点のことを反転中心（inversion center）または対称心（center of symmetry）といい $\bar{1}$ で表す．**鏡映**（reflection）とは，文字通り鏡に映す操作である．鏡に相当する面を鏡面（mirror plane）といい，m で表す．**回反**（rotoinversion）とは，回転と反転を組み合わせた操作で，ある軸のまわりの回転に引き続き，その軸上のある点（回反点）に対して反転操作

[†4] このことは，定性的には，正三角形，正方形，正六角形は平面を隙間なく埋めつくすことが可能であるが，正五角形や正七角形などそれ以外の正多角形では平面を隙間なく埋めつくすことができないことで説明できる．

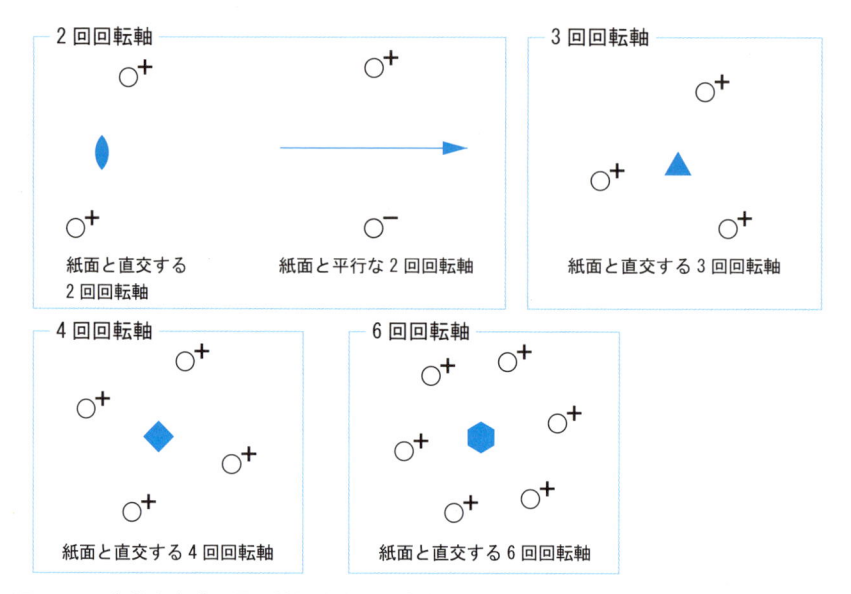

図6-8 回転軸を表す記号。等価点を○で表す。○印の右上の記号は，紙面に対する高さを表す。紙面と直交する方向の分率座標をzとすると，＋を付した点の分率座標が$+z$であるとき，－を付した点の分率座標は$-z$となる。すなわち，＋を付した点と－を付した点とは，紙面を挟んで反対側に，紙面から同じだけ離れた高さにある

を行うものである[†5]。N回回転に引き続いて反転を行う操作をN回回反操作と呼ぶ。N回回反操作の基準となる軸のことをN回回反軸（N-fold rotoinversion axis）と呼び，$\bar{N}$で表す（$\bar{N}$の記号が使用できないときには $-N$ で代用する）。図6-9に$\bar{1}$, m, $\bar{3}$, $\bar{4}$, $\bar{6}$を表す記号と，そのまわりの等価点の配置を示す。

対称心を$\bar{1}$で表すのは，反転操作が$N=1$の回反とみなすことができるためである。鏡映は$N=2$の回反と見なすことができるが，鏡面を表すために$\bar{2}$の記号を用いることはまれで，たいていの場合は記号mを用いる。結晶中で許される広義回反の対称要素$\bar{1}$, m, $\bar{3}$, $\bar{4}$, $\bar{6}$のうち，$\bar{3}$は3回回転軸と対称心（$\bar{1}$）の組み合わせで，$\bar{6}$は3回回転軸とそれに直交する鏡面（$\bar{2}$すなわちm）との組み合わせで実現できるが，$\bar{4}$は他の対称要素の組み合わせでは実現できない。

[†5] 類似の操作に回映（rotoreflection, 回転に引き続き，回転軸に直交する面に対して鏡映させる）があるが，結晶学では回映は用いず回反を用いる。

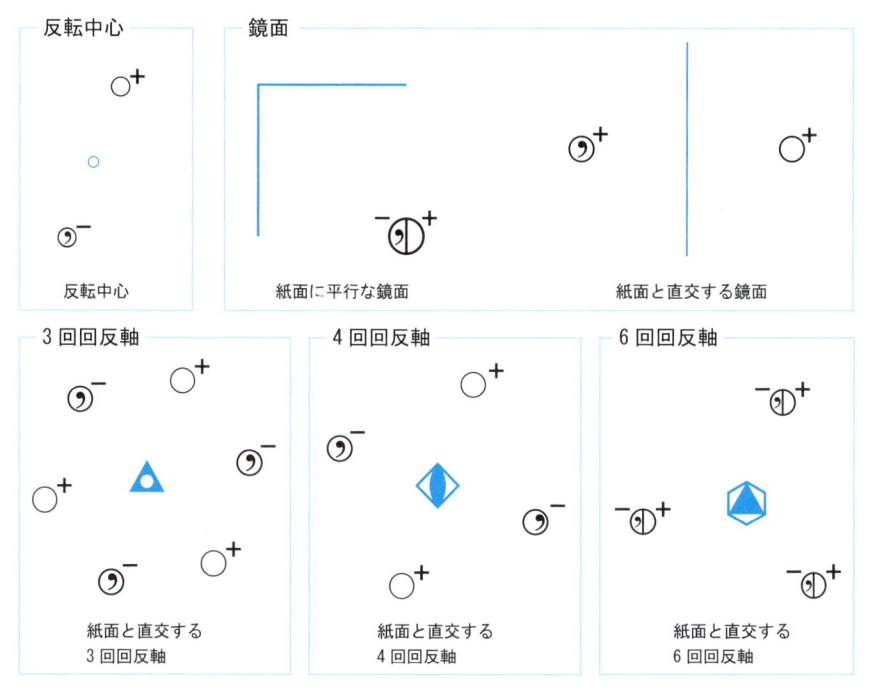

反転中心	鏡面	
	紙面に平行な鏡面	紙面と直交する鏡面

3回回反軸	4回回反軸	6回回反軸
紙面と直交する 3回回反軸	紙面と直交する 4回回反軸	紙面と直交する 6回回反軸

図 6-9 広義回反軸を表す記号

（◉）は○の鏡像体を表し，（◉⁺）は，鏡面の上下に鏡像体が一対あることを示す．反転と鏡映は，「軸」を基準とする操作ではないが，本章では便宜上，広義回反軸に含めて考える

(3) 掌性を保存し，不動点を持たない対称操作

結晶中に見られる，掌性を保存し不動点を持たない対称操作には，並進と2回，3回，4回および6回のらせんがある．

並進（translation）は，平行移動させる操作であり，移動させる距離と方向を表すベクトルを用いて特徴つけられる．結晶は（無限の大きさを持つと仮定すると），任意の格子点を結ぶベクトルに沿った並進により，それ自身に重ね合わせられる．そこで，結晶の示す並進対称を格子並進対称と呼ぶ．

らせん（screw）とは，ある軸のまわりの回転に引き続き，その軸に平行に，格子並進以外の並進を行う操作である[†6]．360°を回転角度で割った値 N を用

[†6] 回転の方向と，平行移動で進む方向の関係は，右ねじを回転させたときにねじが進む方向と同じ向きにとる．

2回らせん軸

紙面と
直交する
2_1 らせん

格子並進周期

紙面に平行な
2_1 らせん

3回らせん軸

紙面と直交する
3_1 らせん

紙面と直交する
3_2 らせん

4回らせん軸

紙面と直交する
4_1 らせん

紙面と直交する
4_2 らせん

紙面と直交する
4_3 らせん

6回らせん軸

紙面と直交する
6_1 らせん

紙面と直交する
6_2 らせん

紙面と直交する
6_3 らせん

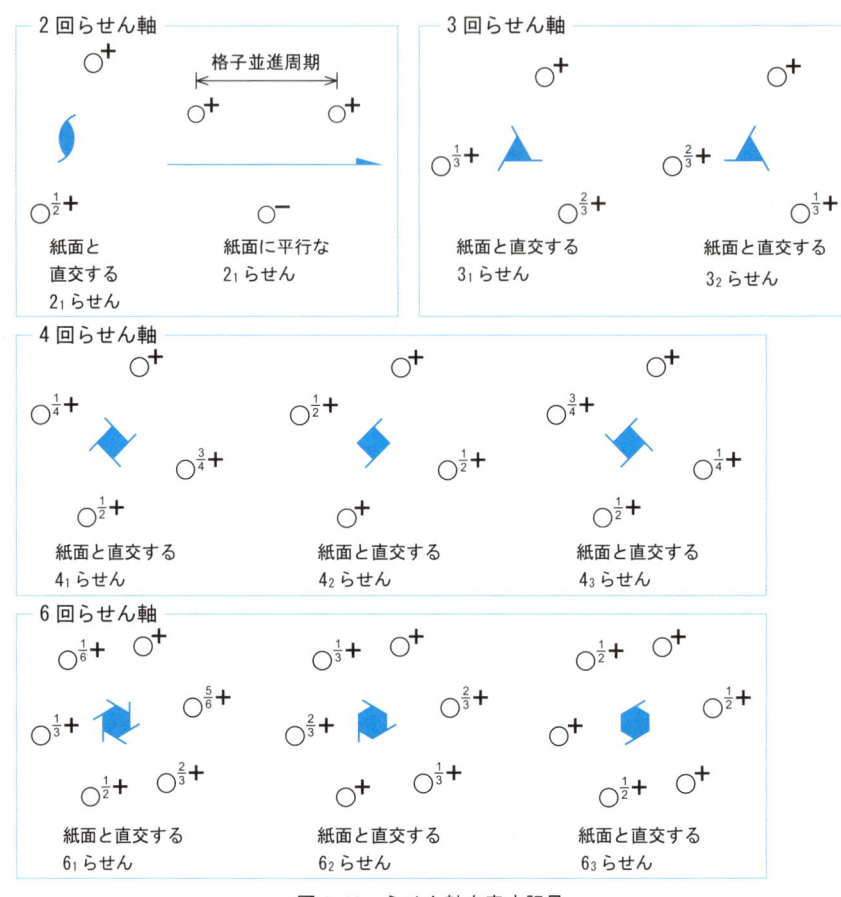

図 6-10 らせん軸を表す記号

○印の上の $\frac{1}{2}$+ などの記号は，紙面に対する高さを表す。紙面と直交する方向の分率座標を z とすると，+ を付した点の分率座標が $+z$ であるとき，$\frac{1}{2}$+ を付した点の分率座標は $\frac{1}{2}+z$ となる。すなわち，$\frac{1}{2}$+ を付した点の紙面に対する高さは，+ を付した点よりも格子並進周期の $\frac{1}{2}$ だけ高い

いて N 回らせんという。回転と同様，結晶中でらせん軸に許される N の値は，2, 3, 4, 6 に限られる。N 回らせん操作を N 回続けて行うと，回転の操作は合計で 360° となるため無視でき，らせん軸方向の純粋な並進操作となる。そのときの並進移動距離を，その方向の格子並進周期で割った値 M を用いて，そのらせんを N_M らせんと呼ぶ。M は N より小さい自然数となる。図 6-10 にら

せん軸を表す記号と，そのまわりの等価点の配置を示す．4_1 らせんと 4_3 らせんなど，N_M らせんと N_{N-M} らせんは逆回りのらせんとなり，互いに鏡像の関係にある．また，4_2, 6_2, 6_4 らせんは二重らせん，6_3 らせんは三重らせんとなる．したがって，4_2, 6_2, 6_4 らせん軸は同時に 2 回回転軸となり，6_3 らせん軸は同時に 3 回回転軸となる．

(4) 掌性を反転し，不動点を持たない対称操作

結晶中に見られる，掌性を反転し不動点を持たない対称操作は，映進のみである．**映進**（glide）とは，ある面に対する鏡映操作に引き続き，その面に平行に格子並進以外の並進を行う操作である．その並進を表すベクトルを映進ベクトル（glide vector）という．映進操作を 2 回続けて行うと格子並進になる．

映進面は，鏡映させる面と並進方向の 2 つにより特徴つけられ，並進方向を示す文字 a, b, c, e, n, d を用いて表記する．鏡映させる面がどちらの方向を向いているか（どの軸と直交するか）は，6-2 節で述べるように，空間群記号の中での順序により表現される．鏡映させる面の方向を明示する必要があるときには「a 軸に直交する b 映進面」などという．

a, b, c の記号はそれぞれ，映進ベクトルが $a/2$, $b/2$, $c/2$ であることを示す（a, b, c は，a 軸，b 軸，c 軸方向の格子並進ベクトル）．記号 e は，映進面に平行な 2 つの結晶軸両方の方向に映進ベクトルが存在することを示す．たとえば，a 軸に直交する e 映進面（二重映進面）は，$b/2$ と $c/2$ の 2 つの映進ベクトルを持つ．2 つの方向の映進を引き続いて行うと $b/2+c/2$ の並進となるため，e 映進面は底心格子のみに許される[†7]．また，記号 n は，映進ベクトルが対角線方向で並進距離がその対角線の長さの 1/2 であることを示す．たとえば，b 軸に直交する n 映進面の映進ベクトルは $a/2+c/2$ である．斜方晶系および立方晶系の面心格子では対角線方向にその 1/4 の長さの並進を行う映進面，正方晶系および立方晶系の体心格子では体対角線方向にその 1/4 の長さの並進を行う映進面がある．これらをダイアモンド映進面といい記号 d で表す．図 6-11 に映進面を表す記号を示す．

[†7] この記号は 1992 年に提案され，それにともなって空間群の名称も変更になったが，以前の名称もまだ使用されている．二重映進面を持つ空間群は *Aem*2（*Abm*2, 39），*Aea*2（*Aba*2, 41），*Cmce*（*Cmca*, 64），*Cmme*（*Cmma*, 67），*Ccce*（*Ccca*, 68）の 5 つである．括弧の中に以前の名称と空間群の番号を示した．

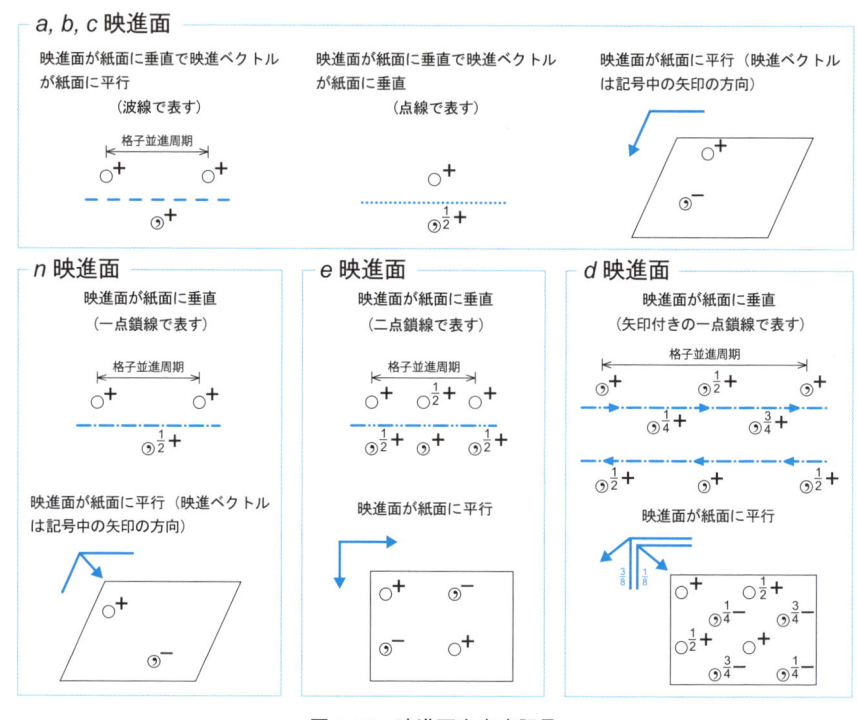

図 6-11　映進面を表す記号

平行四辺形（長方形を含む）は，単位胞の輪郭を示す．d映進面は，互いに異なる方向の映進ベクトルを持つ2枚が組となり，映進面に垂直な格子並進周期の$\frac{1}{4}$の間隔で交互に現れる．〇印の右上の$\frac{1}{4}-$などの記号は紙面に対する高さを表す．紙面と直交する方向の分率座標をzとすると，＋を付した点の分率座標が$+z$であるとき，$\frac{1}{4}-$を付した点の分率座標は$\frac{1}{4}-z$となる

- 掌性を保存し不動点を持つ対称操作：恒等操作，2回，3回，4回，6回回転
- 掌性を反転し不動点を持つ対称操作：反転，鏡映，3回，4回，6回回反
- 掌性を保存し不動点を持たない対称操作：格子並進，2回，3回，4回，6回らせん
- 掌性を反転し不動点を持たない対称操作：a, b, c, e, n, d 映進

6-1-6　結晶点群

結晶中には，複数の対称要素が同時に見られる．そこでまず，不動点を持つ対称操作の組み合せについて考えてみよう．

対称操作を行うと，物体は元の物体と重ね合わせられるので，元の物体と区別がつかなくなる。それに引き続いてもう1回対称操作を行っても，やはり元の物体に重ねられる。最初から通して考えれば，対称操作を2回（あるいはそれ以上）引き続けて行う操作も，その物体の対称操作の1つであることになる。

互いに直交する2本の2回回転軸を持つ物体について考えてみよう。図6-12(a)に示すように，1つめの軸のまわりに2回回転操作を行った後に，もう一方の軸のまわりに2回回転操作を引き続き行なうと，それら2本の軸に直交する軸のまわりに2回回転操作を行うのと同じことになる。したがって，ある物体が互いに直交する2本の2回回転軸を持つときには，それらに直交する3本目の2回回転軸も，必ずその物体の対称要素となる。逆に，ある物体が互いに直交する2本の2回回転軸を持つが，それらに直交する3本目の2回回転軸は持たないということはあり得ない。

また，図6-12(b)に示すように，2回回転操作と，その回転軸に直交する面に対する鏡映操作を続けて行うと，回転軸と鏡面の交点に対する反転操作を行うのと同じことになる。つまり，2回回転軸とそれに直交する鏡面がある場合，その交点は必ず反転中心となる[†8]。

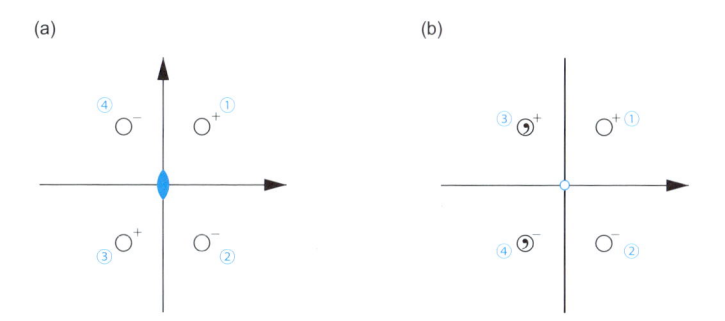

図6-12 (a) 互いに直交する3本の2回回転軸のまわりの等価点の配置。①の点を横方向の2回回転軸で回転させると②の位置にくる。それをさらに縦方向の2回回転軸で回転させると③の位置にくるが，この点は，紙面に直交する2回回転軸のまわりで①の点を180°回転させて得られる点に等しい。回転の順序を逆にしても，①→④→③となり，やはり紙面に直交する2回回転操作と同じことになる。(b) 鏡面とそれに直交する2回回転軸のまわりの等価点の配置。①の点を紙面に平行な2回回転軸で回転させると②の位置にくる。それをさらに紙面に直交する鏡面により鏡映させると④の位置にくるが，この点は，2回回転軸と鏡面の交点を中心として，①に反転操作を行うことにより得られる点に等しい

このように，複数の操作が，ある物体の対称操作となるとき，それらの種類およびお互いの方位には，限られた組み合わせのみが許される．不動点を持つ対称操作の組み合わせを点群と呼び，物体が持つ対称操作が作る点群のことをその物体の対称性と呼ぶ．

結晶中で許される不動点を持つ対称操作（恒等操作, 2, 3, 4, 6 回回転, 反転, 鏡映および 4 回回反）の組み合わせによってできる点群は 32 種類あり，それらを結晶点群（Crystallographic point groups）と呼ぶ．結晶中の任意の点は，これら 32 種の結晶点群のいずれかの対称性を示す．

- **結晶中で許される不動点を持つ対称要素の組み合わせは 32 種類に限られ，それらを結晶点群という**

6-1-7 空間群

結晶中では，前項で考えた不動点を持つものに加え，格子並進を含め，不動点を持たないものも考慮に入れて，対称操作の組み合わせを考えることになる．

最初の例として並進操作と反転操作の組み合わせを考えよう．図 6-13 に示すように，点 p のまわりの反転操作に引き続き，ベクトル u による並進を行うことは，点 p から $u/2$ だけ移動した点 q のまわりで反転操作を行うことと等価

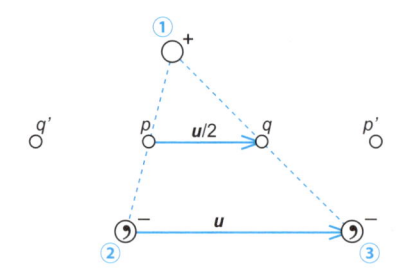

図 6-13 反転中心と並進との組み合わせ．①の点を対称心 p のまわりで反転させると②の点に移動し，引き続きベクトル u による並進を行うと③の点に移動する．③の点は，点 p からベクトル $u/2$ だけ移動した点 q のまわりで①の点を反転させることにより得られる点に等しい

[†8] 一般に，偶数回の回転またはらせん軸と，それに直交する鏡面又は映進面があると，必ず反転中心が現れる．ただし，らせん軸あるいは映進面が関わるときには，反転中心は対称軸と対称面の交点とは一致しなくなる．

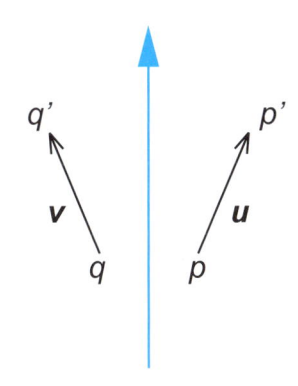

図 6-14　2 回回転軸と任意の角度をなす格子並進ベクトル u の組み合わせ。u により関係づけられる点 p と p' に対して 2 回回転軸により関係づけられる点を q および q' とすると，点 q と点 q' を結ぶベクトル v も格子並進ベクトルとなる。これら 2 つの格子並進ベクトルの和（$u+v$：2 回回転軸に平行）および差（$u-v$：2 回回転軸と直交）も格子並進ベクトルとなる

である。すなわち，反転中心 p と並進 u との組み合わせにより，点 p とベクトル u で関係づけられる点 p' などに加え，それらの点から $u/2$ だけ移動した点 q，q' などにも新たに反転中心が導き出される。三次元の格子においては，反転中心と a 軸，b 軸，c 軸の三方向の格子並進 a，b，c との組み合わせから，元の反転中心に加え，そこから $a/2$，$b/2$，$c/2$，$(a+b)/2$，$(b+c)/2$，$(c+a)/2$，$(a+b+c)/2$ だけ移動した点のそれぞれに反転中心が現れる。

また，図 6-14 に示す例のように，一般に回転・らせん・広義回反の対称軸がある場合，必ずその軸に平行な格子並進ベクトルと垂直な格子並進ベクトルが存在する。逆に言えば，対称軸は格子並進ベクトルに対して，特定の角度をなすことが要求される。

このように，格子並進と対称要素が共存するとき，お互いの位置および方向の組み合わせとして可能なものは限られている。そのような組み合わせを空間群といい，その種類は全部で 230 種類ある。

- **対称要素と格子並進との組み合わせから，新たな場所に新たな対称要素が導き出される**

- 対称軸がある場合，それに平行な格子並進ベクトルと，それと直交する格子並進ベクトルとが必ず存在する
- 格子並進と結晶中で許される対称操作との組み合わせは，230種類に限られており，それらを空間群という

6-1-8　空間群の分類：結晶点群，Laue 対称と晶系

　結晶中のらせんや映進による移動量は，単位胞の一辺の長さ（数Å～数10Å）程度であり，結晶そのものの大きさ（数 $10\,\mu m$ 以上）に比べれば十分小さい。そのため，外形，屈折率や誘電率などの物理的性質，X線の回折現象など，結晶の巨視的な性質を考える際には，N回らせんはN回回転，映進は鏡面と同等であると見なすことができる。その結果，230の空間群は，32種類の結晶点群に分類される。さらに，X線の回折パターンは，異常散乱効果（6-3-5項参照）を無視すると反転対称性を示すので，その対称性は反転中心を持つ11種類の点群（Laue 群）のいずれかとなる。X線の回折パターンの示す対称性のことを Laue 対称という。32の結晶点群は，その Laue 対称にしたがって11種類の Laue 群に分類される。

　また，空間群は，含まれる対称要素およびその組み合わせに基づいて，7つの晶系に分類される。表6-1に各晶系に特徴的な対称要素と，それぞれに分類される Laue 群，点群および空間群の番号を示す。

　本章ではこれ以降，説明を簡潔にするため，N回回転軸，N回らせん軸，N回広義回反軸を総称してN回対称軸と呼ぶ。また，鏡映および映進操作についてはその基準となる「軸」を考えることはできないが，便宜上，鏡面および映進面の法線を2回対称軸に含める。「ある方向に平行な2回対称軸」という記述は，その方向に平行な2回回転軸，2回らせん軸，その方向と直交する鏡面または映進面のうちいずれか，あるいはそれらの組み合わせを示す符牒であると考えて読み進めていただきたい。

6-1-9　反転中心を持たない点群および空間群

　反転中心を持たない結晶は，光学活性体の結晶となることに加え，焦電気効果，ピエゾ電気効果，光学的効果などを示す。32種の結晶点群のうち，反転

6 単結晶 X 線構造解析

表 6-1 晶系，Laue 群，点群による空間群の分類

晶系	英語名称	晶系を特徴づける対称性	Laue 群	点群[a]	空間群の番号
三斜	triclinic	N≥2 の対称軸を持たない	$\bar{1}$	1 (C_1)	1
				$\bar{1}$ (C_i)	2
単斜	monoclinic	一方向のみに 2 回対称軸を持つ	$2/m$	2 (C_2)	3～5
				m (C_s)	6～9
				$2/m$ (C_{2h})	10～15
斜方	orthorhombic	直交する 3 つの方向に 2 回対称軸を持つ	mmm	222 (D_2)	16～24
				$mm2$ (C_{2v})	25～46
				mmm (D_{2h})	47～74
正方	tetragonal	一方向のみに 4 回対称軸を持つ	$4/m$	4 (C_4)	75～80
				$\bar{4}$ (S_4)	81～82
				$4/m$ (C_{4h})	83～88
			$4/mmm$	422 (D_4)	89～98
				$4mm$ (C_{4v})	99～110
				$\bar{4}2m, \bar{4}m2$ (D_{2d})[b]	111～122
				$4/mmm$ (D_{4h})	123～142
三方	trigonal	一方向のみに 3 回対称軸を持つ	$\bar{3}$	3 (C_3)	143～146
				$\bar{3}$ (S_6 or C_{3i})[c]	147～148
			$\bar{3}m$	321, 312, 32 (D_3)[d]	149～155
				$3m1, 31m, 3m$ (C_{3v})[d]	156～161
				$\bar{3}m1, \bar{3}1m, \bar{3}m$ (D_{3d})[d]	162～167
六方	hexagonal	一方向のみに 6 回対称軸を持つ	$6/m$	6 (C_6)	168～173
				$\bar{6}$ (C_{3h})	174
				$6/m$ (C_{6h})	175～176
			$6/mmm$	622 (D_6)	177～182
				$6mm$ (C_{6v})	183～186
				$\bar{6}m2, \bar{6}2m$ (D_{3h})[e]	187～190
				$6/mmm$ (D_{6h})	191～194
立方	cubic	異なる 2 つ以上の方向に N>2 の対称軸を持つ	$m\bar{3}$	23 (T)	195～199
				$m\bar{3}$ (T_h)	200～206
			$m\bar{3}m$	432 (O)	207～214
				$\bar{4}3m$ (T_d)	215～220
				$m\bar{3}m$ (O_h)	221～230

[a] 括弧の中に Schönflies の記号を記す。
[b] a 方向に 2 回回転軸を持つものを $\bar{4}2m$，$a+b$ 方向に 2 回回転軸を持つものを $\bar{4}m2$ と表記するが，これらは結晶格子に対する対称要素の方向が異なるだけで対称要素の組み合わせ（点群）としては同じである。6-2-4 項および図 6-20 参照。
[c] 分光学では S_6 の表記が用いられるが，結晶学では C_{3i} と表すことが多い。
[d] 上記注 b および 6-2-5 項参照。
[e] 上記注 b および 6-2-6 項参照。

表 6-2　反転中心を持たない点群の分類

晶 系	点群	一方の鏡像体のみからなる結晶をつくる	極性の点群	空間群の番号
三 斜	1	○	○	1
単 斜	2	○	○	3〜5
	m	×	○	6〜9
斜 方	222	○	×	16〜24
	$mm2$	×	○	25〜46
正 方	4	○	○	75〜80
	$\bar{4}$	×	×	81〜82
	422	○	×	89〜98
	$4mm$	×	○	99〜110
	$\bar{4}2m, \bar{4}m2$	×	×	111〜122
三 方	3	○	○	143〜146
	321, 312, 32	○	×	149〜155
	$3m1, 31m, 3m$	×	○	156〜161
六 方	6	○	○	168〜173
	$\bar{6}$	×	×	174
	622	○	×	177〜182
	$6mm$	×	○	183〜186
	$\bar{6}m2, \bar{6}2m$	×	×	187〜190
立 方	23	○	×	195〜199
	432	○	×	207〜214
	$\bar{4}3m$	×	×	215〜220

中心を持たない点群 21 種類を表 6-2 に示す．これらの点群に分類される空間群は全部で 138 種類ある．

　光学異性体の一方の鏡像体のみからなる結晶の空間群は，6-1-4 項で述べたように，反転中心を持たない空間群のなかでも，鏡面や回反軸など，掌性を反転する対掌要素を持たないものに限られる．それらは，表 6-2 の「一方の鏡像体のみからなる結晶を作る」の項に○印で示した 11 種の点群に属する 65 種の空間群である．

　対称要素の配置に反転中心を持たない空間群を「キラルな空間群」と呼ぶ．表 6-3 に示すように，互いに対掌体の関係にある 11 組 22 種のキラルな空間群がある．光学異性体の一方の鏡像体が，キラルな空間群で結晶化した場合には，もう一方の鏡像体は，それと対をなす空間群で結晶化する．また，以上の議論

表 6-3 キラルな空間群

晶系	点群	互いに鏡像の関係にある空間群の組	
三方	3	$P3_1$	$P3_2$
	321	$P3_121$	$P3_221$
	312	$P3_112$	$P3_212$
正方	4	$P4_1$	$P4_3$
	422	$P4_122$	$P4_322$
	422	$P4_12_12$	$P4_32_12$
六方	6	$P6_1$	$P6_5$
	6	$P6_2$	$P6_4$
	622	$P6_122$	$P6_522$
	622	$P6_222$	$P6_422$
立方	432	$P4_132$	$P4_332$

から明らかなように,光学純度が 100 %の光学異性体の結晶の空間群が,必ずしもキラルな空間群であるとは限らない.

また,表 6-2 の「極性の点群」の項に丸印で示した 10 種の点群に属する 68 種の空間群の対称性は,永久双極子と共存できる.そのため,これらの空間群対称を示す結晶は,焦電気性を示す可能性がある.結晶の点群対称性と,結晶の示しうる物性については,参考文献[5]に詳しい記述がある.

6-1-10 Bravais 格子

6-1-7 項で述べたとおり,格子並進ベクトルは結晶が持つ対称要素に対して決まった角度を向いている.そのため,結晶格子の形には晶系に対応した制約が課せられる.また,各晶系ごとに可能な複合格子の型 (P, A, B, C, F, I, R) も限られ,これらの組み合わせから,結晶格子は表 6-4 に示す 14 のブラベ (Bravais) 格子に分類される.Bravais 格子は晶系[†9]を表す小文字のアルファベット一文字と,複合格子の型を表す大文字のアルファベット 1 文字の組み合わせで表記する.

この表はほとんどすべての結晶構造解析の教科書に記載されているが,非常

[†9] 正確には,Bravais 格子は晶系(crystal system)ではなく,crystal family(確定した和訳はない)に基づいて分類される.三方晶系と六方晶系では格子の形が満たすべき制約が等しいので,三方晶系の単純格子と六方晶系の単純格子は区別せず共通の Bravais 格子 *hP* に分類する.

表 6-4　14 種類の Bravais 格子

晶系	Bravais 格子	格子定数が満たすべき条件
三斜晶系 triclinic	aP	なし
単斜晶系 monoclinic	mP	$\alpha = \gamma = 90°$
	mC	
斜方晶系 orthorhombic	oP	$\alpha = \beta = \gamma = 90°$
	oC	
	oI	
	oF	
正方晶系 tetragonal	tP	$a = b,\ \alpha = \beta = \gamma = 90°$
	tI	
三方晶系 trigonal	hR	$a = b,\ \alpha = \beta = 90°, \gamma = 120°$
	hP^*	
六方晶系 hexagonal	hP^*	$a = b,\ \alpha = \beta = 90°, \gamma = 120°$
立方晶系 cubic	cP	$a = b = c,\ \alpha = \beta = \gamma = 90°$
	cI	
	cF	

* 三方晶系の単純格子と六方晶系の格子は，共通の Bravais 格子 hP に分類される．

に多くの読者がこの表の意味を間違えて受け止めているようである．

　斜方晶系を例にとれば，この表は「斜方晶系の結晶では，格子定数が $\alpha = \beta = \gamma = 90°$ となる」と述べているが，「格子定数が $\alpha = \beta = \gamma = 90°$ である結晶は，斜方晶系に属する」とは述べていない．つまり，ある結晶が，表の左の欄の「晶系」に属することは，対応する右の欄の「格子定数の条件」が成立するための十分条件であり，必要条件ではないのである．したがって，逆命題の「格子定数の条件が成立するとき，結晶は対応する晶系に属する」は，常に成立するとは限らない．一方，対偶命題の「格子定数の条件が満たされないときは，結晶はその晶系には属さない」は常に成立する．

　たとえば，ある結晶の格子定数を求めたところ，a, b, c の値が互いに異なっており，α, β, γ がすべて $90°$ に近いという結果が得られたとする．その結晶は，立方晶系，六方晶系，三方晶系，正方晶系の満たすべき条件を満たしていないため，それらの晶系に属すことはあり得ない．一方，それ以外の 3 つの晶系（三斜晶系，単斜晶系，斜方晶系）が満たすべき条件は満たしている．したがって，この結晶が属する晶系は，これら 3 つの晶系のうちいずれかであることがわかるが，そのうちいずれであるかは格子定数のみを根拠に判断することはできない．この結晶の格子定数の値が斜方晶系の満たすべき条件に一致しているからといって，この結晶が斜方晶系に属すると断定するのは早計である．

実際，β が 90° に非常に近い単斜晶系の結晶は，それほど珍しくはない。その場合，格子定数からはどの軸の方向に 2 回対称軸があるのか判別できないので，6-4-9 項で述べる Laue チェックを行う際に注意が必要である。a と c が非常に近い正方晶系の結晶についても同様の注意が必要になる。

6-2 空間群の記号

230 の空間群は，複合格子の型と含まれる対称要素を列挙した記号（国際記号または Hermann-Mauguin 記号）により表記される。晶系ごとにどの方向の対称要素をどの順番で記述するかが定められている。以下に，7 つの晶系それぞれにおける軸の取り方，Bravais 格子の図，および空間群の表記法を示す。

6-2-1 三斜晶系（triclinic）

三斜晶系には対称軸がないことから，a, b, c 軸の取り方について対称性に基づく要請はない。複合格子を採用する必然性もないので，特別な理由がない限り単純格子を採用する。したがって，Bravais 格子は図 6-15 に示す aP のみとなる[†10]。

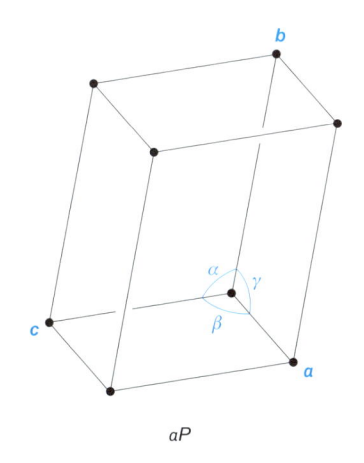

図 6-15　三斜晶系の Bravais 格子。格子定数に制約はない

[†10] a は軸が直交しないという意味の anorthic の略。triclinic の頭文字 t が tetragonal の頭文字と重複するため a を用いる。

軸の取り方は，同一平面上にない最も短い3つの格子並進ベクトルを短い順に a, b, c 軸とすることが推奨されている．このとき，α, β, γ はすべて鈍角になるか，すべて鋭角になるかのいずれかである．このようにして得られる単位胞を「Niggli の既約化単位胞（reduced cell）」と呼ぶ．なお，以前は異なる軸の取り方が推奨されていたこともあり，文献やデータベースに記載されている結晶構造において軸の取り方は統一されていない．そのため，格子定数が一致していないからといって，2つの結晶構造（たとえば自分が測定した結果とデータベース中の類似化合物の結晶構造）が異なっているとは言い切れない．単純格子を取る限り，単位胞の取り方をどのように変えても体積は不変であるので，まずは単位胞の体積を比較してみると良い．体積が近い場合には，格子変換を行なうことによって格子定数 a, b, c, α, β, γ が近い値にならないか，さらに検証する．

三斜晶系では，並進以外に許される対称操作は反転のみである．反転対称を持たない空間群を $P1$ で表し，反転中心を持つ空間群を $P\bar{1}$ で表す．

- 三斜晶系：Bravais 格子は単純格子 aP のみ，Laue 群は $\bar{1}$ のみ
- 空間群は $P1$ と $P\bar{1}$

6-2-2 単斜晶系 (monoclinic)

単斜晶系では，2回対称軸に平行で最も短い格子並進ベクトルを b とし[†11]，それと直交する最も短い2本の格子並進ベクトルを，β が鈍角になるように a および c とする．α と γ は必ず $90°$ になる．A 底心格子および体心格子は a および c 軸の取り方を変更することにより C 底心格子に変換される．B 底心格子は単位胞の体積が $1/2$ の単純格子に，面心格子は単位胞の体積が $1/2$ の C 底心格子に変換される．したがって，単斜晶系の Bravais 格子は図6-16に示す単純格子 mP と C 底心格子 mC の2種類となる．

単斜晶系の空間群の記号は，格子の型を表す P または C の記号と，それに続く b 軸方向の対称要素の記号からなる．対称要素が回転軸，らせん軸，鏡面，

[†11] 2回対称軸の方向に c 軸を取ることも認められている．正方晶系の結晶が歪みを受けて単斜晶系になるときには，この取り方が便利であるが，そのような特別な理由がない限り，b 軸を2回対称軸の方向に取ることが推奨されている．

6 単結晶 X 線構造解析

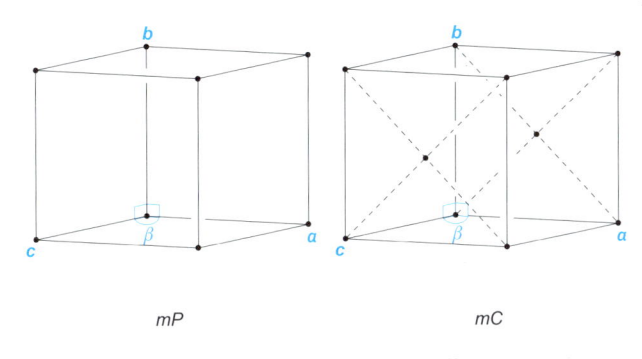

mP　　　　　　　　　　　*mC*

図 6-16　単斜晶系の Bravais 格子
格子定数に対する制約は $\alpha = \gamma = 90°$

映進面のいずれか1つのみである場合には，そのまま記述する．たとえば，b 軸方向に2回らせん軸のみを持つ単純格子の空間群の記号は $P2_1$ となる．一方，回転軸またはらせん軸と，それに直交する鏡面又は映進面の両方を持つ場合には，$2_1/c$ のように"/"の前に回転軸又はらせん軸，"/"の後ろに鏡面または映進面の記号を記す．たとえば，b 軸に平行な2回回転軸と b 軸に直交する c 映進面を持つ C 底心格子の空間群の記号は $C2/c$ となる．なお，6-1-7 項で述べたように，回転軸またはらせん軸と，それに直交する鏡面又は映進面がある場合には，反転中心も存在するため，"/"の記号を含む空間群は対称心を持つ．

標準的な単斜晶系の空間群名では，複合格子の場合には C 底心格子となるように a を取り，映進ベクトルの方向に c を取っている．しかし，b 軸に直交する最も短い2本の並進ベクトルを a および c とした場合，必ずしも映進ベクトルが c と平行になるとは限らず，a や $a+c$ と平行になる場合がある[†12]．そのため，映進面を持つ単斜晶系の空間群には，c 映進面を持つもの，a 映進面を持つもの，n 映進面を持つものが考えられるが，これらは格子点および対称要素の配置は同一であるので，同一の空間群に分類される．このような例として空間群番号 14 番の $P2_1/c$, $P2_1/a$, $P2_1/n$ があげられる．それらの間の関係

[†12] 同様に，複合格子も必ずしも C 底心格子になるとは限らないが，たいていの測定ソフトウェアは，格子定数を決定する際に軸変換を行って C 底心格子としているので，複合格子の場合でここで述べる問題が起きる可能性は少ない．

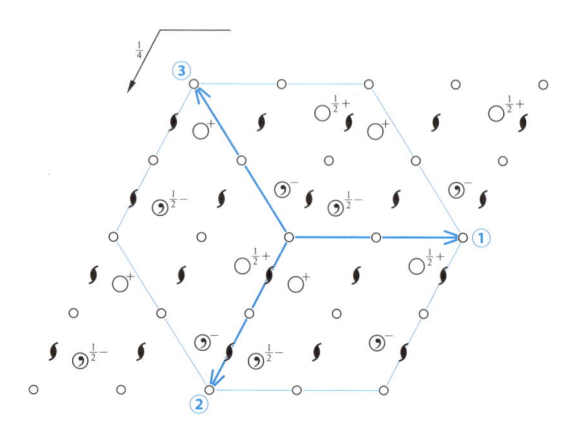

図 6-17 単斜晶系における結晶軸と映進面の関係
空間群番号 14 番の例。空間群の記号は，①を a，②を c とすると $P2_1/c$，②を a，③を c とすると $P2_1/a$，③を a，①を c とすると $P2_1/n$ となる

を図 6-17 に示す。このように，映進面を持つ空間群（および，あえて C 底心以外の複合格子を採用した場合）では，同じ空間群であっても軸の取り方に応じて空間群の記号が異なり，対称操作や等価位置の表現もそれに対応させる必要があるので注意が必要である。

単斜晶系では a, c 軸の取り方に任意性が残るが，b 軸の取り方は唯一通りである。そこで，複数の結晶構造を比較するときには，単位胞の体積に加えて b 軸の長さを比較することが最初の目安となる。

- 単斜晶系：一方向のみに 2 回対称軸を持ち，その方向に b 軸を取る
- Bravais 格子は単純格子 mP と底心格子 mC
- 空間群は，P または C に続けて b 軸方向の対称要素を記述
- 映進面を持つ空間群では映進ベクトルと a および c 軸との関係に応じて空間群，対称操作および等価位置の表記が異なることに注意が必要

6-2-3 斜方晶系（orthorhombic）

斜方晶系では，互いに直交する 3 本の 2 回対称軸の方向に a, b および c 軸を取る。3 つの軸が直交しているにもかかわらず，晶系の名称に「斜」という

文字が含まれており，紛らわしいので注意が必要である[†13]。そのため単位胞の形が直方体になることにちなんで「直方晶系」という名称が提案されているが，あまり普及していない。斜方晶系では，図 6-18 に示す単純格子 oP，C 底心格子 oC，体心格子 oI，面心格子 oF の 4 種の Bravais 格子が可能である。底心格子の空間群では C 底心格子とすることが標準であるが，点群 $mm2$ に分類される空間群では c 軸方向に 2 回回転軸又は 2 回らせん軸をとることを優先させるため，C 底心格子とすることができないものがある。その場合は A 底心格子とする。

　斜方晶系の空間群の記号は，格子の型を表す記号 P, C, A, I, F と，それに続く a, b, c 軸各方向の対称要素の記号からなる。対称心を持たない空間群（点群 222 または $mm2$ に分類される）では，各軸方向の対称要素を順に記述する。対称心を持つ空間群（点群 mmm に分類される）では，各軸はそれぞれ，軸に平行な 2 回回転軸またはらせん軸と，軸に直交する鏡面又は映進面を持つ。したがって，含まれる対称要素をすべて記述すると $2/m\,2/m\,2/m$ などとなるが，回転軸やらせん軸の記号は省いて鏡面または映進面の記号のみを示し，mmm などと表記する短縮記号（short symbol）を用いることが多い。短縮記号に対してすべての対称要素を $2/m\,2/m\,2/m$ のように表記する記号を完全記号（full symbol）という。

　実際に試料を測定したデータを元に空間群を決定したとき，その記号が標準的なものと異なったものになることがある。そのようなときには，表 6-5 に示

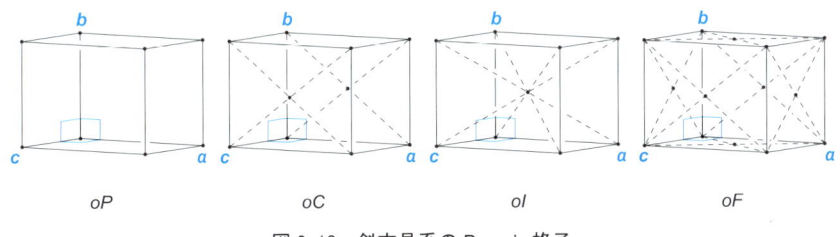

図 6-18　斜方晶系の Bravais 格子
格子定数に対する制約は $\alpha = \beta = \gamma = 90°$

[†13] 先人の名誉のために蛇足を付け加えると，「斜」の文字がこの晶系の名称に入っているのは間違いによるものではない。菱形を意味する「斜方形」にちなんで名付けられたものと思われる。

表 6-5 斜方晶系における結晶軸の変換と空間群名の対応。空間群が Pbab となったときの例。軸変換前の格子並進ベクトルを a, b, c, 軸変換後の格子並進ベクトルを a', b', c' とする

番号	格子並進ベクトル			a, b, c で表した映進ベクトル 映進面の方向			a', b', c' で表した映進ベクトル 映進面の方向			空間群名
	a'方向	b'方向	c'方向	a'に直交	b'に直交	c'に直交	a'に直交	b'に直交	c'に直交	
1	a	b	c	b	a	b	b'	a'	b'	Pbab
2	b	c	a	a	b	b	c'	a'	a'	Pcaa
3	c	a	b	b	b	a	c'	c'	b'	Pccb
4	b	a	$-c$	a	b	b	b'	a'	a'	Pbaa
5	$-a$	c	b	b	b	a	c'	c'	a'	Pcca
6	c	$-b$	a	b	a	b	b'	c'	b'	Pbcb

表の見方:2番の例では,軸の順序を1つずつずらして,$a' = b$, $b' = c$, $c' = a$ としている。そのとき,a' に直交する映進面は,軸変換前の b に直交する映進面であるから,その映進ベクトルは軸変換前の格子並進ベクトルで表すと a となる(軸変換前の空間群名 Pbab の 2 番目の映進面の記号を参照)。a は軸変換後は c' となるので,a' に直交する映進面の映進ベクトルを,軸変換後の格子並進ベクトルで表すと c' となる。b' および c' に直交する映進面についても,同様に映進ベクトルを求めることにより,軸変換後の空間群番号 Pcaa が求められる。3番は同様に軸の順序をもう1つずつずらしたもの,4~6番は,2つの軸を入れ替えたもの(右手系を保つため,入れ替えていない軸の方向を逆転させる)であり,以上の組み合わせ全てについて確認すればよい。その中で,空間群名が International Tables に出てくる標準的な空間群名(この場合は Pcca)と一致するように(この場合は5番の方法で)軸を変換する

すような方法で a 軸,b 軸,c 軸の順序を入れ替えて,標準的な設定に変換することができる。

- 斜方晶系:互いに直交する2回対称軸の方向に a 軸,b 軸,c 軸を取る
- Bravais 格子は単純格子 oP,底心格子 oC,体心格子 oI と面心格子 oF
- 空間群は P, C, A, I, F に続けて,a, b, c 軸方向の対称要素を記述する(対称心を持つ空間群は短縮記号で表記する)

6-2-4 正方晶系(tetragonal)

正方晶系では,4回対称軸に平行で最も短い格子並進ベクトルを c とし,それと直交する最も短い2本の格子並進ベクトルを a および b とする。4回対称性があるため,a と b とは等価であり,互いに直交する。正方晶系では,A 底心および B 底心格子は,4回対称性と相容れないために存在し得ない。C 底心格子は単純格子に,面心格子は体心格子に変換される。したがって正方晶系の

Bravais 格子は,図 6-19 に示す単純格子 tP および体心格子 tI のみとなる.

　正方晶系の空間群は,Laue 対称が $4/m$ であるものと,$4/mmm$ であるものとに分類される.前者に分類される空間群が持ちうる対称要素は,c 軸に平行な 4 回または 2 回の回転・らせん・回反軸,c 軸に直交する鏡面・映進面,そして反転中心に限られる.すなわち,c 軸以外の方向に対称軸を持たない.これらの空間群の記号は,格子の型を表す記号 P または I と,それに続く c 軸方向の対称要素の記号からなる.Laue 対称が $4/m$ の空間群は a 軸および b 軸方向の対称性を持たないため,対称性が低下して斜方晶系になることはあり得ない.対称性が低下する場合には,単斜晶系(または三斜晶系)になる.

　Laue 対称が $4/mmm$ である空間群は,c 軸方向の 4 回対称軸に加え,a および $a+b$ 方向に 2 回対称軸を持つ[†14].これらの空間群の記号は,格子の型を表す記号 P または I に続く,c 方向,a 方向,$a+b$ 方向(対角線方向)の対称要素の記号からなる.斜方晶系と同様,3 つの方向の対称要素の記号が並ぶが,斜方晶系ではそれらが 3 つの軸方向の対称性を示すのに対し,正方晶系では 3 番目の記号が,b ではなく,$a+b$(およびそれと等価な $a-b$)方向の対称性を示すことに注意する必要がある.4 回対称性により b は a と等価になるため,b 方向の対称性を示す必要はない.斜方晶系同様,対称心を持つ空間群(点群が $4/mmm$ であるもの)は短縮記号で表すが,c 軸方向の対称性のみ,回転またはらせん軸の記号と鏡面又は映進面の記号を"/"で区切って示し,a 方向および $a+b$ 方向の対称要素は,鏡面又は映進面の記号のみを記す.例えば,

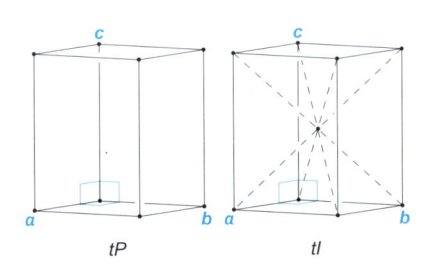

図 6-19 正方晶系の Bravais 格子
格子定数に対する制約は $a=b$, $\alpha=\beta=\gamma=90°$

[†14] 4 回対称軸と,それに直交する 2 回対称軸があると,4 回対称軸と直交し,2 回対称軸と 45° の角度で交わる,新たな 2 回対称軸が導き出される.

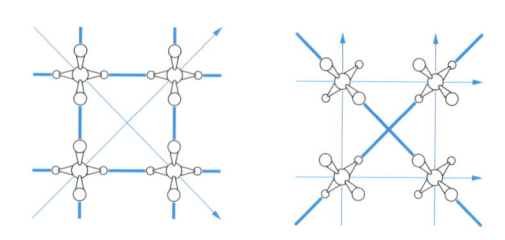

図 6-20　空間群 $P\bar{4}m2$（左）と $P\bar{4}2m$（右）をとる仮想的な構造の c 軸方向からの投影図
分子配列の周期と，2 回回転軸および鏡面の位置関係に注目していただきたい

$P4_2/nmc$ という空間群の記号では $4_2/n$ までが c 軸方向の，m（完全記号では $2_1/m$）が a および b 方向の，c（完全記号では $2/c$）が $a+b$ および $a-c$ 方向の対称性を示している。

なお，4 回回反軸とそれに直交する 2 回回転軸があると，4 回回反軸を含み，2 回回転軸とは 45°の角度で交わる鏡面が導き出される。そのような点群対称（Schönflies の記号で D_{2d}）と結晶格子との組み合わせには，鏡面が結晶格子の a および b 方向と直交する場合と，鏡面が結晶格子の a および b 方向と 45°の角度をなす場合とが考えられる。Schönflies の記号は，対称要素相互の配置のみを表現するため，これら 2 つの場合を区別しない。一方，国際記号（Hermann-Mauguin 記号）は，対称要素の配置を格子並進ベクトルの方向と関連づけて記述するため，これら 2 つの場合に対して，それぞれ $\bar{4}m2$ および $\bar{4}2m$ という異なる表現が用いられる。これらは，表記は異なるが同じ点群であり，結晶格子に対して対称要素がどちらを向いているかが異なるだけである。点群 $\bar{4}m2$ および $\bar{4}2m$ に分類される空間群の例として，$P\bar{4}m2$ と $P\bar{4}2m$ を図 6-20 に示す。対称要素と，格子並進との方向関係が異なるため，結晶格子に対する分子の向きが異なっていることに注目していただきたい。

- 正方晶系：一方向に 4 回対称軸を持ち，その方向に c 軸を取る
- Bravais 格子は単純格子 tP と体心格子 tI
- Laue 対称が $4/m$ の場合，空間群は P, I に続けて，c 軸方向の対称要素を記述
- Laue 対称が $4/mmm$ の場合，空間群は P, I に続けて，c 方向，a 方向，$(a+b)$ 方向（対角線方向）の対称要素を順に記述

6-2-5 三方晶系 (trigonal)

三方晶系では，3回対称軸に平行で最も短い格子並進ベクトルを c とし，それと直交する最も短い2本の格子並進ベクトルを，γ が 120° になるように a および b とする。3回対称性があるため，a, b, $-a-b$ の3つの方向は等価になる。三方晶系の Bravais 格子は図 6-21 に示す単純格子 hP および菱面体複合格子 hR の2種類となる。Bravais 格子による分類では，三方晶系の単純格子と六方晶系の単純格子を区別せず，共通の分類 hP を用いる。菱面体複合格子は，三方晶系のみで可能な格子である。菱面体複合格子を採用せず，$a=b=c$, $\alpha=\beta=\gamma$ の単純格子を用いる場合もあるが，対称要素の方向と軸の方向とが一致しなくなるので不便である。

三方晶系の空間群は，Laue 対称が $\bar{3}$ であるものと $\bar{3}m$ であるものとに分類される。前者に分類される空間群が持ちうる対称要素は c 軸に平行な3回の回転・らせん・回反軸，そして反転中心に限られる。すなわち，c 軸以外の方向に対称軸を持たない。これらの空間群の記号は，格子の型を表す記号 P または R と，それに続く c 軸方向の対称要素の記号からなる。

Laue 対称が $\bar{3}m$ である空間群は，3回対称軸に直交する2回対称軸を持つ。そのうち単純格子であるものには，3回対称軸と直交する2回対称軸が a（およびそれと等価な b および $-a-b$）方向にあるものと，それらと直交する $a+2b$（およびそれと等価な $-2a-b$ および $a-b$）方向にあるものの2種類がある。

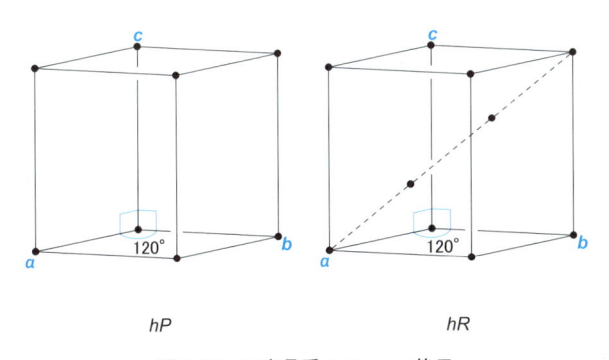

図 6-21 三方晶系の Bravais 格子
格子定数に対する制約は $a=b$, $\alpha=\beta=90°$, $\gamma=120°$。hR における単位胞内部の格子点の分率座標は (2/3, 1/3, 1/3) と (1/3, 2/3, 2/3) である

それらを区別するため，空間群の記号には，単純格子を表す文字 P に続けて，c 方向の対称性，a 方向の対称性，$a+2b$ 方向の対称性を順に記す．このとき，a と $a+2b$ のうち対称性がない方向に対応する場所には 1 を記す．例えば，$P321$ では 2 回回転軸が a 軸と平行であるのに対し，$P312$ では 2 回回転軸は a 軸と直交する．対称心を持つ空間群（点群 $\bar{3}m1$ または $\bar{3}1m$ に分類される）は，a または $a+2b$ 方向に 2 回回転軸とそれに直交する鏡面又は映進面を持つが，短縮記号では鏡面または映進面の記号のみを記す．

一方，菱面体複合格子は $a+2b$ 方向の 2 回対称軸と相容れないため，3 回対称軸と直交する 2 回対称軸は必ず a, b, $-a-b$ に平行となり，対称性のない方向を示す必要はない．そのため，空間群の記号には菱面体複合格子を表す文字 R に続けて，c 方向と a 方向の対称要素の記号のみを記す．対称心を持つ空間群（点群 $\bar{3}m$ に属する）には，a 方向に，2 回回転軸とそれに直交する鏡面又は映進面があるが，短縮記号では鏡面又は映進面の記号のみを記す．

- 三方晶系：一方向に 3 回対称軸を持ち，その方向に c 軸を取る
- Bravais 格子は単純格子 hP と菱面体複合格子 hR
- Laue 対称が $\bar{3}$ の場合，空間群は P, R に続けて，c 方向の対称要素を記述する
- Laue 対称が $\bar{3}m$ で単純格子の場合，空間群は P に続けて，c 方向，a 方向，$(a+2b)$ 方向の対称要素を順に記述し，対称性のない方向に対応する所には 1 を記す
- Laue 対称が $\bar{3}m$ で菱面体複合格子の場合，空間群は R に続けて，c 方向，a 方向の対称要素を順に記述する

6-2-6 六方晶系（hexagonal）

六方晶系では，6 回対称軸に平行で最も短い格子並進ベクトルを c とし，それと直交する最も短い 2 本の格子並進ベクトルを γ が $120°$ になるように a および b とする．6 回対称性があるため，a, $a+b$, b, $-a$, $-a-b$, $-b$ は等価である．六方晶系の Bravais 格子は，図 6-21 の単純格子 hP（三方晶系の単純格子と共通）のみである．

六方晶系の空間群には，Laue 対称が $6/m$ であるものと $6/mmm$ であるものがある．前者に分類される空間群が持ちうる対称要素は，c 軸に平行な 6 回・

3回・2回の回転・らせん・回反軸，c軸と直交する鏡面，そして反転中心に限られる。すなわち，c軸以外の方向に対称軸を持たない，これらの空間群の記号は，格子の型を表す記号Pと，それに続くc軸方向の対称要素の記号からなる。

Laue対称が$6/mmm$である空間群は，6回対称軸に直交する2回対称軸を持つ[†15]。その空間群の記号は，格子の型を表す記号Pに続く，c方向，a方向，$a+2b$方向の対称要素の記号からなる。3番目の記号の示す対称性の方向はb方向ではないことに注意。対称心を持つ空間群（点群$6/mmm$に分類される）は短縮記号で表す。正方晶系の時と同じように，c方向の対称性のみ対称軸の記号と鏡面又は映進面を"/"で区切って示し，a方向および$a+2b$方向の対称要素は，鏡面又は映進面の記号のみを記す。

正方晶系と同様，Schönfliesの記号D_{3h}で表される点群のHermann-Mauguin記号による表記には$\bar{6}m2$と$\bar{6}2m$の2種類がある（$\bar{6}m2$はa軸と直交する鏡面を持つのに対し，$\bar{6}2m$はa軸と平行な鏡面を持つ）。

- 六方晶系：一方向に6回対称軸を持ち，その方向にc軸を取る
- Bravais格子は単純格子hPのみ
- Laue対称が$6/m$の場合，空間群はPに続けて，c軸方向の対称要素を記述
- Laue対称が$6/mmm$の場合，空間群はPに続けて，c方向，a方向，$(2a+b)$方向の対称要素を順に記述

6-2-7 立方晶系 (cubic)

ここまでに述べた6つの晶系にみられる対称要素の組み合わせ以外で，結晶格子と共存できるものは，4本の3回回転軸が互いに四面体角（$\cos^{-1}(-1/3) \approx 109.471°$）で交わるもののみである。そのような空間群は立方晶系に分類される。2本の3回回転軸を2等分する方向に2回対称軸または4回対称軸が合計3本導き出され，それらをa, b, c軸とする。a, b, c軸は3回回転軸で関係づけられ，互いに等価であり，直交する。3回回転軸は単位胞の体対角線方向（$\pm a \pm b \pm b$で表される方向）にあり，a, b, c軸いずれとも54.736°（四面体角

[†15] 6回対称軸とそれに直交する2回対称軸から，それら両方と直交する2回対称軸が導き出される。

                cP   cI   cF

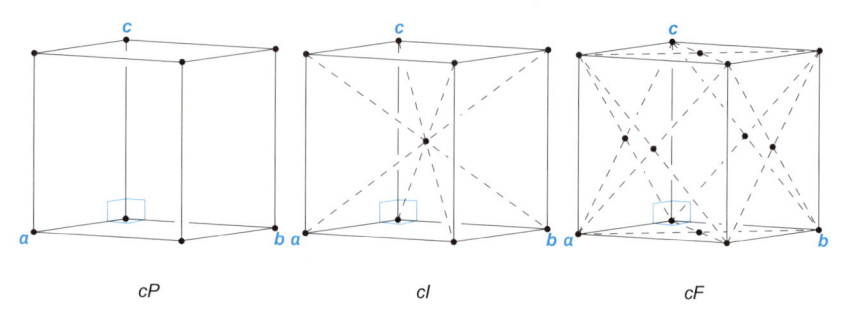

図 6-22　立方晶系の Bravais 格子
格子定数に対する制約は $a = b = c$, $\alpha = \beta = \gamma = 90°$

の 1/2) の角度で交わる。A, B, C 底心格子は体対角線方向の 3 回回転軸と相容れないため許されない。そのため，立方晶系の Bravais 格子は，図 6-22 に示す単純格子 cP，体心格子 cI および面心格子 cF の 3 種の Bravais 格子のみとなる。

立方晶系の空間群は，Laue 対称が $m\bar{3}$ であるものと $m\bar{3}m$ であるものとに大きくわけられる。前者は a, b, c 軸方向と体対角線方向以外に対称性のないものであり，a, b, c 軸方向の対称要素は 2 回対称軸となる。これらの空間群の記号は，格子の型を表す記号 P, I, F に続く a 軸方向および体対角線方向の対称要素の記号からなる。対称心を持つ空間群（点群 $m\bar{3}$ に分類される）には，a 軸方向の対称要素のうち鏡面あるいは映進面のみを示した短縮記号を用いる。Laue 対称が $m\bar{3}$ の空間群は 4 回対称軸を持たないため，対称性が低下したときに正方晶系となることはなく，斜方晶系または三方晶系（あるいは，単斜晶系，三斜晶系）となる。

Laue 対称が $m\bar{3}m$ である空間群は，a, b, c 軸方向の対称軸と体対角線方向の 3 回対称軸に加え，$a+b$ などの対角線方向に 2 回対称軸を持つ。このとき，a, b, c 軸は 4 回対称軸となる。これらの空間群は，格子の型を表す記号 P, I, F に続けて a 軸方向，体対角線方向（$\pm a \pm b \pm c$ 方向），対角線方向（$\pm a \pm b$，$\pm b \pm c$，$\pm a \pm c$ 方向）の対称要素の記号をならべて表記する。対称心を持つ空間群（点群 $m\bar{3}m$ に分類される）では，a 軸および対角線方向の対称要素のうち鏡面あるいは映進面のみを示した短縮記号を用いる。

- 立方晶系：3回回転軸で関係づけられる3本の2回対称軸を持ち，それらの方向に a, b, c 軸を取る
- Bravais 格子は単純格子 cP, 体心格子 cI, 面心格子 cF
- Laue 群が $m\bar{3}$ の場合，空間群は P, I, F に続けて，a 方向，$a+b+c$ 方向（体対角線方向）の対称要素を記述
- Laue 群が $m\bar{3}m$ の場合，空間群は P, I, F に続けて，a 方向，$a+b+c$ 方向（体対角線方向），$a+b$ 方向（対角線方向）の対称要素を順に記述

6-2-8 International Tables

対称要素・等価位置の配置など230の空間群についての詳細な情報は国際結晶学連合 (International Union of Crystallograhpy, IUCr) が編纂している International Tables for Crystallography の volume A 第 I 部 7 章に示されている。図 6-23 にその例を示す。

International Tables for Crystallography (2006). Vol. A, Space group 39, pp. 246–247.

① $Aem2$ C_{2v}^{15} $mm2$ Orthorhombic

② No. 39 $Aem2$ Patterson symmetry $Ammm$ ($Cmmm$)
Former space-group symbol $Abm2$; cf. Chapter 1.3

③

④ **Origin** on $ec2$
⑤ **Asymmetric unit** $0 \leq x \leq \frac{1}{2}$; $0 \leq y \leq \frac{1}{4}$; $0 \leq z \leq 1$

Symmetry operations

For $(0,0,0)+$ set
(1) 1　　　　　　(2) 2　$0,0,z$　　　(3) m　$x,\frac{1}{4},z$　　(4) b　$0,y,z$

For $(0,\frac{1}{2},\frac{1}{2})+$ set
(1) $t(0,\frac{1}{2},\frac{1}{2})$　(2) $2(0,0,\frac{1}{2})$　$0,\frac{1}{4},z$　(3) c　$x,0,z$　(4) c　$0,y,z$

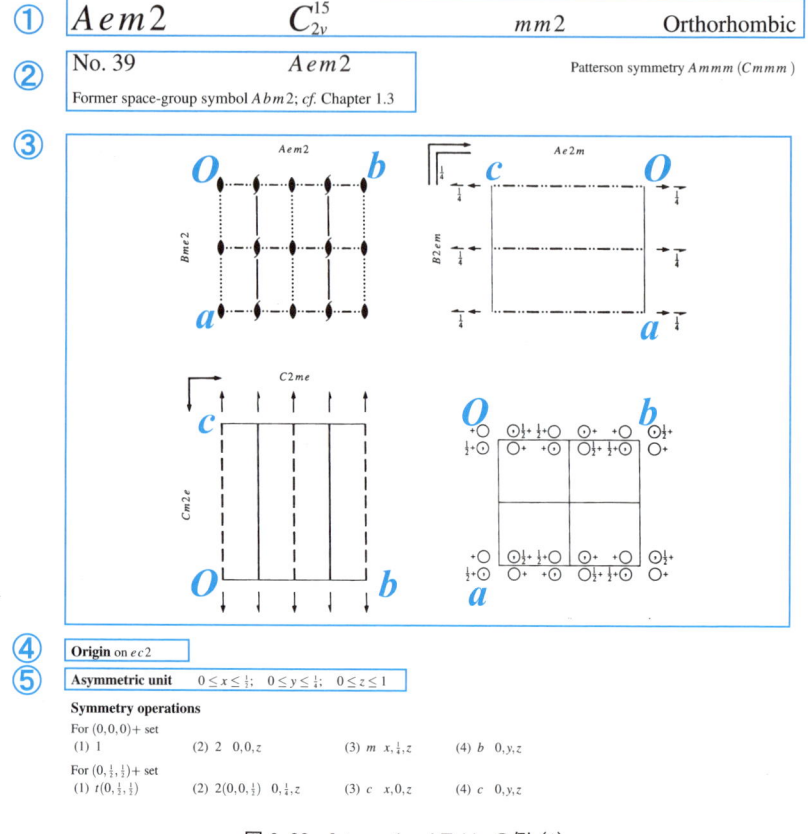

図 6-23　International Table の例（1）
①左から空間群の国際記号（短縮記号），Schönflies 記号，点群，晶系
②左から空間群の通し番号，完全記号による空間群の表記（この場合は短縮記号と同じ）。e 映進面を含む空間群では，この図のように，以前の国際記号も併記される。そのほか，ここには主軸の取り方，単位胞の取り方や原点の取り方が複数ある時に，どの設定に対応した情報が記されているかが示される
③単位胞中の対称要素および等価位置の配置を示す図。この欄は，晶系ごとに投影方向が異なる。斜方晶系では，左上が c 軸投影，右上が b 軸投影，左下が a 軸投影による対称要素の配置を示す図となり，右下は c 軸投影による等価位置の配置を示す図である。小さく示された 6 つの空間群の記号は，その記号が横書きになるように紙面を回転させたとき，左上が原点，下向きに a，右向きに b となるように a, b, c を定義したときの空間群の名称である
④単位胞の原点をどこにとるかについての記述
⑤非対称単位の範囲

6 単結晶 X 線構造解析

CONTINUED　　　　　　　　　　　　No. 39　　　　　　　　　$Aem2$

Generators selected　(1); $t(1,0,0)$; $t(0,1,0)$; $t(0,0,1)$; $t(0,\frac{1}{2},\frac{1}{2})$; (2); (3)

Positions

⑥ Multiplicity,　　　　　Coordinates　　　　　　　　　　　　Reflection conditions
Wyckoff letter,
Site symmetry　　$(0,0,0)+$　$(0,\frac{1}{2},\frac{1}{2})+$
　　　　　　　　　　　　　　　　　　　　　　　　　　　　　General:

8　d　1　　(1) x,y,z　(2) $\bar{x},\bar{y},z$　(3) $x,\bar{y}+\frac{1}{2},z$　(4) $\bar{x},y+\frac{1}{2},z$
　　　　　　　　　　　　　　　　　　　　　　　　　　　　　$hkl : k+l = 2n$
　　　　　　　　　　　　　　　　　　　　　　　　　　　　　$0kl : k, l = 2n$
　　　　　　　　　　　　　　　　　　　　　　　　　　　　　$h0l : l = 2n$
　　　　　　　　　　　　　　　　　　　　　　　　　　　　　$hk0 : k = 2n$
　　　　　　　　　　　　　　　　　　　　　　　　　　　　　$0k0 : k = 2n$
　　　　　　　　　　　　　　　　　　　　　　　　　　　　　$00l : l = 2n$

　　　　　　　　　　　　　　　　　　　　　　　　　　　　　Special: as above, plus

4　c　$.m.$　　$x,\frac{1}{4},z$　$\bar{x},\frac{1}{4},z$　　　　　　　　　　　no extra conditions

4　b　$..2$　　$\frac{1}{2},0,z$　$\frac{1}{2},\frac{1}{2},z$　　　　　　　　　　$hkl : k = 2n$

4　a　$..2$　　$0,0,z$　$0,\frac{1}{2},z$　　　　　　　　　　　　$hkl : k = 2n$

Symmetry of special projections
Along [001] $p2mm$　　　　　　　Along [100] $p1m1$　　　　　　Along [010] $p11m$
$\mathbf{a}'=\mathbf{a}$　$\mathbf{b}'=\frac{1}{2}\mathbf{b}$　　　　$\mathbf{a}'=\frac{1}{2}\mathbf{b}$　$\mathbf{b}'=\frac{1}{2}\mathbf{c}$　　　$\mathbf{a}'=\frac{1}{2}\mathbf{c}$　$\mathbf{b}'=\mathbf{a}$
Origin at $0,0,z$　　　　　　　　Origin at $x,0,0$　　　　　　　Origin at $0,y,0$

Maximal non-isomorphic subgroups
I　　[2] $A1m1(Cm, 8)$　　(1; 3)+
　　[2] $Ae11(Pc, 7)$　　(1; 4)+
　　[2] $A112(C2, 5)$　　(1; 2)+
IIa　[2] $Pbc2_1(Pca2_1, 29)$　1; 4; (2; 3) + $(0,\frac{1}{2},\frac{1}{2})$
　　[2] $Pbm2(Pma2, 28)$　1; 2; 3; 4
　　[2] $Pcc2(27)$　　　　1; 2; (3; 4) + $(0,\frac{1}{2},\frac{1}{2})$
　　[2] $Pcm2_1(Pmc2_1, 26)$　1; 3; (2; 4) + $(0,\frac{1}{2},\frac{1}{2})$
IIb　[2] $Ibm2(\mathbf{a}'=2\mathbf{a})(Ima2, 46)$; [2] $Iba2(\mathbf{a}'=2\mathbf{a})(45)$; [2] $Aea2(\mathbf{a}'=2\mathbf{a})(41)$

Maximal isomorphic subgroups of lowest index
IIc　[2] $Aem2(\mathbf{a}'=2\mathbf{a})(39)$; [3] $Aem2(\mathbf{b}'=3\mathbf{b})(39)$; [3] $Aem2(\mathbf{c}'=3\mathbf{c})(39)$

Minimal non-isomorphic supergroups
I　　[2] $Cmce(64)$; [2] $Cmme(67)$
II　　[2] $Fmm2(42)$; [2] $Pmm2(\mathbf{b}'=\frac{1}{2}\mathbf{b},\mathbf{c}'=\frac{1}{2}\mathbf{c})(25)$

図 6-23　International Table の例（2）
⑥一般等価位置および特殊位置の表，左から多重度（単位胞中の等価点の数），ワイコフ記号と呼ばれるそれぞれの位置を表す記号，その点の対称性，等価となる位置の分率座標．複合格子の場合には，この図のように，上部に記されている複合格子による並進（この場合は（0, 0, 0）と $(0, \frac{1}{2}, \frac{1}{2})$）を加えたものが，実際の等価位置の分率座標となる

219

6-3　結晶による X 線の回折

本節では，結晶による X 線回折パターンが何によって決まるかについて考える。X 線は電子により散乱される。結晶に X 線を照射すると，結晶中の電子による散乱が干渉して，X 線の回折が起きる。結晶構造解析では，回折 X 線のデータを解析して結晶中の電子密度分布を求め，その極大となる位置に原子を割り当てていくことにより，結晶の構造を求める。

- X 線は電子により散乱される
- 電子密度が極大となる位置を原子の位置とする

6-3-1　原子散乱因子

解析の際には，1 つの原子に含まれる電子による X 線の散乱はひとまとめにして，原子による散乱として考える。原子による散乱は，原子核の周囲に分布する電子による散乱を，位相を考慮して足し合わせたものになる。これを原子散乱因子という。いくつかの元素について，原子散乱因子を散乱角 (2θ) に対してプロットしたものを図 6-24 に示す[†16]。原子散乱因子は，$\theta = 0°$ のとき原

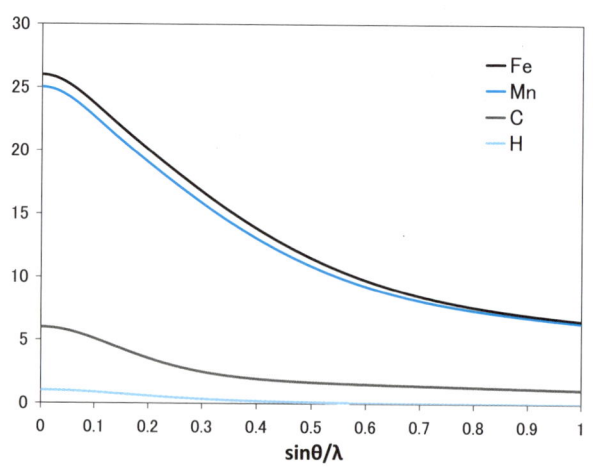

図 6-24　原子散乱因子の例
通常の測定では $\sin\theta/\lambda$ が 0.7 程度まで測定する

[†16] 正確には散乱角 (2θ) と波長 λ から求められる値 $\sin\theta/\lambda$ を横軸とする。横軸を $\sin\theta/\lambda$ にとったグラフは，すべての波長に対して使用することができる。

子番号と等しく,散乱角が大きくなるにつれて減少する。原子番号が近い原子同士の散乱因子は似通っている。

原子番号の近い原子は,X線回折パターンに与える寄与も似通っており,X線回折データのみを用いて区別することは困難である。正しく判別するためには,それぞれの原子の関わる結合の距離や角度などの情報もあわせて考慮することが必要となる。また,軽原子(原子番号が相対的に小さい原子)は,結晶全体の回折強度に対する寄与が小さいため,原子位置などのパラメータの精度は,重原子(原子番号が相対的に大きい原子)に比べて低くなる。

電子を1つしか持たない水素原子は,原子パラメータを特に決定しづらい。そのため,炭素原子などに結合した水素原子については,結合している原子の情報(水素原子との典型的な結合距離,sp^3混成なのかsp^2混成なのかや,近傍の原子との結合距離・結合角・ねじれ角など)を利用して,幾何学的計算により位置を求めることが多い。例えばメチル基の場合には,メチル基の炭素原子Cに結合している非水素原子をX,原子Xに結合している非水素原子をYとしたとき,C–Hの距離,X–C–Hの角度,Y–X–C–Hのねじれ角を元に水素原子の位置を決める。ただし,この方法では水分子やsp混成の炭素原子に結合したメチル基などの水素原子位置を計算することはできない。

良質のデータが得られた場合には,電子密度を解釈して水素原子の位置を求めることができる。しかし,水素原子は内殻電子を持たないので様々な効果による影響を受けやすく,このようにして求めた位置は,原子核の位置から0.1Å程度結合相手の原子方向にずれることが多い。

- 原子番号の大きな原子のパラメータは原子番号の小さな原子のパラメータよりも高い精度で求められる
- X線回折で求めた水素原子の位置は,原子核の位置とは一致しない

6-3-2　X線回折パターンを決めるもの

結晶によるX線の回折は,原子からの散乱X線の干渉により生じる。そこでまず,1種類の原子が等間隔に並んだ仮想的な一次元結晶による,X線の回折について考えてみよう。回折格子による光の回折と同様に,隣り合う原子からの散乱X線の位相が,ちょうど波長の整数倍ずれると互いに強め合う。図

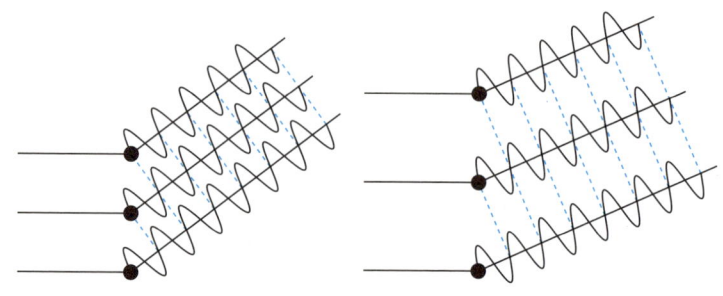

図 6-25　間隔の異なる格子による回折

格子間隔の 1/2 の場所に原子を持つ格子

a1　　　　　a2　　　　　a3

格子間隔の 1/3 の場所に原子を持つ格子

b1　　　　　b2　　　　　b3

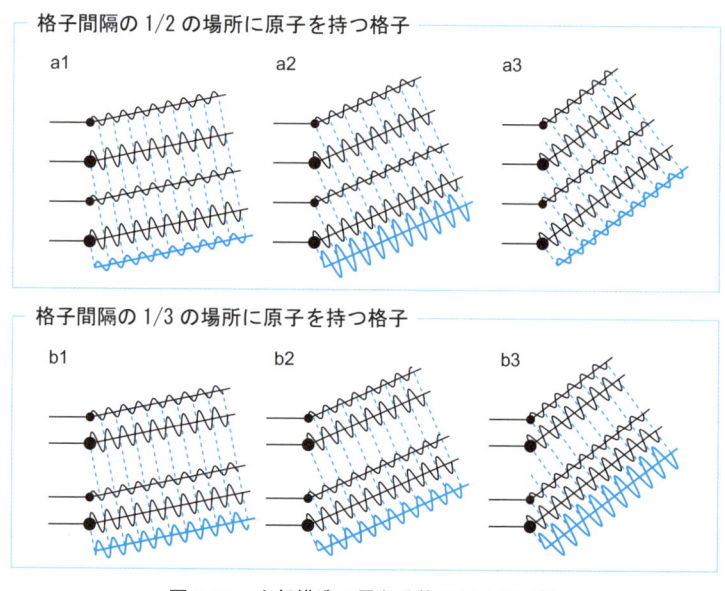

図 6-26　内部構造の異なる格子による回折
a1, a2, a3 に，格子間隔の $\frac{1}{2}$ の場所に原子を持つ格子からの回折線のうち，回折角の小さいものから 3 つを示した。黒色で示した波は各原子からの散乱を，青色の波はそれらが干渉した結果得られる，回折線の振幅を示す。b1, b2, b3 は，格子間隔の $\frac{1}{3}$ の場所に原子を持つ格子について同様の作図を行ったもの

6-25 に示したように，原子間隔の狭い格子からの回折線の回折角は大きく，原子間隔の広い格子からの回折線の回折角は小さくなる。すなわち，回折角（回折線の現れる位置）は，結晶格子の繰り返し周期の長さによって決まる。

つぎに，内部構造を持った一次元結晶を考えてみよう．図 6-26 のように，元の格子間隔の 1/2 および 1/3 のところに，元からある原子の半分の強さの散乱能を持った原子が加わった一次元結晶を 2 種類考えよう．これら 2 種類の結晶からの回折線の回折角は同じになる．一方，回折線の振幅は，各原子からの散乱の振幅を足し合わせたものとなるため，図 6-26(a) の結晶による回折線の振幅は 1 つおきに大小が入れ替わるのに対し，図 6-26(b) の結晶による回折線の振幅は 3 回周期で大小が入れ替わる．また，あとから加えた点の散乱能が変わると，回折線の振幅も変化することが容易に理解できるだろう．このように，回折線の振幅は，格子の内部構造を反映している．

あとから加えた原子と，元からある原子の間隔がさらに狭くなると振幅の大小の繰返し周期が長くなり，回折角度の大きな領域まで測定を行わないと，2 つの点があることが判別できなくなる．このように，格子の内部構造を高い分解能で観測しようとするときには，高い回折角度のデータが必要になる．

実際の結晶による X 線の回折は，以上の議論を三次元に拡張することにより理解できる．まず，回折線の出現位置から結晶の周期性，すなわち結晶格子が求められる．また，回折線の振幅は，単位胞内部の原子の種類や配置を反映する．回折線の振幅は，結晶中の各原子からの散乱を，位相を考慮して足し合わせたものであり，結晶構造因子と呼ばれる．結晶構造因子は，一般に複素数で表現され，回折線の強度は結晶構造因子の絶対値の 2 乗に比例する．

X 線回折により結晶構造を精密に決定しようとするときには，回折線の強度を可能な限り正確に測定することが重要である．また，単位胞内の構造を，高い分解能で解析するためには，回折角度の大きな領域まで回折データを測定する必要がある．

- 回折線の出現位置は単位胞の大きさおよび形を反映する
- 回折線の強度は，単位胞内の原子の種類および位置を反映する
- 回折角度の大きな領域まで測定することにより，得られる構造の分解能が向上する

6-3-3 Bragg の条件，面指数と反射の指数

三次元の格子である結晶に X 線を照射すると，一次元の格子による回折と

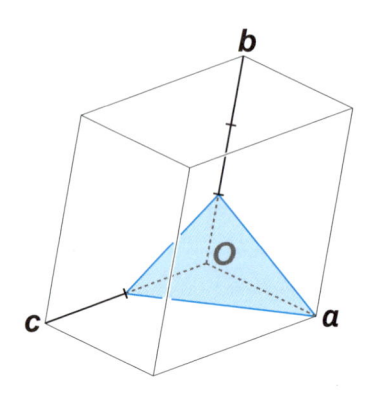

図 6-27 格子面と Miller 指数
図の例は 132 面

　同様の条件（隣り合う格子点からの散乱光の位相差が波長の整数倍となる）が3つの方向すべてにおいて成り立つときに，回折光が観測される。この条件をLaueの条件という。しかし，Laueの条件をそのまま考えるのは煩雑であるので，それと等価なBraggの条件を用いて考えることが多い。

　Braggの条件を考えるときには，結晶の格子点を含む平面（以下，格子面という）を考える。ある格子面に平行な格子面は無数にある。それらのうちで原点に選んだ格子点から最も近い面が a 軸，b 軸，c 軸と交わる点は，図 6-27 に示すように，3つの整数 h, k, l とベクトル a, b, c を用いて，それぞれ $a/h, b/k, c/l$ で表すことができる。軸の負の方向で交わるときには h, k, l を負の値とし，面が軸と交わらず，平行になるときには，対応する整数を 0 とする。この面を $(h\ k\ l)$ 面と呼び，h, k, l をその格子面の Miller 指数または単に指数という。なお，負の指数を表すときには $\bar{1}$ のように，符号を数字の上に付けて示すことが多い。

　X線がこれらの面で鏡面反射する（入射角と反射角とが等しくなる）と考えたとき，それらの平行な面で反射したX線の光路差がX線の波長の整数倍となるときのみ，回折X線が観測される。これをBraggの条件[†17]といい，この

[†17] 格子面の間隔を d，X線の波長を λ，入射角および反射角を θ としたとき，Braggの条件は $2d\sin\theta = n\lambda$ で表される（n は任意の整数）。

ときの回折線を指数 hkl の Bragg 反射あるいは hkl 反射という. 実際に起きている現象は回折であるが,「反射」の語が広く用いられている.

指数 hkl の反射の結晶構造因子を F_{hkl} で表す. その強度は $|F_{hkl}|^2$ に比例する.

- a 軸, b 軸, c 軸と a/h, b/k, c/l で交わる面を (hkl) 面と呼ぶ
- (hkl) 面が Bragg の条件を満たす時に観測される回折線を hkl 反射と呼ぶ

6-3-4 回折パターンの Laue 対称性と Friedel 則

結晶構造が対称性を持つときは, その対称性により関係づけられる格子面が等価になるため, それらの面による X 線の回折強度も等しくなる. 6-1-8 項でも述べたとおり, 回折現象を考えるときには, らせんや映進などの並進を伴う対称操作は, 回転や鏡面などの並進を伴わない対称操作と同等であると考えることができる. さらに, 次項で述べる異常散乱項を無視すると, 指数 $h\,k\,l$ の反射の強度と指数 $\bar{h}\,\bar{k}\,\bar{l}$ の反射の強度は等しくなる. これを Friedel 則という. 以上のことから, X 線の回折パターンの持つ対称性は, 結晶の Laue 対称性と等しくなる. この性質を利用して, 回折パターンの対称性を調べることにより, 結晶の Laue 対称性を決定することができる.

なお, Friedel 則は, ある構造とそれを反転させた構造とが等しい X 線回折パターンを与えることを意味している. それゆえ, Friedel 則が成立しているデータからは, ある構造とそれを反転させた構造とを区別すること, すなわち, 絶対構造を決定することはできない.

- X 線回折パターンの対称性を利用すると, 結晶の Laue 対称性を決定できる

6-3-5 異常散乱と絶対構造の決定, Flack のパラメータ

実際には, 原子散乱因子に異常散乱項と呼ばれる複素数成分があり, その影響で Friedel 則は厳密には成り立たない. このことを利用して絶対構造の決定が行なわれる. したがって, 絶対構造を決定したい場合には, サンプルに由来する異常散乱項が十分に大きな値を持つような条件で, 異常散乱項の回折強度への寄与を十分に見積もることのできる精度の測定を行なう必要がある. 一般に異常散乱項は, X 線の波長が長いほど, 含まれる原子の原子番号が大きいほど大きい. 金属原子を含んだ錯体の結晶では, 波長の短い MoKα 線を用いて

いても，通常の測定を行えば，絶対構造を決定することはさほど困難ではない。

　現在，絶対構造を決定するために最も広く用いられているのは，Flack のパラメータ x を利用する方法である。これは，試料結晶を想定している絶対構造を持つものと，それを反転させた絶対構造を持つものの混ざりもの（双晶）であるとみなし，それらの分率（$1-x$）および x を，最小 2 乗法を用いて求めるものである。Flack のパラメータは 0 〜 1 の範囲を取り，想定している絶対構造が正しければゼロになる。一方，求められた Flack のパラメータが 1 に近ければ，正しい絶対構造は想定している構造を反転させたものである。

- 異常散乱の影響を利用することにより，X 線回折を用いて結晶の絶対構造を決定することができる
- 異常散乱の影響を利用することにより，X 線回折を用いて結晶の絶対構造を決定することができる
- 絶対構造が正しいとき，Flack のパラメータ x はゼロに近くなる

6-4　回折データの収集：二次元検出器を前提に

　X 線結晶構造解析のための回折データを測定するために最も大切なのは，試料として用いる結晶の選択である。質の悪い結晶は質の悪い回折データしか与えず，その結果得られる解析結果も質の悪いものとなる。結晶を選ぶ作業は地道なものであり，不安定な化合物を扱う場合には手早く行わなければならないため，熟練も必要である。しかし，その手間を惜しんでいては，精度の高い解析結果を得ることは難しい。解析手法については，あとから専門家に相談することが可能であるが，結晶を選ぶ度に専門家を連れて来るわけにはいかない。良い結晶を選んで質の良いデータを測定することができれば，多くの場合には問題なく解析を進めることができる。それに対して，結晶の選び方が悪いために悪いデータを測定してしまった場合には，解析のテクニックを駆使してもデータ相応の結果しか得られない。現在では，単結晶 X 線回折データの測定にかかる時間はほとんどの場合 1 日以内であるので，解析がうまくいかない場合には，結晶を選び直して（場合によっては作り直して）再測定するのが，最も効率的かつ適切な対策であることが多い。

- 結晶構造解析の成否を左右する最大のポイントは結晶選びである

6 単結晶 X 線構造解析

6-4-1　波長の選択

X 線回折を測定するための装置を回折計（diffractometer）という。X 線構造解析を行うにあたっては，まず，どの波長の X 線で実験を行うかを決定する。これは多くの場合，どの回折計を使うかということと等価である。たいていの装置は，MoKα 線（波長 0.71074 Å）または CuKα 線（波長 1.5418 Å）を使用している。錯体の場合には，試料による X 線の吸収が少ない MoKα 線を用いることが多い。X 線の吸収が少なければ，試料の放射線損傷も軽減される。MoKα 線を用いても吸収が大きすぎる結晶の場合には，より短い波長の X 線が利用可能な放射光の利用も考えられる。一方，回折 X 線の強度は波長が長いほど大きくなるので，小さな結晶には長い波長の X 線を用いるのが有効な場合がある。しかし，そのときには，放射線損傷について注意を払う必要がある。

- 錯体の構造解析では通常 MoKα 線を使用する

6-4-2　測定温度の選択

試料の温度が低ければ低いほど，原子の熱振動が抑えられるなどの理由により，解析を行いやすくなることが多い。特に空気中に置いておくと，酸化・還元・風解・潮解など様々な理由で結晶性が悪くなるサンプルには，低温測定が向いている。ただし，長鎖アルキル基を持つものなど，低温にすると相転移を起こし，それに伴って結晶性が悪くなるものもある。そのような場合には，室温など，相転移温度よりも高い温度での測定が必要となる。見た目は良いのに，測定してみると良質の結晶が見つからない場合には，一度室温で測定してみるとよい。風解などにより結晶が不安定であるが，低温にすることが適切ではないサンプルの場合には，結晶をガラスキャピラリに封入することにより，結晶性を保ったまま測定することができる。

- 特に理由がない場合には，低温で測定すると良い

6-4-3　目視による結晶の選択

顕微鏡の下で，外周がきれいな平面で囲まれた，透明感の高い結晶を選ぶ。外形が丸みを帯びているときは，結晶の溶解が始まっていて，すでに結晶性が悪化していることが多い。強く着色した試料などでは透明感の判定は困難であ

るので，外形のみが判断の基準となる。CCDやイメージングプレートなどの二次元検出器を用いた回折計では，結晶の大きさは0.1 mm角程度あれば十分である。特に，重原子を多く含む試料の場合には，結晶を大きくすると吸収による系統誤差が大きくなるため，小さめの結晶を選ぶとよい。大きさによって結晶性が異なるサンプルもあるので，よい結晶が見つからない場合には，思い切って小さめの結晶（0.01 mm角程度）を選んでみるのも一案である。結晶によるX線の回折強度は結晶のサイズに比例するため，非常に小さな結晶では十分なS/N比で回折強度を測定することが難しくなる。しかし，結晶性の悪さは人の手ではいかんともしがたいが，小さくても結晶性の良いサンプルが得られれば，CuKα線や放射光など，より強いX線源を利用して，良好なデータを測定することも可能となる。

　なお，ほとんどの測定条件は，回折計を制御するコンピュータ内に自動的に保存されるが，結晶の大きさと色については自動的には保存されない。この段階で調べておき，必ず実験ノートなどに記録しておく。特に低温で測定したときには，測定終了後，室温に戻すときに結晶が失われてしまって，大きさを測定することができなくなる場合があるので，結晶の大きさは測定開始前に測っておくのが良い。

- 0.1 mm角程度の，外周がきれいな平面で囲まれた透明感の高い結晶を選ぶ

6-4-4　結晶のマウントとセンタリング

　このようにして選んだ結晶を，回折計に取り付ける。回折計上では，様々な指数の反射を測定するため，結晶をゴニオメータヘッドと呼ばれる器具の上に取り付ける。このことを結晶のマウントという。代表的な結晶のマウント方法を図6-28に示す。ガラス棒などは，ゴニオメータヘッドに取り付けたときにちょうど良い高さになるよう，あらかじめ調整しておくと良い。

　この結晶を，回折計の各軸がどのように動いても，X線が結晶に当たるように調整するのが，結晶のセンタリングである。その方法を図6-29に示す。センタリングが不十分であると，回折計の軸が動いたときに結晶が入射X線の中心から外れてしまい，回折強度が減少してしまう。特に集光装置を用いた高輝度のX線源や放射光では，入射X線のサイズが小さいので，入念にセンタ

6 単結晶X線構造解析

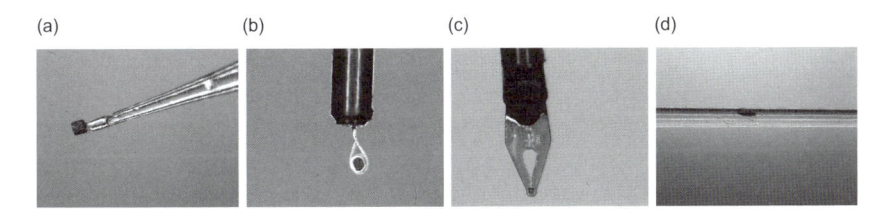

図 6-28 結晶のマウント方法の例
(a) ガラス棒の先端に接着する。(b) ナイロンループを用いる。(c) 高分子フィルム製の治具を使う。(d) ガラスキャピラリに封入する

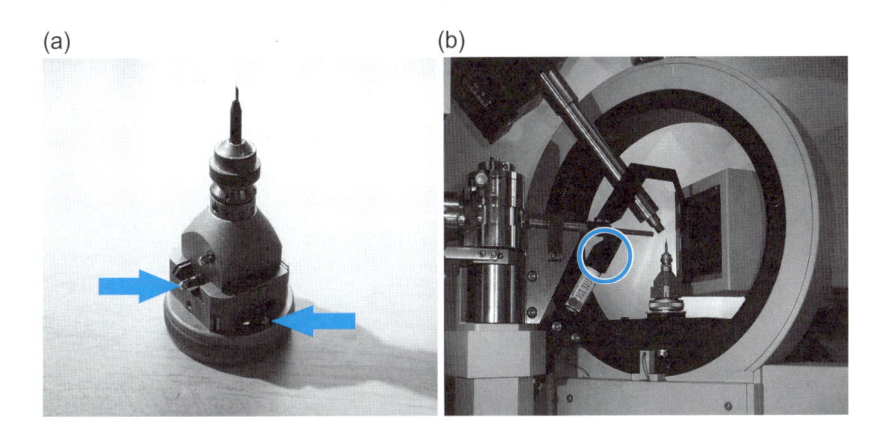

図 6-29 結晶のセンタリング方法。ゴニオメータヘッド (a) の 2 つのスライド機構 (青矢印) を調整して，ϕ 軸 (ゴニオメータヘッドを取り付けた軸) を回転させても結晶の重心が動かないようにする。調整するスライドを，結晶観察用カメラ (b) の青丸で示した部分) の視線と直交させるとやりやすい。次に，高さを調整し，最後にもう一度，結晶の重心が回転軸上にあることを確認する

リングを行うことが重要である。慣れるまでは非常に時間がかかるが，得られるデータの質を左右する作業であるので，注意深く行うことを推奨する。

- 結晶のセンタリングを正確に行うことが，よいデータを得る秘訣である

6-4-5 回折パターンの確認

ここまで来たら，X線を結晶に当てる。CCD であれば数秒，イメージング

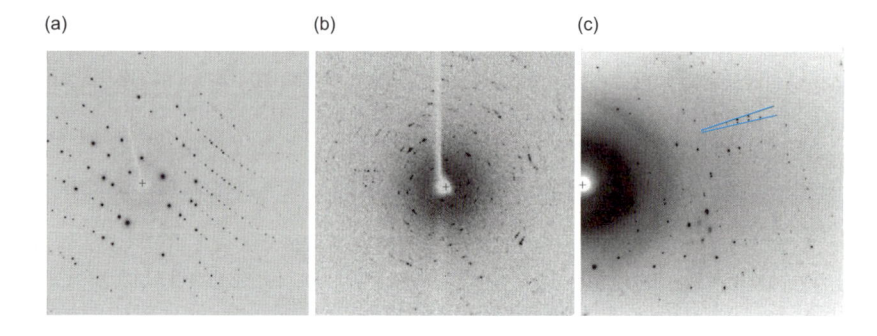

図 6-30 CCD検出器で測定した回折斑点の例
(a) は良質な結晶の例。(b) は結晶性の悪い試料の例。(c) の例ではきれいな回折斑点が見られているが、青線で示した2列の回折斑点が、不規則な角度をなしている。検討の結果、方位の異なる2つの結晶がくっつき合ったものであることが明らかになった

プレートであれば数分すると，回折パターンがコンピュータディスプレイ上に表示される。このパターンを見て，切れのよい斑点が見られるか確認する。斑点がきれいであっても，周期的でない場合には，方位の異なる2つ以上の結晶がくっついているものかもしれないので，注意する必要がある。格子定数の決定がうまくいくかがサンプルの良否を判断する基準の1つになるだろう。

ただし，ここで肝要なのは，サンプルの重要性，量などとのバランスである。得られた結晶の数が極端に少ない場合には，結晶性の悪さには目をつむって，測定を続けることが必要になるかもしれない。ただし，その場合には解析が難航することを，あらかじめ覚悟しておくのが良いだろう。

- 「切れ」のよい回折斑点を与える結晶を選ぶ

6-4-6 格子定数の決定

このデータを元に，測定プログラムが，得られた回折点それぞれについて指数を付け，試料結晶の格子定数の大まかな値を求める。格子定数が決まれば，それを元に回折点の出現位置を予測することができるので，それが実測の回折点と一致しているかを確認する。また，この段階で，出発原料や，類似の既知化合物と格子定数を比較することができる。なお，この時点ではごく少数の回

折点のみを使って格子定数を決めているため，その誤差が比較的大きいことに注意する必要がある．ここで得られた格子定数を元に晶系を決めつけてしまうと，積分などこれ以降のデータ処理がうまくいかなくなったり，構造が解けなくなってしまったりする[†18]．

なお，格子定数は測定終了後に，測定したデータすべてを用いて精密化し，解析や最終的な報告にはその値を用いる．

- **格子定数が決まったら，回折点の出現位置を再現するか確認する**

6-4-7 測定領域の決定とデータの測定

以上の予備的測定の結果，構造解析のための回折強度測定を行うことになったら，どの分解能までのデータを測定するかを決定する．通常，原子レベルの分解能のデータを得るためには，分解能 0.8 Å（MoKα 線で 2θ が 55° 程度）までのデータを測定しておけば問題ない[†19]．ただし，明らかにそこまで高角の反射が出ていない場合は，高角のデータは測定するだけ無駄である．そのようなときは，コンピュータディスプレー上で確認できるもっとも回折角の大きな回折点より，2θ にして 10〜15°程度高角側まで測定するのが適当であろう．

つぎに，めざす分解能までは，独立な反射はすべて測定できるように設定する．独立な反射のうち，測定されたものの割合を Completeness といい，この値は 95 % 以上であることが求められる．Completeness を確認するためには，結晶の属する晶系がわかっている必要があるが，不明である場合には，三斜晶系であると考えて測定を進めるのが無難である．回折計には，三斜晶系の場合に対して推奨される設定があるので，特に理由がなければその設定を使用する．

良い解析結果を得るためには，同じ指数の反射を様々な設定で何度も測定して，その平均を求めるのが有効である．それぞれの反射を何回測定したかの平均値のことを redundancy という．この値が 3〜4 程度あると，かなりの精度の解析が期待できる．ただし，redundancy を上げるためには測定時間を長く

[†18] 6-1-10 項でも述べたとおり，格子定数がどのような条件を満たすかは，結晶の晶系を決定するための必要条件であって，十分条件ではないので，格子定数をもとに晶系を決めつけるのは，そもそも間違いである．

[†19] 分解能は $\lambda/(2\sin\theta)$ で定義される．

する必要がある．結晶が不安定で，測定時間中に結晶性が悪化していく場合には，むやみに redundancy を上げても，後半のデータは使い物にならず，解析精度は向上しない．

- 95％以上の Completeness，3 以上の redundancy となるよう，測定領域を決定する
- 晶系が不明の場合には，安全のため三斜晶系を想定する

6-4-8 積分と各種補正

測定が終了したら，CCD あるいはイメージングプレートに記録されたデータから，それぞれの指数の反射の強度を抽出する（この操作を積分という）．

得られた回折強度に対して，偏光補正，ローレンツ補正，吸収補正などを施す．偏光およびローレンツ効果の補正値は，各反射の測定時における回折計各軸の値のみを用いて計算できるので，回折計に組み込まれたソフトウェアにより自動的に行われる．ローレンツ補正と偏光補正をまとめて Lp 補正という．

結晶による X 線の吸収効果の大きさは，結晶の線吸収係数 μ と結晶の大きさ x との積 μx により見積もることができる[†20]．この値が 0.1 以下であれば吸収補正は必要なく，1.0 以上であれば結晶の外形に基づく吸収補正が推奨される．μx が 0.1 ～ 1.0 の範囲にあるときには，実験的な補正で十分であるとされている．イメージングプレートや CCD を使用した回折計で得られたデータについては，「Laue 対称で関係づけられる等価な反射は強度が等しくなる」という性質を利用して吸収効果を見積もる実験的補正が，広く用いられている．この補正法は，回折計のソフトウェアに組み込まれており，結晶の外形の入力が不要であるため，簡便である．測定の completeness および redundancy が高ければ，この方法の信頼性が高くなる．類似化合物のデータなどを元に，あらかじめ線吸収係数を見積もっておき，μx が 1.0 を超えない程度の大きさの結晶を選ぶようにしておけば，この方法を用いることができる．有機配位子を持つ錯体であれば，たいていのものは μ が 5 mm^{-1} 以下であるので，0.2 mm 程度以下の結晶を選べばよいことになる．なおこの実験的補正は，結晶の Laue 対称

[†20] 線吸収係数 μ は，単位胞の体積と組成から求められるため，正確な値は解析が終了してから求めることになる．x は結晶の 3 辺の長さのうち，中間の値（最大でも最小でもないもの）を用いる．

に基づいて計算するので，次項で述べる対称性の決定をあらかじめ行っておく必要がある．

6-4-9 対称性の決定

6-3-4 節で述べたとおり，結晶の Laue 対称性は回折パターンの対称性と一致する．したがって，積分して得られた回折強度の分布を統計的に調べることにより，結晶の属する Laue 群を決定することができる．6-1-10 項で述べたように，格子定数が決定されると，単位胞の形をもとに可能な Laue 対称が絞り込まれる．それぞれの Laue 対称に対して，等価となるべき反射強度の一致度 (R_{int} または R_{merge} と呼ばれる) を求め，それが Laue 群 $\bar{1}$ に対して得られる値と同程度であれば，試料結晶はその Laue 対称を示し，それよりも有意に大きければ，その Laue 対称性を示さないと判断できる (この手続きを Laue チェックという)．

らせん軸または映進面を持つ結晶では，らせんあるいは映進の種類と方向に対応した特定の指数の反射強度がゼロになる．これを消滅則という．表 6-6 に，らせん軸または映進面による消滅則のうち，頻繁に見られるものをあげた．Laue 対称の決定に続けて，表 6-6 に示すような消滅則がみられるかをチェックすることにより，らせん軸または映進面の存在を調べ，空間群の候補を絞り

表 6-6 頻繁にみられる消滅則の例

対称要素	消滅する反射の指数
a 軸に平行な 2 回らせん軸	$h\,0\,0$ (h は奇数)
b 軸に平行な 2 回らせん軸	$0\,k\,0$ (k は奇数)
c 軸に平行な 2 回らせん軸	$0\,0\,l$ (l は奇数)
a 軸と直交する b 映進面	$0\,k\,l$ (k は奇数, l はすべての整数)
a 軸と直交する c 映進面	$0\,k\,l$ (l は奇数, k はすべての整数)
a 軸と直交する n 映進面	$0\,k\,l$ ($k+l$ は奇数)
b 軸と直交する a 映進面	$h\,0\,l$ (h は奇数, l はすべての整数)
b 軸と直交する c 映進面	$h\,0\,l$ (l は奇数, h はすべての整数)
b 軸と直交する n 映進面	$h\,0\,l$ ($h+l$ は奇数)
c 軸と直交する a 映進面	$h\,k\,0$ (h は奇数, k はすべての整数)
c 軸と直交する b 映進面	$h\,k\,0$ (k は奇数, h はすべての整数)
c 軸と直交する n 映進面	$h\,k\,0$ ($h+k$ は奇数)

込む。$P2_1/c$ や $P2_12_12_1$ など，いくつかの空間群は，消滅則から一意的に決定することができる。しかし，そうでないものについては複数の候補が残る。解析プログラムによっては，この段階で残った候補のうち，データベースにもっとも頻繁に現れるものを正しい空間群と決めつけるものがあるが，そのような判断が常に正しいとは限らないので，注意が必要である。解析プログラムが選んだ空間群では解析がうまくいかない場合には，それ以外で可能性のある空間群について順に解析を試み，もっともらしい解が得られる空間群を最終的に正しい空間群とすればよい。

- 回折強度の分布から，Laue 対称を決定する
- 消滅則を利用して，空間群の候補を絞り込む

6-5 構造モデルの決定と精密化

　測定されたデータを用いて結晶構造を決めていくが，結晶中のすべての原子位置が一度に決まるわけではない。回折強度への寄与が大きな原子，つまり原子番号の大きな原子から順に求められるのが普通である。錯体の場合は，金属とそのまわりの配位子，データが悪い場合には金属原子のみが見つかり，対イオンや結晶溶媒などは見つからないことが多い。このように，大まかな構造を決めることを「初期位相の決定」と呼ぶ。最終的な構造は，それまでに求められた原子のパラメータを最小2乗法により最適化することと，残りの原子を探索することを繰り返し行うことにより決定される。

6-5-1 初期位相の決定

　初期位相の決定は，ほとんどの場合直接法により行われる。広く使われているプログラムに *SHELXS*[6] と *SIR*[7] がある。パッケージプログラムがこれらのプログラムへの入力ファイルを作成し，実行結果をグラフィクスで表示する。得られた結果を見て，それらしい構造が得られていれば成功である。

　解けなかった場合には，まず，時間はかかるが念入りに答えを探すオプション (Hard などと呼ばれる) を試みる。それでも解けない場合には,他のパラメータを調整するよりはプログラムを，*SHELXS* を使用している場合は *SIR* に，*SIR* を使用している場合には *SHELXS* に変更してみることの方が効果的であ

る場合が多い。

　それでも解が得られない場合には，空間群が間違っていないか再検討してみる。Laue チェックの出力を見て，他の Laue 群の可能性がないかを確認する。また，消滅則のチェックを見て，少数の例外的な反射のために消滅則の判定が覆されていないか確認する。特に，データが悪い場合や Completeness が低い場合には，Laue 対称や消滅則を慎重に確認する必要がある。6-4-9 項の繰り返しになるが，Laue 群および消滅則のチェックだけでは一義的に空間群が決まらないものがある。そのようなときには，現在選んでいる空間群以外の候補についても検討してみる。

　また，対称性を下げることによって正解が得られる場合もある。特に対称心を外すことが有効であるといわれている。ただし，ある空間群を仮定したときに直接法プログラムが正しい構造を導き出したということは，必ずしもその空間群が正しいことを保証しない。対称性を下げて解が得られた場合には，より高い対称性がないか，必ず確認してみる必要がある[†21]。

　それでも解が得られない場合には，測定をやり直すのが最も早道であることが多い。

- 直接法で解が得られない場合の対応
   Hard オプションを用いる
   別の直接法プログラムを使う
   空間群を再検討する
   対称性を下げ，対称心のない空間群で解いてみる（要注意）
   測定をやり直す

6-5-2　直接法の結果の解釈

　直接法の結果，原子があると予想される場所にピークが得られるので，化合物についての化学的情報を元に，それぞれのピークに原子を割り当て，分子の

[†21] そのためには，得られた CIF（6-6-6 項参照）を http://checkcif.iucr.org にてチェックするのが最も簡便である。なお，見つかった原子数が少なすぎるときや，不確かな原子を多く導入しすぎたときには，正しい対称性を見つけにくくなる。ある程度収束させた後，不確かな原子を削除してから対称性を確認するとよい。

形をみつけていく。独立な空間のみを表示するプログラムでは，対称要素上にある分子は，半分あるいはそれ以下しか表示されないので，注意が必要である。また，分子の一部が欠落しているように見えても，離れた場所にある原子を対称操作で移動させることにより，分子の形を完成することができる場合もある。

　たいていのプログラムは，ピークの高い順あるいは画面上でピークをクリックした順に原子に番号を付けるが，一定の規則の下に番号を付け直すと，構造を説明するときや，結合距離・角度を比較するときに便利である。特に，同形の化合物を比較するときには，原子の番号付けを統一することにより議論が明快になる。また，分子の形を崩さない範囲内で，適切な対称操作を用いて，各原子を原点の近傍かつ分率座標が正の領域に移動させることを推奨する。そうすることにより，近隣の分子との相互作用を考えるときなどに，対称操作の表記が簡明になり直感的に理解しやすくなる。

- 原子の位置はなるべく原点の近傍に，分率座標が正になるように
- 原子の番号付けを規則的に行うことが構造の議論を明快にする

6-5-3　ディスオーダー

　結晶中に見られる不規則性をディスオーダーと呼ぶ。結晶は，原子や分子が規則正しく並んだものではあるが，常に完全に規則的であるとは限らない。構造の違いがわずかであれば，配座や方位の異なる分子や異なる化学組成の分子や原子が，区別されることなく結晶中に取り込まれる。その結果，一粒の結晶中に含まれる数億以上の単位胞[†22]のうち，何割かはある配座・方位・化学組成を含み，他の何割かは別の配座・方位・化学組成を含むことになる。

　その分布に規則性がないとき，X線結晶構造解析を行うと，複数の配座・方位・化学組成にそれぞれの存在確率を掛けたものの重ね合わせが見られることになる。それぞれの配座・方位・化学組成などをディスオーダーの成分という。

　よく見られるディスオーダーに以下の例があげられる。ディスオーダーは，各成分内で，化学的に無理のない構造（分子内および分子間の原子間距離，化学量論など）を保つという条件を満たすように，解析を進める必要がある。そ

[†22] 正確には非対称単位あるいは複数の非対称単位の組。

れぞれの成分がどのような構造に対応しているのか，それは化学的に意味のある構造であるのかを確認しながら解析を進めることにより，意味のある解析結果が導き出される。

(1) 溶媒など，分子の存在確率が 100％でない

風解性の試料では，保管中，サンプリング中あるいは測定中に結晶中から溶媒が脱離する。そのようなサンプルを通常どおりに解析すると，脱離した溶媒の温度因子（6-6-3 項参照）が異常に大きくなる。そのようなときは，脱離した分子の存在確率（占有率）を変数として最適化する。このとき,同一分子（またはイオン）中の原子にはすべて同じ占有率を与えること。なお，溶媒など中性分子であれば，その分子の占有率を変化させるだけでよいが，電荷を持ったイオンの占有率を変化させる場合には，他のイオンやプロトンなどの占有率もそれに合わせて調整し,結晶全体として電荷が中性となるようにする必要がある。

(2) 溶媒などの配置に乱れがある

結晶溶媒の領域に，互いに近すぎる密度の低いピークが多数存在する場合である。このときは，ピーク間の距離を見て，現実的でないほどに近い距離にあるものの占有率の和が 1 を越えないようにする。図 6-31(a) の例では，O1a 〜 O4a は同じ占有率，O1b 〜 O4b は 1.0 からその値を引いたものとする。図 6-31(b) の例では，O1a, O1b, O1c の占有率の和が 1.0 となるようにする。

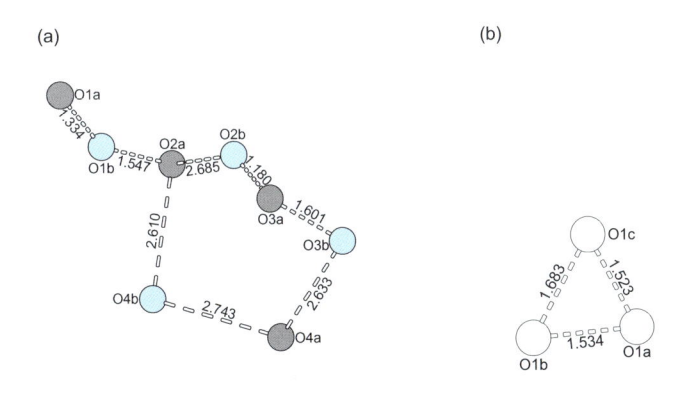

図 6-31　結晶水のディスオーダーの例

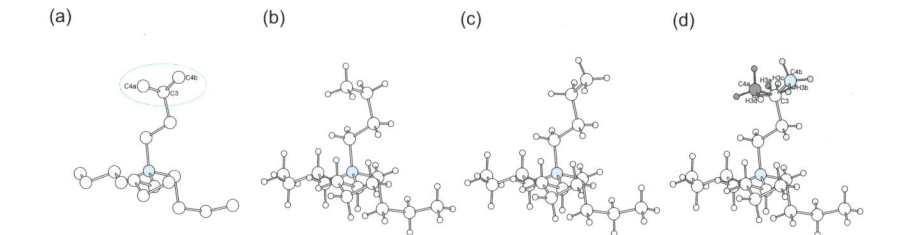

図 6-32　4本のブチル鎖のうち，1本が2種類のコンホメーションをとるというディスオーダーを示す $[(n-C_4H_9)N]^+$ イオンの例。(a) の図（水素原子は省略してある）は，水色の楕円で囲んだ部分が乱れていることを示す。結晶中に無数にある分子のうちいくつかは (b) に示すコンホメーションをとり，残りは (c) に示すコンホメーションをとっている。なお，C3 というラベルをつけた炭素原子は乱れていないが，(d) に示すように，C3 に結合する水素原子は，それぞれのコンホメーションに応じた位置に，それぞれの占有率に応じて存在する

(3) コンホメーションの乱れ

1つの分子の一部分のみが，2種（あるいはそれ以上）のコンホメーションを取るときである。解析の際には，乱れていない部分は通常どおり扱い，乱れている部分のみをディスオーダーとして扱う。乱れている部分の占有率の和は，乱れていない部分の占有率に等しくなる。図で表すときには図 6-32(a) のように表示するが，分子が途中で二股にわかれているわけではない。図 6-32(a) は，結晶中に無数にある単位胞のうち，いくつかは図 6-32(b) に示す構造の分子を含み，残りの単位胞は図 6-32(c) に示す構造の分子を含むことを示している。

(4) 分子の方位の乱れ

分子の輪郭が対称的で，異なる方向を向いていても結晶中にうまく収まるようなとき，両方の向きを向いた分子が1つの結晶に含まれることがある。そのような結晶を解析すると，図 6-33 に示すように，方位の異なる分子が重なって見える。それらの占有率および互いの位置関係によっては，局所的に対称性が上昇する。残りの部分の構造が，上昇した対称性に合致している場合には，結晶全体の対称性が上昇し，より高い対称性の空間群となる。逆に言えば，空間群の対称性から要請される分子の対称性が，実際の分子の対称性よりも高い場合には，この種の乱れが必ず存在する。

6 単結晶 X 線構造解析

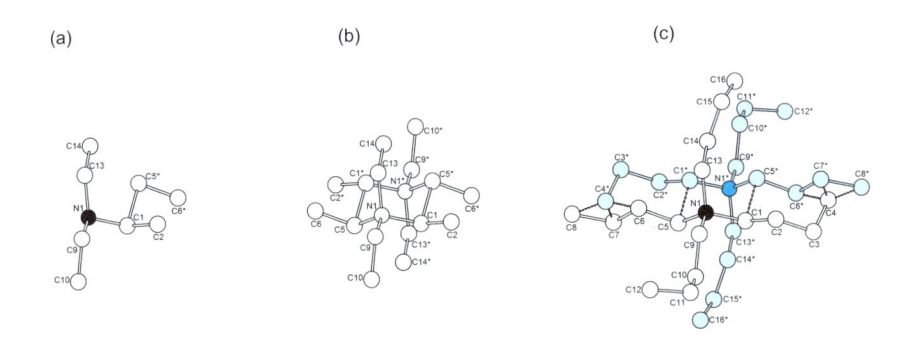

図 6-33 分子全体の配向の乱れを示す [(n-C$_4$H$_9$)N]$^+$ イオンの例。解析の初期の段階では、イオンの中心部の原子しか見えず、独立な空間を見ると (a) のように、アルキル鎖が途中で分岐しているように見えた。窒素原子の近くにある対称心で関係づけられる原子をあわせて描いた図(b) を解釈することにより、2 つの [(n-C$_4$H$_9$)N]$^+$ イオンが反転中心の周りでディスオーダーしていることが明らかになった。(c) に示したように、N1 と C1 ～ C16 が 1 つの分子、N1* と C1* ～ C16* がもう 1 つの分子を形作っている。これら 2 つの分子は対称心で関係づけられるために互いに占有率は等しく、0.5 になる

6-5-4 最小 2 乗法

各原子の分率座標などの構造パラメータは、最小 2 乗法により、精密化する。構造モデルを元に計算した各指数の反射の構造因子 $F_{calc}(hkl)$ と、実測[†23]の構造因子 $|F_{obs}(hkl)|$ および各反射の重み w を用いて求めた残差の 2 乗和、

$$\sum_{hkl} w \left(|F_{obs}(hkl)|^2 - |F_{calc}(hkl)|^2 \right)^2 \text{ または } \sum_{hkl} w \left(|F_{obs}(hkl)| - |F_{calc}(hkl)| \right)^2$$

が最小となるような条件を与えるパラメータを求めるのが最小 2 乗法である。左側の和を最小とするものを F^2 に基づく最小 2 乗、右側の和を最小とするものを F に基づく最小 2 乗という。以前は F に基づく最小 2 乗が主流であったが、最近は F^2 に基づく最小 2 乗が主流である。現在もっとも広く用いられているプログラム SHELXL[5] も、F^2 に基づいた最小 2 乗を行っている。最小 2 乗の

[†23] 構造因子 F の絶対値の 2 乗に比例する回折線の強度 I を測定しているため、X 線回折測定からは構造因子の絶対値しか得られない。

結果の指標となるものが R 因子であり，以下の2種類の値を使用する。

$$R1 = \frac{\sum_{hkl}||F_{obs}(hkl)|-|F_{calc}(hkl)||}{\sum_{hkl}|F_{obs}(hkl)|}, \quad wR2 = \frac{\sum_{hkl}w(|F_{obs}(hkl)|^2-|F_{calc}(hkl)|^2)^2}{\sum_{hkl}w(|F_{obs}(hkl)|^2)^2}$$

ここで，和は測定した独立な反射の指数すべてについて取る。歴史的経緯から，$R1$ は $|F_{obs}(hkl)| > n\sigma(|F_{obs}(hkl)|)$ である反射のみを用いて計算し，$wR2$ はすべての反射を用いて計算することが多い。その際，n は 3 または 4 がよく使われる。なお，$\sigma(|F_{obs}(hkl)|)$ は $|F_{obs}(hkl)|$ の不確かさを表し，積分により $|F_{obs}(hkl)|$ を求めるときに同時に求められる。良好なデータが得られて解析に問題がなければ，$R1$ は 0.05 程度かそれより小さな値となる。$wR2$ は，$R1$ の 2〜3 倍程度の値となることが多い。

6-5-5　収束の判定

構造中の全原子を見つけ終えたら，最終的なパラメータを得るために最小2乗を繰り返す。そのサイクルを繰り返す毎に，各パラメータは変化し，それとともに，各パラメータの標準不確かさ（6-6-2 項参照）も求められる。すべてのパラメータについて，パラメータの変化量がパラメータの不確かさの 0.01 倍程度まで小さくなった時点で，最適化が収束したと判断できる。R 値が下がらなくなった時点で終了させてはならない。原子数の多い構造では，R 値が下がりきった後，完全に収束させるまでに，数 10 回の最小 2 乗サイクルが必要であることもしばしばある。

- 最小 2 乗を収束させるときには，すべてのパラメータについて，変化量が不確かさの 1/100 以下となることを目指す

6-6　結果の解釈と評価

6-6-1　分子の構造

6-3 節で述べたように，X 線回折パターンは結晶中の原子の種類や位置によって決まる。したがって，X 線回折データを解析すると，結晶中の原子の種類や位置に関する情報が得られ，その結果を用いて原子間の距離や角度（つまり，

結合距離および結合角，ねじれ角など）を求めることができる。すなわち，通常のX線構造解析においては，原子間の結合の有無については，距離のみを根拠に判断している。解析の結果，プログラムから結合を示す棒を描いた図が出力されるが，これらは「この種類の原子とこの種類の原子とが，これだけの距離よりも近くにいれば，棒を描け」という命令によって描かれているに過ぎない。その距離よりも $0.001\,\text{Å}$ でも長ければ棒は描かれないため，それを鵜呑みにしていては重要な情報を見落とすおそれがある。特に，分子間の相互作用のように，どこまでの長さを取るべきかが判然としない場合には，注意が必要である。「プログラムがそこに結合を示す棒を描いているかどうか」にはたいした意味はなく，「そこの原子間距離が何 Å であり，その結果をいかに解釈するか」が重要である。

6-6-2 解析精度の評価

各原子の分率座標や温度因子（6-6-4項参照）などのパラメータを最小2乗で精密化すると，精密化されたパラメータと同時に，その不確かさ[†24]が求められる。各パラメータを用いて結合距離や角度が求められるのと同様に，各パラメータの不確かさを用いて距離や角度の不確かさが求められる。論文などで距離の値の後ろの括弧内に記されている数字がそれで，最小桁のところで不確かさが幾らであるかを示す。たとえば，$1.538(3)\,\text{Å}$ とあれば値が $1.538\,\text{Å}$，不確かさが $0.003\,\text{Å}$ であることを示し，$1.519(14)\,\text{Å}$ とあれば値が $1.519\,\text{Å}$，不確かさが $0.014\,\text{Å}$ であることを示す。この値が14または19（人により流儀が異なる）を超えるときには，有効桁数を減らして表示する。たとえば，解析プログラムが $1.496(34)\,\text{Å}$ と出力した場合，小数点以下3桁目にはほとんど意味がないので，$1.50(3)\,\text{Å}$ と報告する。

構造を議論するとき，類似の結合距離を比較することがよくある。結晶中の2つの距離の違いを議論する場合には，まず距離の差の不確かさを考える。それは，それぞれの距離の不確かさの2乗の和の平方根で定義される。距離の差

[†24] かつては推定標準偏差（estimated standard deviation，略称 esd）と呼ばれていたが，現在は標準不確かさ（standard uncertainty，略称 su）という語を用いることが推奨されている。

が，その不確かさに対して 2.5 〜 3 倍程度以上大きいときには有意な差があり，2 倍以下では有意な差はないと考えられる。

　結合距離に対する不確かさが小さいものほど精度の高い解析であり，細かな距離の違いを議論することが可能になる。電子数の多い重い原子ほど不確かさが小さくなるので，複数の解析の精度を比較するときには，同種の原子間（たいていは C–C）距離の不確かさの平均を比較するとよい。

　なお，解析精度を $R1$ で評価することが多いが，$R1$ のみで解析精度を判断するのは不適切である。重原子を多く含む化合物では，重原子のパラメータがそこそこの精度で求められると，軽原子のパラメータの精度が悪くても $R1$ が低くなることや，分解能を下げるなどして最小 2 乗に使用する反射の数を減らすことにより，$R1$ を恣意的に低くできることがその理由である。

- パラメータを比較するときは，その差が有意であるか必ず検討する
- 解析精度は C–C 結合距離の不確かさにより評価する

6-6-3　決定された絶対構造の確からしさ

　絶対構造の正しさを表す尺度である Flack のパラメータ（6-3-5 項参照）に対しても，不確かさが求められる。その値が 0.1 程度より小さければ，絶対構造は十分な精度で決定されたと考えて良い。一方，Flack のパラメータの不確かさが 0.3 を超えるようなデータを元になさされた絶対構造の議論は信用するにたらない[8]。

- Flack のパラメータの不確かさが 0.3 程度以上の場合，絶対構造を議論することは避けるべきである

6-6-4　温度因子

　結晶中で原子は 1 箇所に静止しているわけでなく，熱振動などの理由により，平均的な位置の周りで統計的に分布している。結晶構造解析ではその分布を正規分布で近似する。等方的な分布で近似するとパラメータの数は 1 つとなり，異方的な分布で近似するとパラメータの数は 6 つとなる。それぞれを等方性温度因子（isotropic displacement parameter）および異方性温度因子（anisotropic

6 単結晶 X 線構造解析

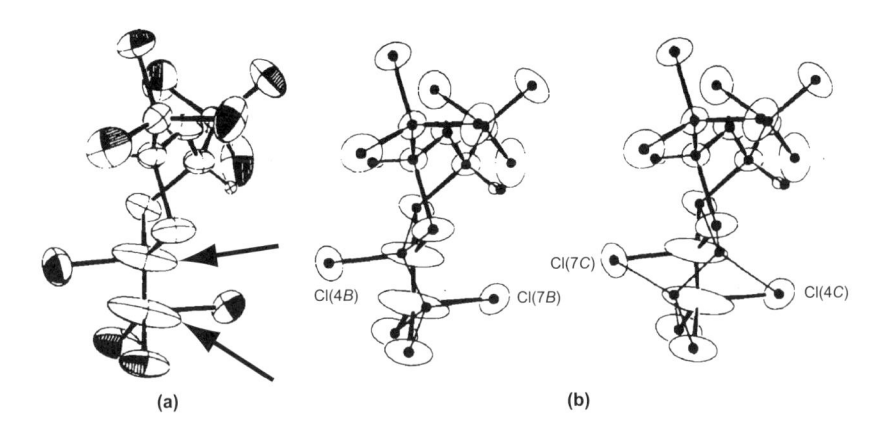

図 6-34 ORTEP 図から構造の乱れが明らかになった例。構造の乱れを考慮せずに解析した結果 (a) では，矢印をつけた原子にかかわる結合距離および角度に異常が見られた。その熱振動楕円体がほかの原子に比べて大きく歪んでいることから，(b) に示した 2 種の配座がディスオーダーしていると仮定して再解析を行ったところ，原子間距離および角度は正常な値に近づいた。[M. Kapon and F. H. Herbstein, *Acta Crystallogr., Sect. B*, **1995**, 51, 108-113.]

displacement parameter)[†25] と呼び，U_{iso} および U_{ij} (U_{11}, U_{22}, U_{33}, U_{12}, U_{13}, U_{23}) で表す。異方性温度因子の値から分布をイメージすることは困難であるので，原子核の存在確率が等しい面を描いた熱振動楕円体を図示する。等値面が楕円体とならないことを「異方性温度因子が Non-positive definite（NPD）である」といい，そのような場合には等方性温度因子に戻すなどして，その状況を解消する必要がある。熱振動楕円体を表示するプログラムの代表的なものが *ORTEP*[9)] であり，熱振動楕円体を描いた図を *ORTEP* 図と呼ぶ。

構造がほぼ見えてきたら，*ORTEP* 図を作り，各原子の温度因子について検討する。分子の外縁部や，ねじれ角が変化しやすい場所では，温度因子が大きくなりやすい。それ以外の理由で，隣り合う原子よりも極端に温度因子が大き

[†25] 英語では旧称 temperature factor に代わり，displacement parameter が推奨されている。一方，日本語では displacement parameter に対応する用語は普及しておらず，引き続き「温度因子」が使われている。また，ADP という略語が異方性温度因子の意味で使われる場合と，温度因子全般の意味（atomic displacement parameter の略）で使われる場合があるので注意が必要である。

い原子や，異方性温度因子の形状が極端に細長くなっている原子については，ディスオーダーの可能性があるので，検討してみる必要がある．図6-34に，ORTEP図の検討からディスオーダーが見つかった例を示す．

- 異方性温度因子が極端に平らになったり，極端に細長くなっていないか，隣り合う原子の温度因子が極端に違っていないか確認する

6-6-5　データベースとの比較

得られた結果を類似の化合物の結果と比較することにより，その化合物の特徴を考察することができる．そのような目的のために，結晶構造のデータベースが整備されている．C–CあるいはC–H結合を持つものはCambridge Structural Database（CSD）[10]にデータが集められている．ほとんどの錯体は配位子などにC–CあるいはC–H結合を持つので，CSDを用いることが多い．C–C結合もC–H結合も持たない無機化合物のデータはInorganic Crystal Structure Database（ICSD）[11]に納められている．

6-6-6　CIF

解析の途中では，原子の分率座標や温度因子などのパラメータは，解析プログラム独自の形式で電子ファイルとして格納されるが，そのままでは互換性がない．そこで，国際結晶学連合がCIF（Crystallographic Information File）という統一したファイル形式で結晶データを保存することを提案しており，ほぼすべての解析プログラムがこれを出力する機能を備えている[12]．論文を投稿するときにSupplementary Materialとして提出したり，データベースに構造を登録する際にもCIFを用いる．

解析が終了したら，CIFを作成し，http://checkcif.iucr.org にCIFをアップロードして，内容をチェックする．その結果，A，B，C，Gというレベルの警告（Alert）が出される．Alert Aがなければ，論文の審査員から解析についてクレームがつくことはまずないが，Alert Aが出ていても，それが出された原因について合理的な説明ができれば問題はない．checkcifで出される警告は，必ずしも解析が間違いであることを示すわけではないが，実験および解析方法を改善するヒントが含まれているので，注意深く確認することを推奨する．

6-7 おわりに

　X線構造解析に限らず，機器分析を行うに当たっては，その手法が「何を見ているのか」を考えることが重要である。それを考えることにより，研究目的を達成するためにどの分析手法を選べば良いかがわかるだけでなく，測定結果を元に何が議論できるか，どういった議論は避けるべきかがわかる。

　単結晶X線構造解析は，数10 μm 角の結晶が一粒あれば，化合物中のすべての距離・角度が，原子間の相互作用の強弱あるいは有無にかかわらず，高い精度で求められるという利点がある。一方，測定に用いた一粒の結晶が，得られた化合物全体を代表している保証はなく，例外的な結晶一粒の構造を元に，残りの部分の物性を議論する危険が常につきまとう。さらに，単結晶が得られない化合物に対してはまったく無力である。

　実験・解析・結果の議論をどこまで行うかは，研究の目的にも依存する。たとえば，研究の鍵となる新化合物の立体構造を知ることが最大の目的であり，得られる化合物が少ない場合には，多少の結晶性の悪さには目をつむって，とにかくデータを収集することを優先させることになる。解析の際に，結合距離に制約をかけたり，軽原子には異方性温度因子の適用を避けるなどすることにより，分子の形については疑う余地がない程度に決定することが可能になるかもしれない。しかし，そのような場合には，結果の議論は分子の形のみにとどめ，結合距離などについての詳細な議論は避けるべきであろう。

　一方，細かな結合距離の違いや光学活性体の掌性を議論しようとするときには，それらの違いが明らかになるようなサンプルを入念に選び，それらの違いを明らかにするように測定・解析を行う必要がある。結果に関する議論を行う際には，常に解析精度を念頭に行わなければならず，それを超える議論は避けるのが賢明である。

参考文献

1) 桜井敏雄,「X線結晶解析」, 裳華房　物理科学選書（1967）.
2) 桜井敏雄,「X線結晶解析の手引き」, 裳華房　応用物理学選書（1983）.

3) 大場茂，矢野重信，「X 線構造解析」，日本化学会　化学者のための基礎講座 (1999).
4) 大橋裕二「X 線結晶構造解析」，裳華房　化学新シリーズ (2005).
5) Klapper, H.; Hahn, Th. *International Tables for Crystallography Vol. A, First online edition, Chapter* 10. 2, pp. 804-808 (2006).
6) Sheldrick, G. M. *Acta Crystallogr., Sect. A.*, **64**, 112-122 (2008). プログラムを入手するためには http://shelx.uni-ac.gwdg.de/SHELX/ の記述に従って著者の Sheldrick 教授の許可を得る必要がある。
7) Burla, M. C.; Caliandro, R.; Camalli, M.; Carrozzini, B.; Cascarano, G. L.; De Caro, L.; Giacovazzo, C.; Polidori, G.; Spagna, R. *J. Appl. Crystallogr.*, **38**, 381-388 (2005). プログラムを入手するためには http://www.ic.cnr.it/ の記述に従って著者の Giacovazzo 教授の許可を得る必要がある。
8) Flack, H. D.; Bernardinelli, G. *J. Appl. Crystallogr.*, **33**, 1143-1148 (2000).
9) Burnett, M. N.; Johnson, C. K., *ORTEP-III*, ORNL-6895, Oak Ridge, Tennessee, U. S. A., 1996.
10) Allen, F. H. *Acta Crystallogr., Sect. B.*, **58**, 380-388 (2002). データベースを入手するためには，アカデミックユーザーは大阪大学蛋白質研究所 http://www.protein.osaka-u.ac.jp/csd/csd.html に，非アカデミックユーザーは化学情報協会 http://www.jaici.or.jp/wcas/wcas_ccdc.htm に問い合わせること。
11) Bergerhoff, G.; Brown, I. D., in "Crystallographic Databases", F. H. Allen, G. Bergerhoff, and R. Sievers eds., International Union of Crystallography, Chester, pp 77-95 (1987). データベースを入手するためには化学情報協会 http://www.jaici.or.jp/wcas/wcas_icsd.htm に問い合わせること。
12) Hall, S. R.; Allen, F. H.; Brown, I. D. *Acta Crystallogr., Sect. A*, **47**, 655-685 (1991). CIF の各項目の説明および入力すべき値の種類（数値，記号，文字列など）および許される値の範囲や記号の候補などは IUCr のウェブサイト http://www.iucr.org/ の Current CIF dictionary の項目の Core dictionary のページ（現在の URL は http://www.iucr.org/__data/iucr/cifdic_html/1/cif_core.dic/index.html）に詳細な記述がある。

7 赤外・ラマンスペクトル

はじめに

　赤外・ラマンに関する専門書として Herzberg の 3 部作や水島・島内らの名著がある[1,2]。群論を基礎にして分子の回転や振動運動を俎上に載せて赤外・ラマンの原理やスペクトルを詳細に解説している。また，赤外・ラマンスペクトルによって解明された物質の特性や現象あるいは測定法に焦点を絞った総説や技術書も数多く出版されている。金属錯体に限定すると，中本による専門書[3]がすでに第 6 版まで改訂を重ね，基本的な事項から金属錯体各論に至るまで丁寧に解説し充実した参考文献と共に錯体研究者には必携の書となっている。

　振動分光学による分子構造研究を中心テーマにすえた多くの専門書に浅学な筆者が何を付け加えることができるのか。それは，筆者の研究小史―実験結果を手にして，どのように解釈しどう発展させたか，解決したと思ったらまた新しい問題にぶつかるのくり返し―をわかりやすく解説することである。7-5 節 *à la carte* では，ヘムタンパク質や鉄ポルフィリンの構造研究を取り上げた。ヘムと格闘することで，様々な金属錯体を攻略する基礎体力がつくようにした。そのために基礎的な事項（7-1 ～ 4 節）の掘り下げ方にでこぼこが生じている。しかしそれが特徴である。

7-1　光と分子の相互作用

　分子が光に出会うと極めてまれに光の吸収，散乱あるいは（誘導）放出が起こる。これらのうち赤外線吸収と振動のラマン散乱について考える。赤外線吸収もラマン散乱も共に分子の振動運動を調べる手段ではあるが，原理が異なるために観測する物理量が異なる。

　次の概念図に示すように，赤外線吸収では IR 光源の連続光を干渉計や回析格子などによって分光し，試料によってどの振動数の赤外線がいくら吸収されたかを透過光の強度として検出する。一方，ラマン散乱では単色光（レーザー）

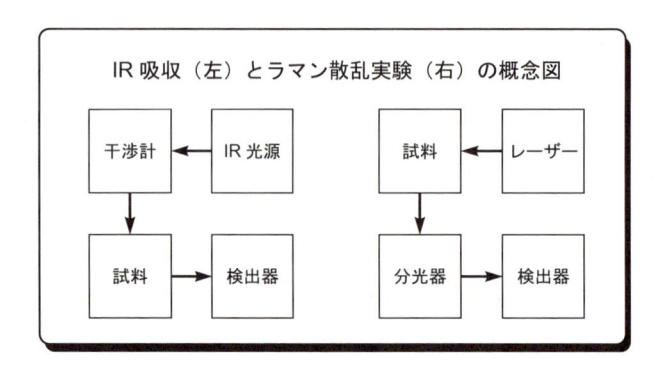

```
┌─────────────────────────────────────────────────────┐
│         IR 吸収（左）とラマン散乱実験（右）の概念図        │
│                                                     │
│   ┌──────┐   ┌──────┐     ┌──────┐   ┌──────┐      │
│   │ 干渉計│◄──│IR光源│     │ 試料 │◄──│レーザー│     │
│   └──────┘   └──────┘     └──────┘   └──────┘      │
│      │                        │                     │
│      ▼                        ▼                     │
│   ┌──────┐   ┌──────┐     ┌──────┐   ┌──────┐      │
│   │ 試料 │──►│検出器│     │ 分光器│──►│検出器│      │
│   └──────┘   └──────┘     └──────┘   └──────┘      │
└─────────────────────────────────────────────────────┘
```

を試料に照射し散乱光を分光し，分光された散乱光の振動数ごとの強度を検出する。いずれの場合もコンピュータによる高速のデータ処理が不可欠である。

はじめに，吸収から解説する。濃度 c の試料に強度 I_0^λ の光があたると Lambert-Beer の法則にしたがって透過光は $I^\lambda = I_0^\lambda 10^{-\varepsilon c l}$ のように減衰する（図 7-1）。この関係は λ の広い範囲に渡って成立し，赤外線領域では赤外線吸収と呼ばれる。試料が光を吸収する程度を表す吸光係数 ε は試料分子固有の量である。試料を通過すると光は弱くなるので，ε は太陽光を遮る日傘のイメージであろうか（1分子の ε として吸収断面積が定義される）。分子は日傘とは異なり特定の波長の赤外線を遮る（吸収する）。特定の波長の光，すなわち特定のエネルギーを取り込んだ分子は光エネルギーを自身の振動運動に使ってエネルギー保存則を満足させる。

光エネルギーは電気双極子モーメントを介して分子のエネルギーに変換される。図 7-2 に示すように光の電場 F が $\mu = ql$ の永久電気双極子モーメントを持つ分子に働くと，$qFl\sin\theta = \mu F\sin\theta$ の偶力が生じて双極子は電場に並行になろうとする。つまり，電場に置かれた分子は，

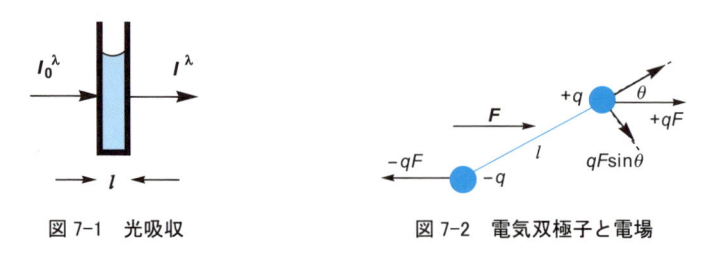

図 7-1　光吸収　　　　　　　　　図 7-2　電気双極子と電場

7 赤外・ラマンスペクトル

$$V = \int_0^\theta \mu F \sin\theta \, d\theta = -\mu F \cos\theta = -\boldsymbol{\mu}\cdot\boldsymbol{F} \tag{7-1}$$

の相互作用エネルギーを獲得し,エネルギーの貯蔵先として振動運動を選ぶ。この様子は,$V = -\boldsymbol{\mu}\cdot\boldsymbol{F}_0\cos 2\pi\nu_0 t$ を摂動項とする時間依存の摂動論などによって説明される[4,5]。それによると振動運動と電場のエネルギーが,

$$\Delta E_{if} = h\nu_0 \tag{7-2}$$

の共鳴条件を満たしたときに光エネルギーは分子に移る準備が完了し,積分によって与えられる遷移双極子モーメント(双極子行列要素)

$$\mu_{if} = \int \psi_i^* \mu \psi_f \, d\tau = <i|\mu|f> \tag{7-3}$$

の2乗が,受け取ったエネルギーを分子内で消費する確率になる。これを始状態 ψ_i から終状態 ψ_f への遷移確率という(振動エネルギーと状態については 7-2 節で取り扱う)。式(7-3)で表される積分値が赤外線吸収の主人公になる。

一方,永久双極子を持たない分子は,電場によって変形を受けそれによって生じた電気双極子が電場と相互作用する。したがって,無極性分子にも式(7-1)の形の相互作用が生じる。光の下における分子の双極子モーメントは,

$$\boldsymbol{\mu} = \boldsymbol{\mu}_0 + \alpha\boldsymbol{F} + (1/2)\boldsymbol{\beta}\boldsymbol{F}\boldsymbol{F} + \cdots \tag{7-4}$$

$$\boldsymbol{\mu}_{\mathrm{ind}} = \alpha\boldsymbol{F} \tag{7-5}$$

で与えられる。$\boldsymbol{\mu}_0$ が永久双極子モーメント,α は分極率を表し $\alpha\boldsymbol{F}$ が誘起双極子モーメントである。超分極率 β などさらに高次の項も考えられる。$\boldsymbol{\mu}_0 = 0$ の場合,$V = -(\alpha\boldsymbol{F})\boldsymbol{F}$ が式(7-1)に対応し[†1],式(7-2)の条件を満たしてかつ遷移モーメント $<i|\mu_{\mathrm{ind}}|f>$ が値を持てば赤外線吸収が起こる。整理すると,Lambert-Beer の法則に現れる ε は,$-\boldsymbol{\mu}\cdot\boldsymbol{F}$ で表される光と分子の相互作用を介して,分子が光のエネルギーを振動運動にどの程度変換できるかを示す量であり,式(7-2)の条件と式(7-3)の2乗によって効率が決まる。電場が非常に強くなると新しい型の発光や吸収が起こるために新たな考察が必要になる(7-5-3 項参照)。

分子が光の下におかれても,$h\nu_0 \gg \Delta E_{if}$ のような場合には式(7-2)の共鳴条

[†1] 単位について整理する。誘起双極子モーメントは $[\alpha F]$ = Fm^2·Vm^{-1} = CV^{-1}m^2·Vm^{-1} = Cm となる。したがって $[\mu_{\mathrm{ind}}F]$ も μF と同じく $[(\alpha F)F]$ = Cm·Vm^{-1} = J となりエネルギーである。

件を満たさないために吸収はおきない。振動のエネルギーより圧倒的に大きい $h\nu_0$ と相互作用した分子と光の「複合体」は行き場を失い極めて短い時間内に，あるいは光と相互作用したと同時に光を放出して分解してしまう。この様子は式（7-5）の α を分子振動 Q（$= Q_0\cos2\pi\nu t$）で展開することによって理解できる。ν_0 で振動させられた μ_{ind} は次式に示すように第二の光源となり散乱光 $h\nu_s$ を放出する。

$$\begin{aligned}\mu_{ind} &= \alpha F \\ &= \left\{\alpha_0 + \left(\frac{\partial\alpha}{\partial Q}\right)_0 Q\right\} F_0\cos 2\pi\nu_0 t \\ &= \alpha_0 F_0\cos 2\pi\nu_0 t + \left(\frac{\partial\alpha}{\partial Q}\right)_0 Q_0 F_0\cos 2\pi\nu t\cos 2\pi\nu_0 t \\ &= \alpha_0 F_0\cos 2\pi\nu_0 t + \frac{1}{2}\left(\frac{\partial\alpha}{\partial Q}\right)_0 Q_0 F_0\{\cos 2\pi(\nu_0-\nu)t + \cos 2\pi(\nu_0+\nu)t\} \quad (7\text{-}6)\end{aligned}$$

図 7-3 に散乱過程の状態図を示す。点線で示す折り返し点において「複合体」が形成される。式（7-6）の第一項は「複合体」形成による電子雲の歪みのエネルギー（$h\nu_0$）がそのまま解放されるレイリー（Rayleigh）散乱を表す（図 7-3(a)）。散乱時に振動状態の変化を伴う第二, 三項がラマン散乱と呼ばれ，散乱光の振動数が入射光より小さくなったもの（$\nu_0-\nu$）をストークス (b)，大きくなったもの（$\nu_0+\nu$）をアンチストークス (c) という。レイリー散乱に対するラマン散乱の割合は 10^{-3} 以下と弱いために，レーザなどの単色性の高い光源を励起光として分光する。室温では振動励起状態 $|f>$ を占める分子数は少ないので，ラマン測定といえばストークスを指す。但し，非平衡系やダイナミクスの研究などではアンチストークスとストークスのラマン強度に着目する場合もある。式（7-6）はラマン散乱がおこるためには $(d\alpha/dQ)_0 \neq 0$，すなわち平衡位置における分子振動による分極率の変化を要請する[†2]。ストークス

[†2] 外部電場 F を与えた時に 2 つの原子に生じる分極の様子を右図(a)に示す。同じ電場に置かれたままで原子が (b) のように近づいてくると (a) で見られる分極に加えて，相互に加算的な誘起分極（$\delta\pm$）が強まってくる。この動きを等核 2 原子分子の振動運動であるとすると，平衡原子間距離の前後で分極率が変化することがわかる。

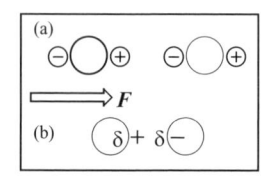

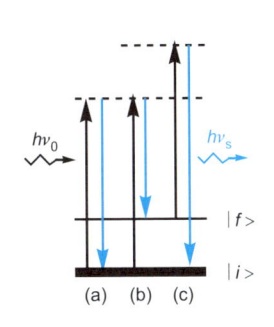

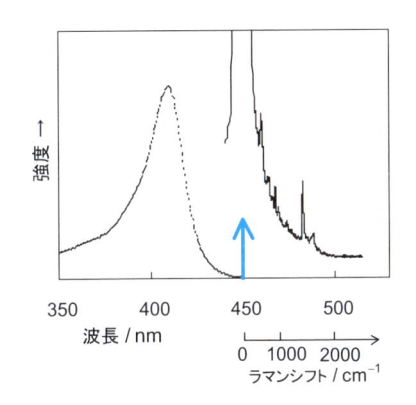

図 7-3　散乱過程　　図 7-4　電子吸収（350 〜 450 nm）とストークスラマンスペクトル（励起波長 450 nm）ラマン散乱強度は，フォトン／秒で表わされるが，散乱光の絶対強度を正確に計ることが難しいために任意スケールで目盛る

　ラマンバンドの振動数は入射光とラマン散乱光の差（$h\nu = h\nu_0 - h\nu_s$）から求める。これをラマンシフトと呼ぶ。450 nm で励起したラマンスペクトルの概念図を図 7-4 に示す。試料は 400 nm 辺りに吸収を持つとする。レイリー散乱光が励起光の波長を中心にして裾を引き，ストークスラマンスペクトルがその上に乗る。ラマンシフトの 1000 cm^{-1}，2000 cm^{-1} は 471 nm，495 nm にあたる。レイリー散乱の短波長側にはアンチストークスラマンが観測できる。低波数領域まで質の高いラマンスペクトルを得るためには，レイリー散乱光を弱める工夫が必要になる。ラマンスペクトルはこの図のようにラマンシフト vs. 強度の形で図示するが，図とは逆に絶対波数の増加を横軸にして右から左に向かってラマンシフトを表示する場合もある。

　ラマン散乱の強度は式（7-3）で表された行列要素と同じように表されるが，μ を式（7-5）の μ_{ind} で置き換えなければならない。

$$(\mu_{\text{ind},\rho\sigma})_{if} = (\alpha_{\rho\sigma})_{if} \boldsymbol{F} = <i|\alpha_{\rho\sigma}|f>\boldsymbol{F} \qquad (7\text{-}7)$$

で表される積分の 2 乗がラマン強度を支配する。$\alpha_{\rho\sigma}$ は分極率テンソルの $\rho\sigma$ 成分（x, y, z を表す）である。この積分値がラマン散乱の主人公である。

　ここまで赤外線吸収とラマン散乱の違いについて見てきた。ラマンは散乱現

象であって吸収ではないことが明らかであるが，両者は共に分子振動のエネルギーを測定している。ただし，赤外線吸収では分子振動に伴って電気双極子モーメントが，ラマン散乱では分子振動に伴って分極率が変化しなければならない，という違いがはっきりした。この違いは，酸素分子の振動運動はラマン散乱によってしか測定できない，あるいは温室効果ガスの元凶のようにいわれて久しい二酸化炭素は赤外線を吸収するという事実を説明できるのか。この後，振動運動やその対称性を調べ赤外・ラマンと分子振動の関係をもう少し掘り下げて検討する。

7-2　分子振動

複雑な構造をした錯体の分子振動も振動の自由度 n（原子数を p とすれば $3p-6$，線状分子では $3p-5$）の調和振動子の集まりとして表すことができる。CO_2 を金属錯体 ML_n に見立てて分子振動について考える。

7-2-1　2原子分子の振動

力の定数 K，質量 m_1，m_2 の2原子分子の振動運動をバネで結ばれた剛球モデルで表す（図7-5(a)）。ここで得られる結果は金属錯体における同位体効果や配位小分子の振動スペクトルの解釈に使える。原子間距離 $r = z_2 - z_1$ が平衡原子間距離 r_e から Δr ずれると Hooke の法則にしたがって球に $-K\Delta r$ の復元力が働き振動する。積分して，

$$V_z = K\Delta r^2 / 2 \tag{7-8}$$

のポテンシャルエネルギーを得る。運動エネルギー T_z は次のように変形できる。

$$2T_z = m_1 \dot{z}_1^2 + m_2 \dot{z}_2^2 = \frac{(m_1 \dot{z}_1 + m_2 \dot{z}_2)^2}{m_1 + m_2} + \frac{m_1 m_2}{m_1 + m_2}(\dot{z}_1 - \dot{z}_2)^2$$

第一項は運動量の2乗を質量で割っており全体の並進エネルギーになるために，第二項が重心が移動しない振動エネルギー T_{zv} になる。

$$T_{zv} = \mu \Delta \dot{r}^2 / 2 \tag{7-9}$$

T_x や T_y は並進や回転のエネルギーとなる。2個の球の振動運動が，式(7-8)と式(7-9)から換算質量 μ（$= m_1 m_2/(m_1+m_2)$）の1個の球が壁にバネ定数

7 赤外・ラマンスペクトル

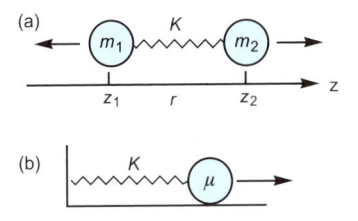

図 7-5 2原子分子の振動

K で結ばれた調和振動子（図 7-5(b)）の運動に単純化されることがわかる。調和振動子の Newton の運動方程式 $-K\Delta r = \mu\,(d^2\Delta r/dt^2)$ を解いて得られる振動数は[†3]，

$$\tilde{\nu} = \frac{1}{2\pi c}\sqrt{\frac{K}{\mu}} \tag{7-10}$$

となり，K の平方根に比例し μ の平方根に反比例する。$^1H_2 \to {}^2H_2$ や $^{16}O_2 \to {}^{16}O^{18}O$ などの同位体置換によって換算質量が μ から μ^* になると同位体シフトに関する次の関係が得られる。ただし置換によって力の定数に変化はないとする。

$$\tilde{\nu}(\mu^*) = \tilde{\nu}(\mu)\sqrt{\frac{\mu}{\mu^*}} \tag{7-11}$$

7-2-2　3原子分子の振動[2]（CO_2）

CO_2 の運動エネルギー T_{zv} とポテンシャルエネルギー V_z を求める。ただし K は C-O 伸縮に関連した力の定数，k は2つの伸縮の相互作用，H は原子価角の変化に対する力の定数[†4]，$\Delta r_1 = |r_1 - r_e|$ である（図 7-6）。

$$T_z = (m_0\dot{z}_0^{\,2} + m\dot{z}_1^{\,2} + m\dot{z}_2^{\,2})/2$$

$$T_{zv} = \frac{m}{2}\left(\frac{\Delta\dot{r}_1 + \Delta\dot{r}_2}{\sqrt{2}}\right)^2 + \frac{1}{2}\frac{m_0 m}{m_0 + 2m}\left(\frac{\Delta\dot{r}_1 - \Delta\dot{r}_2}{\sqrt{2}}\right)^2 = \frac{m}{2}\Delta\dot{Q}_s^{\,2} + \frac{1}{2}\frac{m_0 m}{m_0 + 2m}\Delta\dot{Q}_{as}^{\,2} \tag{7-12}$$

[†3] 分子振動の単位は cm^{-1}。波長の逆数で，1 cm に入る波の数を表し，波数と読む。3300 cm^{-1} の O-H 伸縮振動数は 3×10^{-4} cm $= 3\,\mu m$ の波長を意味する。振動数は波数に光速を乗じた値であるが，習慣上 3300 cm^{-1} は伸縮波数といわずに伸縮振動数という。

[†4] $K = 801$ N/m, $k = 126$ N/m, $H = 39$ N/m（化学便覧3版）。

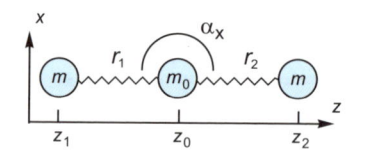

図 7-6 CO_2 型 3 原子分子の座標

$$V_z = (K\Delta r_1^2 + K\Delta r_2^2)/2 + k\Delta r_1 \Delta r_2$$
$$= \frac{1}{2}(K+k)\left(\frac{\Delta r_1 + \Delta r_2}{\sqrt{2}}\right)^2 + \frac{1}{2}(K-k)\left(\frac{\Delta r_1 - \Delta r_2}{\sqrt{2}}\right)^2$$
$$= \frac{1}{2}(K+k)\Delta Q_s^2 + \frac{1}{2}(K-k)\Delta Q_{as}^2 \tag{7-13}$$

式 (7-12) は T_{zv} であり前式から並進のエネルギーを落とした。T_{xv}, T_{yv} や V_x, V_y も同様にして求まる。

$$T_{xv} = \frac{1}{2}\left(\frac{1}{2}\frac{m_0 m}{m_0 + 2m}r_e^2\right)(\Delta \dot{\alpha}_x)^2 \tag{7-14}$$

$$T_{yv} = \frac{1}{2}\left(\frac{1}{2}\frac{m_0 m}{m_0 + 2m}r_e^2\right)(\Delta \dot{\alpha}_y)^2 \tag{7-15}$$

$$V_x = \frac{1}{2}H(\Delta \alpha_x)^2 \tag{7-16}$$

$$V_y = \frac{1}{2}H(\Delta \alpha_y)^2 \tag{7-17}$$

結局 CO_2 の 4 つの振動の自由度を, 変数が分離できた式 (7-12) と式 (7-13) から ΔQ_s と ΔQ_{as} に関する 2 組, 式 (7-14) と式 (7-16) から $\Delta \alpha_x$, 式 (7-15) と式 (7-17) から $\Delta \alpha_y$ の計 4 個の独立な調和振動子として表すことができた。例えば, ΔQ_s は質量 m の 1 個の球が壁にバネ定数 $K+k$ で結ばれた調和振動子として運動する。このような振動を基準振動, ΔQ_s などを基準座標という[†5]。

[†5] 正しくは, 質量を取り込んだ Q で基準座標を定義する。そのとき運動エネルギーとポテンシャルエネルギーはそれぞれ, $T = \sum_i^n \dot{Q}_i^2/2$ $V = \sum_i^n \lambda_i Q_i^2/2$ で表される。ΔQ との違いはポテンシャル二次曲線の曲率の変化として現れるだけなので大きな混乱は生じない。そこで ΔQ を基準座標と呼んだ。

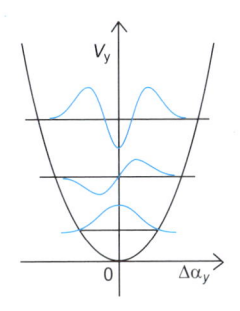

図 7-7 結合角に対する V_y と式 (7-23) の振動の波動関数

2原子分子のポテンシャルエネルギーは，原子間距離の関数として表されるが，多原子分子では単なる原子間距離ではなく基準座標の関数になる点に注意する。図 7-7 に式 (7-17) をグラフ化した。図は距離の関数ではなく結合角の変化の関数になっている。力の定数 H が大きくなれば結合が硬く，二次関数は鋭くなる。図 7-10 には ΔQ_s や ΔQ_{as} の関数のポテンシャル曲線を示した。

それぞれの基準振動を見てみよう。($\Delta r_1 + \Delta r_2$) で表される ΔQ_s の変化は2つの C-O 結合が同位相で伸縮振動し中央の炭素原子は動かない（図 7-8）。この対称伸縮振動 (ν_s) の振動数は式 (7-12) と式 (7-13) の最初の項を比較して得られる。m_0 を含まないので炭素原子に関する同位体シフトはない。

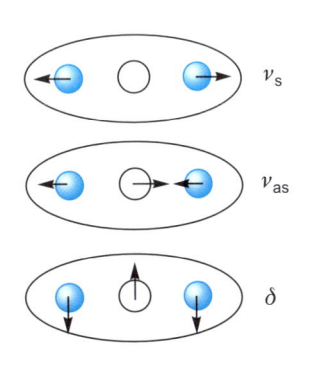

図 7-8　CO_2 伸縮と変角振動
バネのかわりに電子雲を楕円形に描いた

$$\widetilde{\nu}_s = \frac{1}{2\pi c}\sqrt{\frac{K+k}{m}} \qquad (7\text{-}18)$$

$(\Delta r_1 - \Delta r_2)$ である ΔQ_{as} の変化は2つのC-O結合が逆位相で伸縮し逆対称伸縮振動 (ν_{as}) になる (図7-8)。振動数は ν_s と同じようにして,

$$\widetilde{\nu}_{as} = \frac{1}{2\pi c}\sqrt{\frac{K-k}{mm_0/(m_0+2m)}} \qquad (7\text{-}19)$$

となる。$\Delta \alpha_x$ では x-z 面の結合角が変化する変角振動 (δ) が起こり,振動数は次式で表される。

$$\widetilde{\nu}_\delta = \frac{1}{2\pi c}\sqrt{\frac{H}{m_0 m r_e^2/2(m_0+2m)}} \qquad (7\text{-}20)$$

$\Delta \alpha_y$ も同じ振動数となり両者を縮重変角振動という。複雑な多原子分子系の振動運動も同じように取り扱うことができ,その場合もやはり分子振動を振動の自由度 n に等しい数の独立した基準振動に分解できる。個々の基準振動は固有のポテンシャルと振動数を持つ。一般的な基準振動計算は先に引用した参考書[1~3]に詳しいが,最近では種々の電子状態計算に基づく振動計算の手法やプログラムの進化が著しく,それによっても信頼性の高い振動データが得られる。

7-2-3 分子振動の量子論

2原子分子の振動運動はSchrödinger方程式,

$$-\frac{\hbar}{2\mu}\frac{d^2\psi_v}{d\Delta r^2}+\frac{1}{2}K\Delta r^2 = E_v\psi_v \qquad (7\text{-}21)$$

を解くことによって次式のエネルギーと波動関数によって記述できる。

$$E_v = \left(v+\frac{1}{2}\right)hc\widetilde{\nu} \qquad v = 0,\ 1,\ 2,\dots \qquad \widetilde{\nu} = \frac{1}{2\pi c}\sqrt{\frac{K}{\mu}} \qquad (7\text{-}22)$$

$$\psi_v(\Delta r) = N_v H_v(y)\exp\left(-\frac{y^2}{2}\right) \qquad y = \Delta r/(\hbar^2/\mu K)^{1/4} \qquad (7\text{-}23)$$

振動の量子数 v によって量子化されており,振動数は古典的に得られた式 (7-10) と同じである。$H_v(y)$ は $H_0(y) = 1$, $H_1(y) = 2y$, $H_2(y) = 4y^2-2$ などのエルミート多項式である。多原子分子のエネルギーは次式に示すように1つ1つの調和振動子が持つエネルギー,式 (7-22) の和で,波動関数は個々の波動

関数，式 (7-23) の積で与えられる．

$$E = E_{1,v} + E_{2,v} + \cdots + E_{n,v} \tag{7-24}$$

$$\Psi = \psi_{1,v}\psi_{2,v}\cdots\psi_{n,v} = |v_1, v_2, \cdots, v_n> \tag{7-25}$$

CO_2 の振動の波動関数は対称伸縮と逆対称伸縮と縮重した変角振動からなっており $|v_{\nu s}, v_{\nu as}, v_\delta>$ で表す．図7-9は量子化された振動のエネルギー準位図であり，$|0,1,0> \leftarrow |0,0,0>$ の遷移が起きると ν_{as} が振動する．$|1,0,0>$ は ν_s が振動励起された状態であり，変角振動 δ が振動励起された状態を $|0,0,1>$ で表す．図7-9の各振動状態に式(7-23)で表される波動関数をグラフ化して書き込むことはできないが，図7-7の $\Delta\alpha_y$ vs. V_y 曲線には式(7-23)の波動関数，$\psi_{\delta,0}, \psi_{\delta,1}, \psi_{\delta,2}$ などを書き込むことができる．なぜなら図7-7では横軸が正しく定義されているが，図7-9の横軸は3つの基準座標が混在しており物理的に意味を持たないからである．図7-7の波動関数を見ると関数が直交していることは直感的にもわかり，異なる振動状態間の重なり積分には正規直交性，$<m|n> = \delta_{m,n}$ ($m = n$ なら 1, $m \neq n$ なら 0) が成り立っている．図の一番上の $\psi_{\delta,2}$ は変角振動の倍音と呼ばれ，図7-9の $|0,0,2>$ に対応する．

唐突ではあるが，最後に基準座標と電子励起状態の関係を見る．$\pi^* \leftarrow \pi$ 遷移を起した CO_2 の電子励起状態の平衡構造は基底状態のそれに比べて結合方向に対称的に伸びている．したがって，図7-10(a) に示すように励起状態のポテンシャル曲線の極小位置が ΔQ_s の伸びる方向に Δ シフトすることが理解できる．しかし，ΔQ_{as} の座標では同じ励起状態ではあっても極小位置のシフトが生じない点に注意を要する (図7-10(b))．

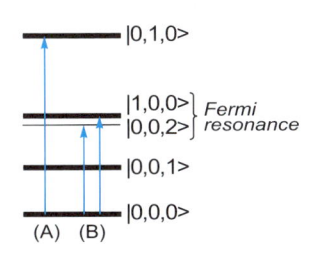

図 7-9　CO_2 の振動準位とフェルミ共鳴（後述）

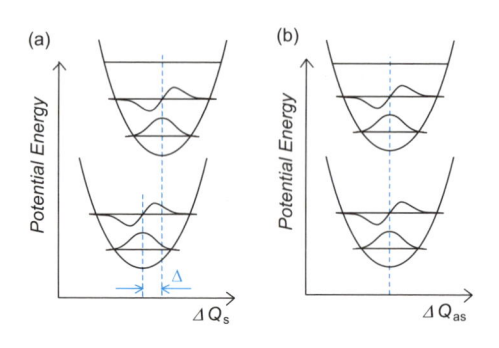

図 7-10　全対称振動（a）と逆対称振動（b）に対する電子基底状態と
励起状態のポテンシャル曲線と振動の波動関数
ΔQ_s に関しては極小位置のシフト Δ が見られる

7-3　分子の対称性

　赤外・ラマン分光は異なる原理に基づいているにもかかわらず共に分子振動を観測する手段であり，分子振動は単純な調和振動子の集まりとして表すことができる。金属錯体の赤外・ラマンスペクトルから構造情報を読み取るための重要なステップはスペクトルに見られる個々の吸収やラマンバンドがいかなる基準振動に対応するかを決定すること，すなわち振動の帰属である。そのためにはまず，どのような振動が赤外線分光法やラマン分光法によって測定できるのか，という基本事項を正確に理解しておかなければならない。すでに赤外線吸収強度には式（7-3）の積分値が，ラマン散乱強度には式（7-7）の積分値が関係することを述べたが，ここではこれらの積分を計算することなく対称性の考察から積分値が 0 になるかどうかを決定し，赤外活性やラマン活性の意味を理解する。具体的には，分子の構造と性質を表す関数（電子状態や並進，回転，振動運動）の対称性を決めて被積分関数の偶奇性を検討する。3 原子分子である H_2O，金属錯体の代表的な配位子でありかつ対称性を考える上で必要な要請をすべて含む NH_3，最後に CO_2 を取り上げるが，まずは H_2O から。

7-3-1　点群 C_{2v} と C_{3v}

　図 7-11 に示す座標系を z 軸のまわりに 180°回転（C_2）して y 軸を $-y$ 軸に

7 赤外・ラマンスペクトル

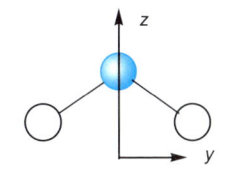

図 7-11　H_2O の構造と座標系

変えても H_2O の位置ベクトルは変わらない。また O の中心を通過し分子面に垂直な鏡面（σ_{xz}）と分子面の鏡面（σ_{yz}）による座標変換を行っても同様である。さらに何もしないという恒等変換（E）を加えて 4 つの対称操作を要素とするグループを C_{2v} 群と定義する。

x 方向への H_2O の並進運動[†6] T_x は C_2 変換によって $-T_x$ になり，$C_2T_x = -T_x$ と表し，C_{2v} 群における T_x に対する C_2 変換の表示[†7] $\boldsymbol{D}(C_2)$ を，

$$C_2 T_x = T_x \boldsymbol{D}(C_2) \tag{7-26}$$

で定義する。$\boldsymbol{D}(C_2)$ は一次元の行列で -1 となる。T_x に対する $E, \sigma_{xz}, \sigma_{yz}$ 変換の表示はそれぞれ $+1, +1, -1$ となり，この行列の集まりを既約表現と呼び，この対称種を B_1 と名付ける（表 7-1）。この時 T_x は B_1 の基底関数であるという。T_z はどの対称操作に対しても変わらないので既約表現 A_1 に属す。T_y は同様の考察から B_2 に属する。z 軸のまわりの回転運動 R_z は新しい既約表現を与えて A_2 に属する。

表 7-1　点群 C_{2v} の既約表現と指標

C_{2v}	E	$C_2(z)$	$\sigma_v(xz)$	$\sigma_v'(yz)$	基底関数		
A_1	$+1$	$+1$	$+1$	$+1$	T_z	ν_s, δ	
A_2	$+1$	$+1$	-1	-1	R_z		
B_1	$+1$	-1	$+1$	-1	T_x	R_y	
B_2	$+1$	-1	-1	$+1$	T_y	R_x	ν_{as}

[†6] 7-2 節の分子振動において，並進運動を計算の途中で省略したにもかかわらずここで再び取り上げていることに違和感を覚えるかも知れないが，ここでの T_x は後に明らかになるように x 方向の双極子モーメントを念頭に置く。T_x, μ_x のいずれも座標変換に対して同じ振舞いをする。

[†7] representative の訳で「表示」とした。代表あるいは representation と同じく表現と呼ばれることもあるが，ここではアトキンス物理化学（上）第 8 版（東京化学同人，千原秀昭・中村恒男訳）に準ずる。

次に振動運動について考える。振動の自由度は3つあり，それらを図7-12に示す。ここには2つのO-H結合が同位相で伸縮する振動，逆位相で伸縮する振動をベクトルの合成によって表した。CO_2の場合（図7-8）とは異なり，H_2Oは折れ曲がっているためにν_sの酸素原子は動く。これらの振動に対称操作をほどこすと，ν_sとδはA_1に，ν_{as}は$+1, -1, -1, +1$, となりB_2に属することがわかる。

NH_3の対称操作はz軸の$\pm 120°$回転（$2C_3$）と3個の鏡面σ_v，それにEを加えて3種の類，6個の要素からなりC_{3v}群を作る（図7-13）。NH_3の運動がどのような変換を受けるかを見よう。T_zはいずれの対称操作によっても変わら

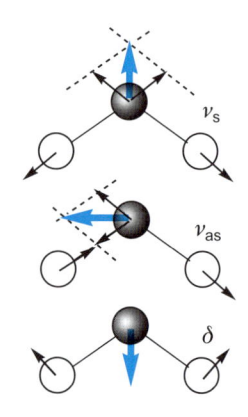

図7-12 H_2Oの対称伸縮，逆対称伸縮，変角振動モード

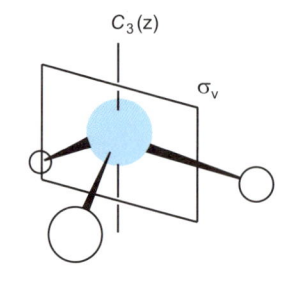

図7-13 NH_3の立体構造と対称操作

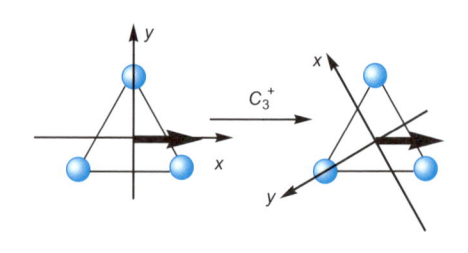

図7-14 NH_3に対する回転操作

ず A_1 の基底関数になる。z 軸回りの回転運動は σ_v によって反転するために A_2 を作る。T_x は様子が異なり C_3 や σ_v の対称操作によって T_y との混合が生じる。NH_3 を窒素原子の上から眺める（図 7-14）と，太い矢印で示す関数 T_x は反時計回りに $120°$ の座標回転 C_3^+ によって T_y と混じり合う。T_y も対称操作によって T_x と交じり合い，その程度は次式で表される。

$$C_3^+(T_x, T_y) = \left(-\frac{1}{2}T_x - \frac{\sqrt{3}}{2}T_y, \ \frac{\sqrt{3}}{2}T_x - \frac{1}{2}T_y \right) \tag{7-27}$$

C_3^+ の表示は，$C_3^+(T_x, T_y) = (T_x, T_y)\boldsymbol{D}(C_3^+)$ の関係より，

$$\boldsymbol{D}(C_3^+) = \begin{pmatrix} -\dfrac{1}{2} & \dfrac{\sqrt{3}}{2} \\ -\dfrac{\sqrt{3}}{2} & -\dfrac{1}{2} \end{pmatrix}$$

の（2×2）の行列になる。表示は一般にはこのように行列で表されるために，C_{2v} 群における +1 や −1 も一次元の行列表示と呼んだ。同様にして (T_x, T_y) に対する $D(E)$ や $D(\sigma_v)$ を見つける。行列表示の持つ有用な情報は対角要素の和（跡と呼ぶ）にあり，これを指標という。基底関数 (T_x, T_y) に対する既約表現を行列ではなく指標 +2，−1，0 で表し E と名付け表 7-2 のように C_{3v} 群の指標の表を完成する。E は二重に縮重しており，(T_x, T_y) 以外にも (R_x, R_y) が基底関数になる。

表 7-2　点群 C_{3v} の既約表現と指標

C_{3v}	E	$2C_3$	$3\sigma_v$	基底関数	
A_1	+1	+1	+1	T_z	
A_2	+1	+1	−1		R_z
E	+2	−1	0	(T_x, T_y)	(R_x, R_y)

　NH_3 の基準振動は 6 個あり，2 つの A_1 と 2 組の E からできているが 2 組の E の振動形を CO_2 や H_2O の場合のように直感的に見つけることはできない。群論は関数の集まりをどのように一次結合すれば既約表現が得られるかを教えてくれるが，ここではこれ以上立ち入らない。しかしこれまでの議論により，C_{2v} や C_{3v} 群において並進運動や振動運動などを表す関数がそれぞれの群の既

約表現によって分類されることを知った。これは重要なことである。なぜなら，この章の最初に述べた「積分の計算を行わないで対称性の考察から積分値が 0 になるかどうかを決定する」ということが具体化するからである。つまり奇関数の積分は 0 になり偶関数の積分は値を持つので，被積分関数があらゆる座標変換に対して不変な恒等表現 A_1 に属するかどうかを知ることが重要になるのである。

7-3-2 点群 $D_{\infty h}$

CO_2 は結合軸（z 軸）に一致する無限回転軸（C_∞），炭素原子を貫き z 軸に対して垂直な無限個の C_2 軸（図 7-15），結合軸を含む無限個の鏡面などがあり $D_{\infty h}$ 群を作る。C_∞ 軸のまわりの座標変換を任意の角度 φ の回転として表すと，この操作によって（T_x, T_y）は交じり合って行列表示，

$$D(C_\infty^\varphi) = \begin{pmatrix} \cos\varphi & \sin\varphi \\ -\sin\varphi & \cos\varphi \end{pmatrix}$$

が得られ，その跡は $2\cos\varphi$ になる。$2\varphi, 3\varphi, \cdots$ の回転も対称操作であり，跡は $2\cos2\varphi, 2\cos3\varphi \cdots$ となる。$D_{\infty h}$ 群の既約表現と指標の一部を表 7-3 に示す。線状分子に対する群では既約表現の名前に原子軌道や分子軌道でお馴染みの角運動量を表す Σ, Π などをつける。さらに，σ_v に対して対称であるか逆対称であるかによって Σ^+ と Σ^- を区別し，反転 i に対する対称変換（g）と逆対称（u）を付け加える。これらは C_{2v} や C_{3v} 群には見られなかった。振動運動 ν_s と ν_{as} は，それぞれ Σ_g^+ と Σ_u^+ の基底関数になり，δ は縮重して Π_u に属す。金属錯体ではこれらの他に O_h や T_d などの特徴的な群に出会うが，この章を理解しておればそれら新しい群にも十分太刀打ちできる。

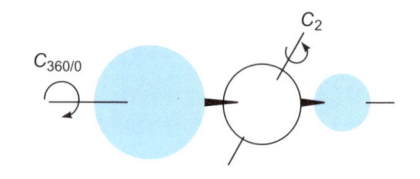

図 7-15 CO_2 の無限回転軸と無限個の C_2 軸

表 7-3　点群 $D_{\infty h}$ の既約表現と指標の一部

$D_{\infty h}$	E	$2C_\infty^\varphi$	$2C_\infty^{2\varphi}$	σ_h	∞C_2	$\infty\sigma_v$	i	基底関数	
Σ_g^+	+1	+1	+1	+1	+1	+1	+1		ν_s
Σ_u^+	+1	+1	+1	−1	−1	+1	−1	z	ν_{as}
Σ_g^-	+1	+1	+1	+1	−1	−1	+1	R_z	
Σ_u^-	+1	+1	+1	−1	+1	−1	−1		
Π_g	+2	$2\cos\varphi$	$2\cos 2\varphi$	−2	0	0	+2	R_x, R_z	
Π_u	+2	$2\cos\varphi$	$2\cos 2\varphi$	+2	0	0	−2	x, y	δ
....	....	....	....	....	....	....	....		

7-3-3　赤外・ラマンの選択律

式（7-3）と式（7-7）の被積分関数の偶奇性を判定する作業にとりかかる。赤外線吸収で大切な遷移双極子モーメント μ_{if} は3つの関数 ψ_i, μ, ψ_f の積からなる。それぞれの既約表現の積が，

$$\Gamma(\psi_i) \times \Gamma(\mu) \times \Gamma(\psi_f) \supset A_1 \tag{7-28}$$

のように A_1（偶関数）を含めば積分は値を持つ。先に進む前に基底関数の積の表現がどのようにして決定されるかを知らなければならない。

C_{2v} 点群の基底関数 T_x と T_y はそれぞれ既約表現 B_1 と B_2 に属する（表7-1）。$\Gamma(T_x) \times \Gamma(T_y)$ すなわち $B_1 \times B_2$（この掛け算を直積という）の表現はどうなるか。直積によって生じる新たな表現の指標は各対称操作の指標の積によって得られる。B_1 と B_2 の指標を掛けあわせると，E: $(+1) \times (+1) = +1$，C_2: $(-1) \times (-1) = +1$，$\sigma_v(xz)$: $(+1) \times (-1) = -1$，$\sigma_v(yz)$: $(-1) \times (+1) = -1$ となり，表7-1から $B_1 \times B_2 = A_2$ が導きだせる。この規則にしたがうと同じ既約表現同士の直積は必ず全対称表現(A_1)を含むことがわかる。C_{3v} 点群における直積 $\Gamma(T_x) \times \Gamma(T_y)$ の表現はどうなるか。$E \times E$ は E: $(+2) \times (+2) = +4$，C_3: $(-1) \times (-1) = +1$，σ_v: $(0) \times (0) = 0$ となるがこの表現は表7-2には見つからない。これを可約表現と呼び，公式を使って既約表現の和に分解する。可約表現に含まれる，既約表現 Γ_i の個数 $n(\Gamma_i)$ は，

$$n(\Gamma_i) = \frac{1}{h} \sum_R g_R \chi_{\Gamma_i}^R \chi_{DP}^R \tag{7-29}$$

で与えられる。ここで h は群要素の数，g_R は操作 R の類に含まれる要素の数，$\chi_{\Gamma_i}^R$ は Γ_i における操作 R の指標，χ_{DP}^R は直積（可約）表現における操作 R の指標である。C_{3v} 点群の $E \times E$ の指標 χ_{DP} は $+4, +1, 0$ になるので式（7-29）を使って，

$n(A_1) = (1 \times 1 \times 4 + 2 \times 1 \times 1 + 3 \times 1 \times 0)/6 = 1$
$n(A_2) = (1 \times 1 \times 4 + 2 \times 1 \times 1 + 3 \times (-1) \times 0)/6 = 1$
$n(E) = (1 \times 2 \times 4 + 2 \times (-1) \times 1 + 3 \times 0 \times 0)/6 = 1$

となり，$E \times E = A_1 + A_2 + E$ に分解できる。2つ以上の基底関数の直積においても同じようにして既約表現を見つけることができる。無限群における可約表現の簡約については参考書[6]に詳しい。

式（7-28）に戻る。双極子モーメント μ は，並進運動を表す T_x, T_y, T_z と同じ変換を受ける（7-3-1項の脚注を参照）ので，$\Gamma(\psi_i) \times \Gamma(\psi_f)$ の直積表現が3つの $\Gamma(\mu)$ の内いずれか1つの既約表現と同じであれば，被積分関数は A_1 となり積分が値を持つ。直積が可約表現の場合は式（7-29）を使って簡約し，1つでも全対称表現を含めばよい。練習してみよう。H_2O（表 7-1）の ν_s や δ では，$\Gamma(\psi_i) \times \Gamma(\mu) \times \Gamma(\psi_f) = A_1 \times \Gamma(\mu) \times A_1$ より z 方向（A_1）の双極子遷移が起こる。ν_{as} は $\Gamma(\psi_i) \times \Gamma(\mu) \times \Gamma(\psi_f) = A_1 \times \Gamma(\mu) \times B_2$ より y 方向（B_2）の双極子モーメントを必要とする。NH_3（表 7-2）の縮重変角振動は E に属すので $\Gamma(\psi_i) \times \Gamma(\mu) \times \Gamma(\psi_f) = A_1 \times \Gamma(\mu) \times E$ より x あるいは y 方向（E）の双極子遷移が起きる。なぜなら $E \times E = A_1 + A_2 + E$ となり A_1 を含むからである。x 方向の双極子遷移という表現は分子が結晶中に規則正しく配列する場合などに重要な意味を持ってくる。

次にラマン散乱を見てみる。式（7-7）から，

$$\Gamma(\psi_i) \times \Gamma(\alpha) \times \Gamma(\psi_f) \supset A_1 \qquad (7\text{-}30)$$

を満足すれば積分が値を持つ。分極率は $\mu_\rho \times \mu_\sigma$ の形をしているので $T_x \times T_x$ や $T_x \times T_y$ などの直積表現を求める必要がある。指標表の基底関数の欄には xx や xy などの分極率成分がいずれの既約表現に属するかが明記されている。NH_3 の全対称伸縮振動（A_1）がラマン散乱でどのように観測されるか考えてみる。表 7-2 を参考にすると $\Gamma(\psi_i) \times \Gamma(\alpha) \times \Gamma(\psi_f) = A_1 \times \Gamma(\alpha) \times A_1$ より $\Gamma(\alpha) =$

$T_z \times T_z$ となり，zz 方向のラマン散乱が起こる。結晶などを使って分子の座標と実験室の座標を一致させることができれば，z 方向に偏った励起光を用いて NH_3 のラマンスペクトルを測ると，全対称伸縮振動は励起光と同じ z 方向に偏った散乱光を出す。このようにラマン散乱の偏光測定は振動の対称性を実験的に求める重要な手段であるが詳細は専門書に譲る[1～3,5,6]。

CO_2 の場合には対称中心についての反転操作のみを検討することによって，選択律に関して有用な結果を導き出すことができる。被積分関数が反転に関して u（奇関数）であれば，積分は 0 になるからである。$\Gamma(\mu)$ は u であり $\Gamma(\alpha)$ は g を含み，直積 g×g と u×u はいずれも g に g×u は u になるので，対称中心をもつ分子の赤外線吸収では $\Gamma(\psi_i) \times \Gamma(\mu) \times \Gamma(\psi_f) = $ g×u×$\Gamma(\psi_f)$ より $\Gamma(\psi_f)$ = g の振動は禁制，ラマン散乱では $\Gamma(\psi_i) \times \Gamma(\alpha) \times \Gamma(\psi_f) = $ g×g×$\Gamma(\psi_f)$ より $\Gamma(\psi_f)$ = u の振動は禁制になる。この規則は厳密に成り立ち赤外・ラマン交互禁制律という。酸素や窒素分子などの等核 2 原子分子の振動や CO_2 の ν_s は g であり赤外線吸収では観測できない。

式（7-3）の双極子モーメントを基準座標 Q_a で展開すると μ_{if} は，

$$<i|\mu|f> = \mu_0 <i|f> + (d\mu/dQ_a)_0 <i|Q_a|f> + \cdots \quad (7\text{-}31)$$

となり第一項は振動遷移を伴わない永久双極子モーメントである。吸収による振動遷移は第二項より $(d\mu/dQ_a)_0 \neq 0$ かつ $<0|Q_a|1>$ でなければならない。前者は双極子モーメントが振動座標 Q_a の平衡位置の前後で変化しなければならないことを意味する。後者は，振動の波動関数がエルミート多項式，式（7-23）で表されるために，基本音以外の倍音などは観測されないことを意味している。同様に式（7-7）のラマン散乱に関する積分の分極率を基準座標 Q_a で展開すると，

$$<i|\alpha_{\rho\sigma}|f> = \alpha_0 <i|f> + (d\alpha/dQ_a)_0 <i|Q_a|f> + \cdots \quad (7\text{-}32)$$

となり式（7-6）と対応がつく。第一項は <0|0> よりレイリー散乱になる。ラマン散乱が起こるためには第二項より $(d\alpha/dQ_a)_0 \neq 0$ かつ $<0|Q_a|1>$ でなければならない。前者は分極率が Q_a の平衡位置の前後で変化する必要があるという要請であり，後者は吸収の場合と同じくラマン散乱においても基本音を

観測し倍音などは観測できないことを意味する。

7-4 共鳴ラマンスペクトル

量子力学によると，$|i> \to \Sigma |r> \to |f>$ を経由するラマン散乱強度は $|(\alpha_{\rho\sigma})_{if}|^2$ に比例し $(\alpha_{\rho\sigma})_{if}$ は，

$$(\alpha_{\rho\sigma})_{if} = \sum_r \left[\frac{\langle i|\mu_\rho|r\rangle\langle r|\mu_\sigma|f\rangle}{(E_r - E_i) - h\nu_0} + \frac{\langle i|\mu_\sigma|r\rangle\langle r|\mu_\rho|f\rangle}{(E_r - E_f) + h\nu_0} \right] \quad (7\text{-}33)$$

である。励起光のエネルギー ($h\nu_0$) が電子吸収帯 ($E_r - E_i$) から遠く離れていると特定の中間状態を考慮する必要がなくなり，式 (7-33) の総和が消え式 (7-7) になる。これが非共鳴下のラマン散乱である。共鳴下では $h\nu_0$ が電子励起状態 $|m>$ のエネルギーに近づいて $E_m - E_i \approx h\nu_0$ となり，式 (7-33) の第一項の中で中間状態 $|m>$ を経由する項のみが残り次式になる。

$$(\alpha_{\rho\sigma})_{if} = \frac{\langle i|\mu_\rho|m\rangle\langle m|\mu_\sigma|f\rangle}{(E_m - E_i) - h\nu_0} = A + B \quad (7\text{-}34)$$

図 7-4 を見てみよう。励起波長を 400 nm の吸収帯に近づけると，全てのラマン活性な基準振動うちで発色団部分の分子振動のみ観測され，非共鳴とは異なる強度パターンのスペクトルになる。これを共鳴ラマン（RR）スペクトルという。ラマン過程の始状態と終状態そして中間状態を $|i> = |0>|g>$, $|f> = |1>|g>$, $|m> = |v>|e>$ のように振動状態と電子状態の積で表し，電子波動関数を Herzberg-Teller 展開し整理すると A 項と B 項が得られる。ここで $(\mu_\rho)_{ge} = <g^0|\mu_\rho|e^0>$ であり，電子状態はいずれも電子基底状態の振動の平衡位置で評価する。h_a は振電相互作用の演算子である。

$$A = \frac{(\mu_\rho)_{ge}(\mu_\sigma)_{eg}}{(E_m - E_i) - h\nu_0} \langle 0|v\rangle\langle v|1\rangle \quad (7\text{-}35)$$

$$B = \sum_s \sum_a \frac{(\mu_\rho)_{ge}(h_a)_{es}(\mu_\sigma)_{sg}}{(E_m - E_i) - h\nu_0} \frac{\langle 0|v\rangle\langle v|Q_a|1\rangle}{E_m - E_s} \quad (7\text{-}36)$$

7-4-1 選択的なラマン強度増強

ヘムを例にして励起波長と RR スペクトルの関係を見る。ヘムの模式図を図 7-16 に，電子吸収スペクトルを図 7-17 に示す。紫外部には芳香族アミノ酸の

$\pi^* \leftarrow \pi$ 遷移, 可視部にヘムの $\pi^* \leftarrow \pi$ 遷移 (強い Soret 帯と弱い Q 帯), 630 nm あたりには鉄イオンと N_3^- 間の CT 遷移が見られる. 励起レーザ光として 270 nm を選ぶと RR スペクトルは, 芳香族アミノ酸の分子振動を共鳴増強し, 400 nm や 500 nm 励起ではポルフィリン環の骨格振動を, 630 nm 励起では Fe-N_3^- の伸縮振動を浮き彫りにする. このように RR 分光法は分子中の注目する部分の分子振動を選択的に観測する. ただし, 吸収帯と RR スペクトルの関係は必ずしもこの例ほど簡単ではない. 大きな吸収帯の下に潜む吸収係数の小さい吸収帯が特別なラマンバンドに予想もしない共鳴増強をもたらす場合もあ

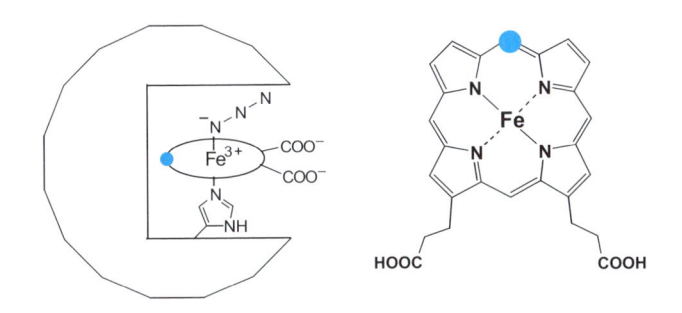

図 7-16 **ヘムタンパク質の模式図と楕円で表した活性部位, ヘムの分子構造** ヘムの周囲置換基はプロピオン酸以外は省略した (青丸については 7-5-1 項参照)

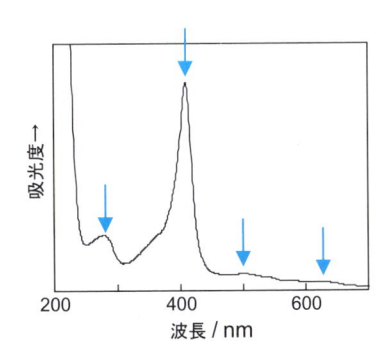

図 7-17 **ミオグロビン (Mb) アジ化物の電子吸収スペクトルと励起波長**

る[7]。したがって，新しい試料の測定を始める際は，まず広い波長範囲にわたって励起波長を細かく変えて RR ラマンを測定することを勧める[†8]。

7-4-2 共鳴する発色団のすべての振動が強くなるか

否である。Albrecht は共鳴ラマンの機構として A, B 項（式(7-35) と式(7-36)）を提案した。A 項は振動の重なり積分である。同一の調和ポテンシャル内における重なり積分は $<m|n> = \delta_{m,n}$ より $<0|v><v|1> \neq 0$ を満足する基準振動 $|v>$ はない。異なる電子状態間の重なり積分であっても，両者の調和ポテンシャル極小座標が同じであれば積分は 0 になる。ラマンバンドが A 項による共鳴効果を受けるためには，中間状態のポテンシャルがそのバンドの基準座標の方向にシフトしなければならない。図 7-10(a) に示す CO_2 の全対称振動 ν_s はこの条件を満たす。$\pi^* \leftarrow \pi$ 遷移によって生じた電子励起状態における CO_2 の変形は，2 つの C-O 結合が同位相で伸縮する ν_s の座標と一致するからである。このことは全対称振動が共鳴増強を受けると，その電子励起状態は全対称振動の基準座標の方向に変形しているとも言い換えられる[8]。

逆対称の座標に対してポテンシャルはシフトしないために ν_{as} は A 項による共鳴を受けない。ν_{as} の強度増強は B 項により起こり，振動運動は励起光と共鳴する $|e>$ 状態と別の電子状態 $|s>$ を混合する。ヘムの場合，$\pi^* \leftarrow \pi$ 遷移への励起であっても Soret 帯と共鳴すれば全対称振動が A 項増強を受け，Q 帯と共鳴する場合には非全対称振動が B 項増強を受ける。このように RR スペクトルは，ラマンバンドの強度が中間状態の対称性と深く関わりを持つために電子励起状態研究のユニークなプローブになる。

7-4-3 ポルフィリン錯体

群論的考察によってポルフィリンの RR 活性振動を明らかにする。式(7-34) の積分は基準振動 a の基本音に対して次式に変形できる。

[†8] 文献 7) では，ヘム酵素の反応中間体の RR スペクトルを 325 nm から 676.4 nm の波長範囲において 16 の異なる波長レーザー光を励起光源として測定し，ν (Fe = O) に帰属したラマン強度を励起波長に対してプロットしている（ラマン励起プロファイル）。そしてこのモードのプロファイルの極大が吸光度の小さい 580 nm 辺りにあることを見つけた。

$$<g|<0_a|\mu_\rho|v_a>|e><e|<v_a|\mu_\sigma|1_a>|g> \quad (7\text{-}37)$$

積分が 0 にならないためには，

$$\Gamma(g) \times \Gamma(0_a) \times \Gamma(\mu_\rho) \times \Gamma(v_a) \times \Gamma(e) \supset A_1 \quad (7\text{-}38)$$

$$\Gamma(e) \times \Gamma(v_a) \times \Gamma(\mu_\sigma) \times \Gamma(1_a) \times \Gamma(g) \supset A_1 \quad (7\text{-}39)$$

を満足しなければならない．ポルフィリン骨格は共役系に着目すれば D_{4h} 群に属し（図 7-16），MO 理論によると HOMO は近いエネルギーを持つ a_{1u} と a_{2u} からなり，LUMO は e_g である（図 7-18）．

$\pi^* \leftarrow \pi$ は $(e_g)^1(a_{1u})^1(a_{2u})^2 \leftarrow (a_{1u})^2(a_{2u})^2$ あるいは $(e_g)^1(a_{1u})^2(a_{2u})^1 \leftarrow (a_{1u})^2(a_{2u})^2$ となり，励起状態は $e_g \times a_{1u}$ あるいは $e_g \times a_{2u}$ より E_u である．基底状態は A_{1g} であり，$\pi^* \leftarrow \pi$ はヘム面内の遷移であるために $\Gamma(\mu_\rho)$ や $\Gamma(\mu_\sigma)$ は $E_u(x,y)$ となる．以上のことから，$\Gamma(g) \times \Gamma(0_a) \times \Gamma(\mu_\rho) \times \Gamma(v_a) \times \Gamma(e) = A_{1g} \times A_{1g} \times E_u \times \Gamma(v_a) \times E_u$ となり式（7-29）を使って簡約すると，RR 活性である基準振動は $E_u \times E_u = A_{1g} + A_{2g} + B_{1g} + B_{2g}$ になる．A_{1g} は Soret 帯励起によって強く，他は Q 帯励起によって観測される．

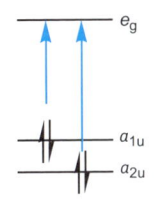

図 7-18　ポルフィリンの MO

7-5　à la carte

筆者が取り組んできたいくつかの研究テーマをこれまでに述べた事項と関連付けながら紹介する．まず，調和振動子近似が実験精度内で十分に成り立つ場合，そうではない場合を取り上げる．次に電子励起状態が RR スペクトルと深い関わりを持つ紫外共鳴飽和ラマン分光法とエネルギー移動系への応用を見る．最後に振動スペクトルの観点から遷移金属イオンと配位子間の相互作用を取り上げ，ヘムに配位した小分子の赤外線領域の円偏光二色性を紹介する．

7-5-1　同位体シフト

　同位体シフトは振動スペクトルを帰属するための切り札になる。3つの例をあげる。ペルオキシダーゼ（HRP）は，Mbと同じヘム構造を持つにもかかわらず生理機能が違う。それは図7-19に示す$N_δ$-Hの水素結合によってイミダゾール（ImH）がアニオン性を帯びるかどうかに関係するといわれていた。そこでImHの電子状態の違いがヘム鉄と配位子間の結合の強さ，すなわち$ν$(Fe-$N_ε$)にどのように反映されるかを調べた。北川らはMbにおける220 cm^{-1}のラマンバンドを$ν$(Fe-$N_ε$)に帰属した[9]。筆者と北川はHRPのヘム鉄を^{54}Feで置換して244 cm^{-1}のバンドが2 cm^{-1}同位体シフトすることを明らかにした[10]。この値はFeとImHの塊の伸縮振動を仮定して計算した同位体シフト値，式（7-11）と一致したので，244 cm^{-1}のラマンバンドをHRPの$ν$(Fe-$N_ε$)に帰属した。式（7-10）を変形して得たk(HRP)/k(Mb) = ($ν_{HRP}/ν_{Mb}$)^{2}の関係を使うとHRPの結合が約1.2倍強いことがわかる。次にImHのアニオン性が$ν$(Fe-$N_ε$)にどのように関係するかを明らかにするために，2-MeIm$^-$を軸配位子に持つポルフィリン錯体 [Fe(P)(2-MeIm$^-$)]$^-$ を合成して，その$ν$(Fe-N)を [Fe(P)(2-MeImH)] の$ν$(Fe-N)と比較した。D化した配位子を用いた同位体シフトの観測によってこれらの$ν$(Fe-N)のラマンバンドを帰属した。このモデル実験により軸配位子がアニオン性を帯びると力の定数が約1.2倍強くなることを証明した。つまりHRPでは，水素結合によりアニオン性を帯びた軸配位子が

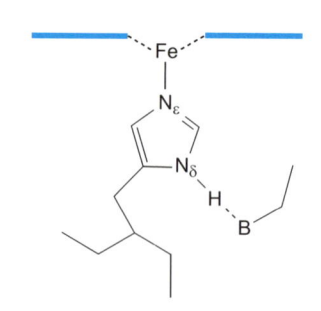

図7-19　ヘム鉄と軸配位子の構造
ポルフィリン面は青線で示している

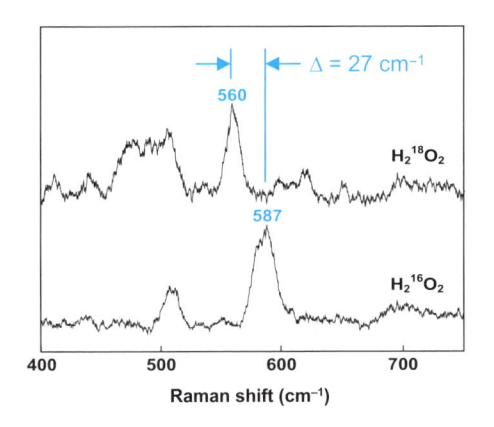

図 7-20 bis(μ-oxo)dicopper(III)錯体の RR スペクトル

　ヘム鉄との結合を強くしていることが明らかになった。
　RR スペクトルは銅錯体の構造研究においても大きな貢献を果たしている[11]。β-ジケチミナト銅(II)錯体に-80 ℃で H_2O_2 を加えると 440 nm 辺りに新しい吸収帯が現れ，bis(μ-oxo)dicopper 錯体が生成する。図 7-20 に 441.6 nm 励起の RR スペクトルを示す[12]。$H_2^{16}O_2$ を $H_2^{18}O_2$ に変えると 587 cm^{-1} のバンドが消え 560 cm^{-1} に新たなバンドが現れる。2 原子分子 Cu-O の同位体シフトの計算値（式 7-11）は 27 cm^{-1} になるので，587 cm^{-1} と 560 cm^{-1} のバンドを Cu-O 伸縮振動に帰属できる。これらの振動数が示す分子の部分構造は bis(μ-oxo)型であり 4 つの Cu-O 結合がある。4 つすべての結合が同位相で伸縮振動を起こすと骨格の呼吸振動（右下図）になり，これが共鳴増強を受ける。7-4-2 項の議論を思い出すと，銅錯体は 440 nm に吸収を与える電子励起状態において，この振動方向に，すなわち CuOOCu のコアが膨らむように変形すると推測できる。以上の 2 例，ν(Fe-N$_\varepsilon$)とν(Cu-O)は他の振動から孤立し，しかも 2 個の剛球からなる調和振動子のように取り扱える。

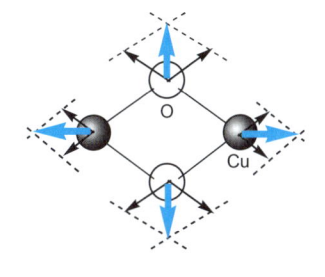

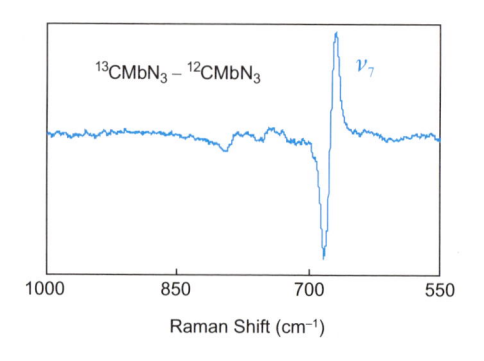

図 7-21　再構成 Mb の差ラマンスペクトル

　次は，同位体置換の影響が前の2例のように簡単に説明できない場合である[13]。メチン炭素を1箇所 ^{13}C 置換した人工ヘムを，ヘムを抜いて空にしたアポ Mb に導入した（図 7-16　図中の青丸が ^{13}C）。^{13}C はヘムポケットの奥に収まっている。

　図 7-21 に ^{13}C–MbN$_3$ と ^{12}C–MbN$_3$ の差ラマンスペクトルを示すが，ν_7 が 3 cm^{-1} 同位体シフトする。一方，アポタンパク質に挿入することなくメタノールに溶かした人工ヘムのラマンを測定したところ，ν_7 は 5 cm^{-1} の同位体シフトを示した。ν_7 はポルフィリン環の4個のメチン炭素による呼吸振動であるが，1個だけ ^{13}C に置換したヘムは対称性が低下するために本来の ν_7 の呼吸振動とは異なり ^{13}C 原子の振動変位がわずかに小さくなる。つまり 5 cm^{-1} の同位体シフトは，^{13}C の変位を含む局所的な振動と他の振動との間に生じるカップリングが ^{13}C の導入によって変化したためと考えられる。では，何が 5 cm^{-1} と 3 cm^{-1} という同位体シフト値の差を引き起こしたのか。ヘムにとってメタノール溶媒は均一な環境であるが，様々なアミノ酸残基が配置されたヘムポケットは均一な環境ではない。つまり MbN$_3$ におけるヘムとタンパク質間の異方的な相互作用が ^{12}C と ^{13}C 置換人工ヘムの ν_7 モードに異なる摂動を加えて同位体シフト量に差をもたらしたと考える。MbCN の ν_7 は ^{13}C 置換によって 1 cm^{-1} しかシフトしなかった。したがって，Mb のシアン化物ではアジ化物よりも大きな相互作用がヘムとアポタンパク質の間に働いていると思われる。最近このような同

位体置換を応用した局所的な構造研究が報告されている[14]。

7-5-2 非調和性とフェルミ共鳴

赤外・ラマン交互禁制律によれば，CO_2 の 4 つの基準振動の内，逆対称伸縮振動（ν_{as}）と縮重した変角振動（δ）が赤外吸収，残りの対称伸縮振動（ν_s）がラマン散乱として観測される。ところが ν_s はラマンスペクトルに 2 本観測される。これを Fermi ダブレットと呼び，ポテンシャルの非調和性によって説明される。

これまで，振動運動を調和振動子の集まりと考えて振動数を求め，選択律を導き，量子化した。しかし実際の分子振動は完全な調和振動ではないため，ポテンシャルエネルギーに，たとえば 2 原子分子の場合の式（7-8）に新たに高次の項として非調和項（V'）を加える必要が生じる。ポテンシャルが複雑になるこの問題は，調和振動子同士が V' の摂動によってわずかに混合する，という摂動論的な考え方によって解決できる。混合 $<n|V'|m>$ の有無は $\Gamma(\psi_n) \times \Gamma(V') \times \Gamma(\psi_m) \supset A_1$ を調べればよい。V' はエネルギーであるために座標変換に対して対称であり A_1 表現になる。したがって混合される 2 つの基準座標は同じ既約表現に属さなければならない。また摂動論によると，混ざりは 2 つの振動状態のエネルギーが近いほど大きくなる。CO_2 の場合は，667 cm^{-1} の変角振動 δ（$|0, 0, 1>$，表現は $D_{\infty h}$ の表 7-3 から π_u）の倍音（$|0, 0, 2>$，表現は $\pi_u \times \pi_u \supset \sigma_g^+$）が対称伸縮振動 ν_s（$|1, 0, 0>$，σ_g^+）と近い振動数を持ち，かつ同じ対称性（σ_g^+）であるために両者が混合する（図 7-9）。Fermi 共鳴は，金属錯体の赤外・ラマンスペクトルにおいてもしばしば観測される。

7-5-3 飽和ラマン分光 [15, 16]

RR スペクトルの測定に用いる連続発振レーザのパワーは 10 mW 程度であり 100 W 電球の千分の一以下である。しかし，同じ 10 mW であっても 1 ns の短い時間内に発振するパルスレーザのピーク高は 10^9 mW にも達し短時間にエネルギーが集中する。このようなパルスレーザを用いて RR スペクトルを測ると何が起こるかを見てみよう。紫外パルスレーザ（225 nm）を励起光源として，ClO_4^- を含むトリプトファン（Trp）水溶液の RR スペクトルを測定した。図

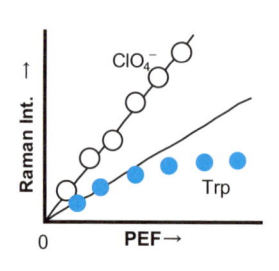

図 7-22 励起パルスエネルギーと
　　　　Trp と ClO_4^- のラマン強度

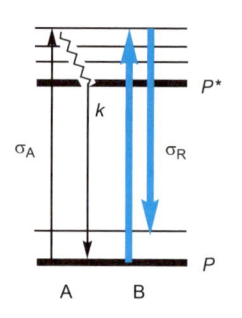

図 7-23 飽和ラマンモデル

7-22 に Trp と ClO_4^- のラマンバンド強度を励起パルス光のエネルギーに対してプロットした。ClO_4^- は比例して強くなるが[†9]，Trp は途中から飽和してしまう。これは励起パルス強度 $I(t)$ が強くなると，吸収（図 7-23A）による基底状態の分子数 P の減少の割合が無視できなくなるためである。実際，$I(t)$ によって減少する P を速度方程式，

$$-\frac{d}{dt}P = \sigma_A I(t)P - kP^* \qquad (7\text{-}40)$$

から求め，その P を使って得た理論 RR 強度で図 7-22 のデータをフィッティングして求める k は，時間分解蛍光法によって決められた $k = 1/\tau$ と一致する。ここで σ_A は吸収断面積，k は戻りの速度定数である。このようにして飽和ラマン分光法と名付けた本方法は電子励起状態を調べる新しい手段として確立された。飽和ラマン分光法を Trp-Tyr（チロシン）の 2 量体に応用してみる。2 量体における Tyr の飽和の程度は単量体に比べて小さくなり，逆に Trp はより飽和する。このことは，2 量体では Tyr から Trp へ Förster 型のエネルギー移動が起こり，Tyr の P をすばやく回復させて反対に Trp の P をより減少させる

[†9] ラマンバンドの強度を測ることによって共鳴効果を評価することができるが，絶対ラマン強度の測定は難しい。そこで励起光と共鳴せず試料との相互作用も小さい分子を試料に混ぜて RR スペクトルを測定し，それらの相対ラマン強度によって替わりとする。ここで ClO_4^- は強度の内部標準と呼ばれる。

ためであると解釈できる。ヘムタンパク質中の Trp からヘムなどへのエネルギー移動も飽和ラマンの測定によって捕らえられる。本方法は電子励起状態の動力学を振動スペクトルの分解能でプローブできるという特長を持つので、吸収や蛍光スペクトルの重なりのために解析が困難である系や、蛍光が弱い系であってもエネルギー移動の研究対象となる。

7-5-4 逆供与

分子の結合性を評価する際、反結合性軌道の概念が重要になる。ヘム鉄に配位結合した CO の振動スペクトルから反結合性軌道の役割について考える。

CO は金属イオンに M–CO, M–OC のいずれで配位結合するか。分子軌道法によると CO の HOMO は 5σ, LUMO は $2\pi^*$ である。5σ の分子軌道は $\psi(5\sigma) = c_1\psi(C_{2s}) - c_2\psi(C_{2pz}) + c_3\psi(O_{2pz})$ となり、図 7-24 に示すように原子軌道を重ね合わせると炭素原子上に大きな電子雲が広がり、これが金属イオンの空軌道に配位する。ヘム鉄に配位結合すると、遊離の CO では 2145 cm^{-1} に観測される ν(CO) が 1950 cm^{-1} に低波数シフトする。これは 5σ の効果と共に金属イオンの dπ 軌道の電子が C–O の反結合性軌道（$2\pi^*$）に π 逆供与されることよって CO の結合性が低下するためである。逆供与は同時に M–CO 結合を強めるが、

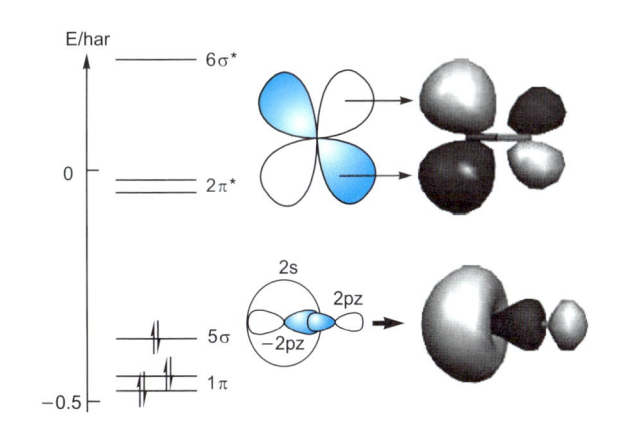

図 7-24 CO の軌道エネルギーと HOMO と LUMO の図
原子は左から C–O を表し z 軸とする。$2\pi^*(xz)$ の LUMO と共に金属イオンの d$_{xz}$ も並べて描く

金属イオンの酸化数が高くなれば逆供与は小さくなる。ヘムタンパク質ではさらにヘム鉄からポルフィリン環（π^*）へのπ逆供与も起こり，π結合性の軸配位子とポルフィリン環のπ系がヘム鉄の$d\pi$軌道を介在して結びつく。このような軌道の重なりは互いの位置関係に依存するために，配位子の振動スペクトルはヘムの平面性までもプローブする。

7-5-5　振動円偏光二色性（Vibrational Circular Dichroism）

光学活性種を対象とする赤外・ラマン分光法，VCD と Raman Optical Activity（ROA）[17]は比較的新しい研究手段であるが，それらのスペクトルは1970年代半ばにはすでに報告されている。金属錯体では共鳴効果を利用してラマンスペクトルを測定したいが，ROA に関しては共鳴効果を活かそうとすると吸収に基づくアーティファクトが問題となり金属錯体への応用は困難である。ここではVCDの特徴を述べ，ヘム配位子における研究例を紹介する。

分子と光の相互作用のエネルギーは，磁気的な相互作用も含めると，

$$V = -\boldsymbol{\mu} \cdot \boldsymbol{F} - \boldsymbol{m} \cdot \boldsymbol{H} \tag{7-41}$$

で表される。m は磁気モーメント，H は磁場である。振動の基本音 $|1\rangle \leftarrow |0\rangle$ の遷移確率 $(V_{01})^2$ は，左右円偏光を$\pm$をつかって表すと次のようになる。

$$3(V_\pm)_{01}^2 = (\boldsymbol{\mu})_{01}^2 F_0^2 + (\boldsymbol{m})_{01}^2 H_0^2 \mp 2(\boldsymbol{\mu}_{01} \cdot \boldsymbol{m}_{10}) F_0 H_0 \tag{7-42}$$

第一項はすでに見てきた電気双極子吸収，第二項は磁気双極子吸収である。第三項が干渉項としての旋光強度であり，$\boldsymbol{\mu}_{01} \cdot \boldsymbol{m}_{10}$ が純虚数であるために次式のように内積の虚数部をとる。

$$R_{01} = Im(\boldsymbol{\mu}_{01} \cdot \boldsymbol{m}_{10}) \tag{7-43}$$

式（7-42）から明らかなように，左右円偏光を用いてもスペクトルのほとんどは電気双極子吸収が占めているので $(V_+)_{01}^2 - (V_-)_{01}^2$ を見積もることによって初めて R_{01} を観測できる。測定感度の目安となる異方性因子を次のように定義する。

$$g = 4R_{01}/(\mu_{01})^2 = \Delta\varepsilon/\varepsilon \tag{7-44}$$

g は（分子の大きさ／光の波長）に比例するので，VCD の感度は紫外・可視の CD に比べて1桁以上落ちる。しかし，VCD は振動に根ざした CD であるために吸収バンドが振動の自由度の数だけ観測され，しかも帰属が正確にでき

るという利点がある．最近その優秀性が認識され始め，VCD の装置も急速に普及している．Nafie は経験的な要素などを一切考慮せず，VCD の理論と実験のみから光学活性分子の配座も含めた絶対配置を決定できると断言している[18]．しかし，筆者は遷移金属錯体に関してはもう少し時間がかかるように思う．ここでは古くから知られているにも関わらず未だに解決していないヘムの VCD に関する話題を提供する．

Mb のヘム鉄に共有結合した N_3^- の逆対称伸縮振動は左右の円偏光を区別し，電子状態の CD と同程度の強い VCD ($g = -0.8 \times 10^{-3}$) を与える．この原因を探るために実験を行った[19]．いくつかを紹介する．Mb に配位したシアン化物の ν (CN) はアジ化物とは逆符号でアジ化物よりさらに強い VCD ($g = +2.8 \times 10^{-3}$) を与える．これ以外の配位子，例えば CO や O_2 などによる VCD は観測されていない．図 7-16 のような表と裏が区別できないヘムで Mb を再構成した場合，アジ化物にしてもシアン化物にしても VCD を与えない．しかし，ヘムの周囲置換基を変えることによって表裏を持たせ，しかも第五，第六軸配位子座の配位子を制御したヘムのアジ化物は，タンパク質に挿入しなくても強い VCD を与える．VCD は式（7-43）の内積（$\cos\theta$）が教えるように 2 つのベクトルが並行であれば正で最大，逆並行になると負で最大になる．CN^- はヘム面にほぼ垂直に，N_3^- はヘム面に約 $20°$ の角度で折れ曲がってヘム鉄に配位している．電気遷移モーメントはそれぞれ分子軸と平行にあるので，いずれの配位子の場合も磁気双極子モーメントはヘム面に垂直方向にあると考えると実験データと矛盾しない．このことは強い VCD の起源は，なんらかの形でポルフィリン環という環状 π 共役系に関わるという筆者の考えを支持する．ただし，σ 供与型の CN^- や N_3^- の振動運動が強いコットン効果を与え，強い π 逆供与を受ける CO の振動運動は全く VCD を示さないという実験事実を考慮すると，この共役系は，5-5-4 項で述べたような軸配位子からヘム鉄を通してポルフィリン環に広がるような大 π 共役系ではない．

アラカルトは必ずしも思惑通り事が進んだとは言えない．自分のものにするために原著論文にあたっていただければと思う．全体を通して，赤外・ラマンに関する分光器や検出器などの装置あるいは実験法に関する実質的な事柄を割

愛した。また顕微分光や時間分解測定あるいは表面増強ラマンなど，すでに金属錯体の構造研究の分野で重要な地位を占め今後も発展していくと思われる重要な分光法についても取り上げる余裕がなかった。論文や総説を参考にしていただきたい[5]。最後になるが，大阪市立大学理学研究科の院生である宮崎智子さんには図の作成などたくさん手伝って頂き感謝している。

引用文献

1) *Molecular Spectra and Molecular Structure, I. II. III.* G. Herzberg, Van Nostrand Reinhold Company (1950).
2) 赤外線吸収とラマン効果　水島三一郎，島内武彦 共立全書 129 (1958).
3) *Infrared and Raman Spectra of Inorganic and Coordination Compounds* 6th, A. B. K. Nakamoto, John Wiley & Sons, Inc (2009).
4) 化学選書　レーザー化学 I　片山幹郎　裳華房 (1979).
5) ラマン分光法　濱口宏夫，平川暁子編　学会出版センター (1988).
6) ラマン分光学入門　北川禎三，Anthony T. Tu, 化学同人 (1988).
7) K. Ikemura, M. Mukai, H. Shimada, T. Tsukihara, S. Yamaguchi, K. S-Itoh, S. Yoshikawa, T. Ogura, *J. Am. Chem. Soc.*, **130**, 14384 (2008).
8) T. Miyazaki, C. Shimokawa, T. Matsushita, S. Itoh, J. Teraoka. *Bull. Chem. Soc. Jpn.*, **83**, (2010) in press.
9) T. Kitagawa, K. Nagai, M. Tsubaki, *FEBS Lett.*, **104**, 376 (1979).
10) J. Teraoka, T. Kitagawa, *J. Biol. Chem.*, **256**, 3969 (1981).
11) *Structure and Bonding 97, Metal-Oxo and Metal-Peroxo Species in Catalytic Oxidations,* B. Meunier, Springer-Verlag (2000).
12) C. Shimokawa, J. Teraoka, Y. Tachi, S. Itoh, *J. Inorg. Biochem.*, **100**, 1118 (2006).
13) T. Miyazaki, S. Neya, J. Teraoka, 2009, *14thICBIC* P554, Nagoya, Japan.
14) M. C. Thielges, D. A. Case, F. E. Romesberg, *J. Am. Chem. Soc.*, **130**, 6597 (2008).
15) J. Teraoka, P. A. H.armon, S. A. Asher, *J. Am. Chem. Soc.*, **112**, 2892 (1990).
16) P. A. Harmon, J. Teraoka, S. A. Asher, *J. Am. Chem. Soc.*, **112**, 8789 (1990).

7 赤外・ラマンスペクトル

17) *Molecular Light Scattering and Optical Activity* L.D.Barron, Cambridge Univ. Press (2004).
18) T. B. Freedman, X. Cao, R. K. Dukor, L. A. Nafie, Chirality, **15**, 743 (2003).
19) J. Teraoka, N. Yamamoto, Y. Matsumoto, Y. Kyogoku, H. Sugeta, *J. Am. Chem. Soc.*, **118**, 8875 (1996).

索　引

あ 行

イオン強度　82, 94
異常散乱項　225
異性平衡　96
一次相転移　149
移動係数　115
異方性因子　276
異方性温度因子　242

運動の自由度　97

映進　195
映進ベクトル　195
映進面　195
液間起電力　112
液体構造　97
エネルギー移動　274
エルミート多項式　256
塩橋　112
エンタルピー変化　95
エントロピー　159, 170
エントロピー変化　95
円偏光ルミネッセンス（CPL）　67

オーゲルダイヤグラム　8, 33, 35
オキソニウムイオン　76
温度因子　242

か 行

回折計　183, 227
回転　191
回転軸　191
回転ディスク電極　123
回反　191
回反軸　192
回反点　191
解離熱　155
可逆系　120
角重なりモデル　18
角重なり理論（AOM）　2
角関数依存部分　19
拡散層　118
拡散定数　117
拡散律速　119
加成性　24
活性化エントロピー　101
活性化過電圧　106, 120
活性化支配電流　124
活量　82
活量係数　93
過電圧　116
可約表現　3, 263
ガラス状態　179
ガラス転移　178
ガルバノスタット　114
カロメル電極　107
カロリメトリー　95
環境平均則　43
換算質量　252
完全記号　209

完面像化　25, 49
簡約化　4
緩和法　162

奇関数　265
基準座標　254
基準振動　254
基線　141, 146
基底　3
基底関数　259
起電力　82
軌道選択則　55
既約化単位胞　206
逆対称伸縮振動　256
既約表現　3, 259
吸光係数　248
吸収断面積　248
吸収補正　232
球対称群　3
鏡映　191
強磁性相互作用　59
強磁性体　177
共鳴条件　249
共鳴ラマン　266
鏡面　191
極性の点群　203
銀-塩化銀電極　108
金属間結合　53
金属錯体の固有電子スペクトル　90

空間群　198
偶関数　263

偶奇性　258
クロノアンペロメトリー　121
クロノクーロメトリー　123
クロモトロピズム　61

結晶化溶媒　155
結晶格子　185
結晶構造因子　223, 225
結晶軸の変換　210
結晶質　184
結晶点群　196, 198, 200
結晶のセンタリング　228
結晶のマウンド　228
結晶場　6
結晶場分裂　6
結晶場理論　2, 8
限界電流密度　119, 121
原子価間遷移　53
原子散乱因子　220

光学対掌体　62
光学的電気陰性度（optical elctronegativity）　52
交換電流密度　116
広義回反　191
格子定数　186
格子定数の決定　230
格子点　185
格子並進　193
格子面　224
高スピン型錯体　8
構造異性体　96
恒等操作　191
交流法　165
呼吸振動　271
国際記号　205
コットレル式　121

古典的DTA　141
ゴニオメータヘッド　228
五配位錯体　49
混合原子価錯体　53

さ 行

サイクリックボルタモグラム　129
サイクリックボルタンメトリー　127
最小2乗法　239
細線状スピン禁制遷移スペクトル　39
錯形成反応　75
座標変換　259
作用電極　105
酸塩基平衡　75
酸解離定数　75
三角両錐五配位錯体　49
三斜晶系　200, 205
参照電極　106
三方晶系　200, 213
三方対称場分裂　64
三方対称場分裂の要因　47
残余エントロピー　179
残留エントロピー　179

磁気円二色性（Magnetic Circular Dichroism:MCD）　68
磁気キラル円二色性　72
磁気キラル二色性　72
磁気双極子遷移　54
磁気熱容量　173
式量電位　104
示差走査熱量測定　139
示差熱分析　139

支持電解質　84, 94, 105
指数　224
指標　261
指標表　3
四面体錯体　48
四面体四配位錯体　7, 48
斜方晶系　200, 208
収束の判定　240
縮重　261
準安定　178
準可逆系　120
掌性を反転する対称操作　189
消滅則　233
初期位相の決定　234
試料制御TG　156
振動円偏光二色性　276
振動子強度　54
振動の自由度　252

水素電極　107
推定標準偏差　241
水和クラスター　76
水和構造　79
水和錯体　75
ストップトフロー法　99
スピン軌道相互作用　6
スピン軌道相互作用定数　56
スピン許容遷移　55
スピン禁制遷移　38, 56
スピングラス　178
スピンクロスオーバー　36
スピンクロスオーバー錯体　36
スピン選択則　55
スピン波　177
スピン反転　38

正規直交性　257

索　引

正常熱容量　166
生成定数　75
生成分布　75
正方晶系　200
正方錐五配位錯体　49
ゼーマン分裂　68, 69
赤外線吸収　249
積分　232
絶対構造　242
絶対構造の決定　225
絶対配置　63
セル時定数　121
遷移双極子モーメント　249
遷移の選択則　54
線吸収係数 μ　232
旋光強度　276
全生成定数　78
全対称表現　263
占有率　237

相関係　150
相関ダイヤグラム　10
相関表　5
速度制御 TG　156

た　行

ターフェル式　124
ターフェルプロット　124
ダイアモンド映進面　195
第一吸収帯　35, 36
対極　109
第三吸収帯　35
対称種　259
対称心　191
対称伸縮振動　255
対称性　187

対称操作　187, 259
対称要素　188
第二、第三吸収帯　35, 36
脱溶媒和　97
田辺・菅野ダイヤグラム　14, 33, 35
単位胞　186
単斜晶系　200, 206
短縮記号　209
単純格子　186
断熱法　161

逐次生成定数　78
秩序-無秩序転移　167
調和振動子　253
直積　5, 263
直積表　5
直接法　234

強い場の取り扱い　10

ディスオーダー　236
ディスク電極　115
電位差滴定法　81
電位窓　113
電荷移動遷移　50
電荷移動律速　116
電気双極子遷移　54
電気二重層　106
電気四極子モーメント許容遷移　50
点群　198
電子雲拡大系列　43
電子雲拡大効果　16, 43
電子雲拡大率　43
電子間反発　6
電子間反発パラメーター　14

転用可能（transferabiliy）　26

同位体シフト　253
等価点　188
銅錯体　271
等方性温度因子　242
独立な空間　188

な　行

内部標準　109

二次元検出器　228
二次元分光学系列　26
二次相転移　150, 168
二重映進面　195

熱重量測定　154
熱測定　137
熱分析　137
熱容量　151, 159
熱容量分光法　165, 179
熱力学的平衡定数　93
熱力学パラメータ　75
熱流束 DSC　141, 144
ネルンスト拡散層　118
ネルンスト式　103
濃度過電圧　120
濃度平衡定数　93

は　行

配位子置換反応　79
配位子内スピン禁制遷移　59
配位子内遷移　50
配位子場パラメーター　17
配位子場理論　2, 6

283

倍音　257
配置間相互作用　10, 35
配置効果　65
八面体六配位錯体　6
バトラー・ボルマー式　117
幅広いスピン禁制遷移スペクトル
　39
バルク電解法　132
バルク溶液　104
パルスレーザ　273
半完面像　25
反強磁性相互作用　58
反強磁性体　177
反結合性軌道　275
反転　191
反転中心　191
反応速度　92, 98, 153
反応速度定数　98
半波電位　125

ピーク面積　144
非可逆系　120
光透過性薄層電極　133
光透過電極　133
非交差則　10, 35
菱面体複合格子　213
非晶質　184
ヒステリシス　149
非対称単位　188
非調和性　273
非ファラデー電流　113
非プロトン性溶媒　97
ビブロニック（振電相互作用）
　50
微分パルスボルタモグラム　125
微分パルスボルタンメトリー
　125

非補償溶液抵抗　111
表示　259
標準水素電極　107
標準速度定数　115
標準電極電位　103
標準不確かさ　240, 241
標準偏差　241
表面修飾電極　134

ファラデー効果　68
ファラデー電流　113
ファンクションジェネレータ
　114
フェルミ共鳴　273
複合格子　186
不斉因子（dissymmetry factor）
　68
物質移動律速　119
不動点　190
フラストレーション　175
プロトン化定数　77
プロトン化平衡　77
分解能　231
分解能で解析　223
分極率　249
分光化学系列（spectrochemical
　series）　16, 39, 40
分光学系列　2
分光光度法　81
フント則　10
分率座標　187

平衡電位　104
平衡濃度　75
並進　193
平面四配位錯体　48
ベースライン　141

ヘムタンパク　267
ペルオキシダーゼ　270
変角振動　256
偏光測定　265
偏光補正　232

方形波ボルタモグラム　126
方形波ボルタンメトリー　125
飽和カロメル電極　107
飽和ラマン分光法　274
ポーラログラフィー　106
補外開始時間　141
ポテンシオスタット　114
ポテンシャル曲線　257
ボルツマンの関係　159
ボルツマン分布　69
ポルフィリン　267

ま　行

マグノン　161
マスバランス式　79

ミオグロビン　267
水の自己解離定数　83

モル吸光係数　32, 88

や　行

山寺則　2, 42, 45
山寺パラメーター　45

誘起双極子モーメント　249

溶液抵抗　110
溶液内構造　75

索　引

溶存化学種　75
溶媒効果　79
溶媒和　75
弱い場の取り扱い　8

ら　行

ラカーパラメーター　14
ラセミ結晶　189
らせん　193
ラマン散乱　250
ラマンシフト　251
ラマン励起プロファイル　268
ランタニド錯体　49

立方晶系　200, 215
隣接効果　65

ルギン管　111, 112

励起子CD　67
励起子円二色性（Exciton CD）65
励起子（ダイビドフ）分裂　65
励起波長　266
レイリー散乱　250
レビッチ式　124
レビッチプロット　124

ローレンツ補正　232
六方晶系　200, 214

欧文索引

1d電子系　8
1電子遷移　35
2d電子系　8

2電極系　110
2電子遷移　12, 35
3電極系　110

acカロリメトリー　165
ac法　165
Ag/Ag$^+$電極　108

Braggの条件　223
Bragg反射　225
Bravais格子　203

CD主成分則　64, 67
checkcif　244
CIF　244
Clapeyronの関係　166
Completeness　231
CRTG　156
CSD　244
CuKα線　227

Debye-Huckel理論　93
Debye温度　160
Debyeモデル　160
DFT理論計算　42
DMA　138
DSC　138, 140, 142
DTA　138, 139, 142

ECE反応　132
EC反応　132
EGA　138
e_g軌道　6
emf　81
Eyringの式　101

Flackのパラメータ　225, 242

Friedel則　225

Gibbsエネルギー　92
Gran plot法　82

Heisenbergモデル　175
Hermann-Mauguin　205
Hookeの法則　252
Hypersensitive遷移　50

ICSD　244
International Tables for Crystallography　217
iRドロップ　110
Isingモデル　175

Jahn-Teller歪み　47

Lambert-Beerの法則　248
Laue群　200
Laue対称　200, 225
Laueチェック　233
Laueの条件　224
LMCT　50
Lp補正　232

Miller指数　224
MLCT　50
MoKα線　227

Nernst式　82

ORTEP図　243

Potentiometry　82

$R1$　240

redundancy	231	TG	138, 154	π供与性	44	
R_{int}	233	TMA	138	π供与性配位子	24	
R_{merge}	233			π受容性	44	
R因子	240	van'tHoff式	95	π受容性配位子	24	
		van'tHoffプロット	95	π性相互作用	20	
Schottky異常	174			σ性相互作用	20	
Schottky熱容量	174	XYモデル	175	$\omega R2$	240	
Soret帯	267					
t_{2g}軌道	6	π逆供与	275			

著者略歴

『編著者』

大塩　寛紀　（おおしお　ひろき）
筑波大学大学院数理物質科学研究科　教授
九州大学大学院理学研究科博士課程修了(1982年)　理学博士

『著　者』

石黒　慎一　（いしぐろ　しんいち）　　　　　（3章）
九州大学名誉教授
東京工業大学大学院理工学研究科博士課程修了(1974年)　工学博士

尾関　智二　（おぜき　ともじ）　　　　　（6章）
東京工業大学大学院理工学研究科　准教授
東京大学大学院理学系研究科博士課程修了(1988年)　理学博士

海崎　純男　（かいざき　すみお）　　　　（1章, 2章）
大阪大学名誉教授・同先端科学イノベーションセンター　特任教授
大阪大学大学院理学研究科博士課程単位取得退学(1971年)　理学博士

神崎　亮　（かんざき　りょう）　　　　　（3章）
鹿児島大学大学院理工学研究科　准教授
九州大学大学院理学研究科博士課程修了(2002年)　博士（理学）

齋藤　一弥　（さいとう　かずや）　　　　　（5章）
筑波大学大学院数理物質科学研究科　教授
大阪大学大学院理学研究科博士後期課程修了(1986年)　理学博士

坂本　良太　（さかもと　りょうた）　　　　（4章）
東京大学大学院理学系研究科　特任助教
東京大学大学院理学系研究科博士課程修了(2007年)　博士（理学）

寺岡　淳二　（てらおか　じゅんじ）　　　　（7章）
大阪市立大学大学院理学研究科　准教授
大阪大学大学院理学研究科博士課程修了(1982年)　理学博士

西原　寛　（にしはら　ひろし）　　　　　（4章）
東京大学大学院理学系研究科　教授
東京大学大学院理学系研究科博士課程修了(1982年)　理学博士

金属錯体の機器分析 上

2010年10月10日 初版第1刷発行

Ⓒ 編著者 大　塩　寛　紀
　　発行者 秀　島　　　功
　　印刷者 鈴　木　渉　吉

発行所 **三共出版株式会社**
郵便番号 101-0051
東京都千代田区神田神保町3の2
振替 00110-9-1065
電話 03 3264-5711　FAX03 3265-5149
http://www.sankyoshuppan.co.jp

社団法人 日本書籍出版協会・社団法人 自然科学書協会・工学書協会　会員

Printed in Japan　　製版印刷・アイ・ピー・エス　製本・壮光舎

JCOPY ＜(社)出版者著作権管理機構　委託出版物＞
本書の無断複写は著作権法上での例外を除き禁じられています．複写される場合は，そのつど事前に，(社)出版者著作権管理機構（電話 03-3513-6969，FAX 03-3513-6979，e-mail: info@jcopy.or.jp）の許諾を得てください．

ISBN 978-4-7827-0639-8

基礎物理定数表

物理量		記号	数値	単位
真空の透磁率 [a,b]	permeability of vacuum	μ_0	$4\pi \times 10^{-7}$	$\mathrm{N\,A^{-2}}$
真空中の光速度 [a]	speed of light in vacuum	c, c_0	299 792 458	$\mathrm{m\,s^{-1}}$
真空の誘電率 [a,c]	permittivity of vacuum	$\varepsilon_0 = 1/\mu_0 c^2$	$8.854\,187\,817\ldots \times 10^{-12}$	$\mathrm{F\,m^{-1}}$
電気素量	elementary charge	e	$1.602\,176\,487(40) \times 10^{-19}$	C
プランク定数	Planck constant	h	$6.626\,068\,96(33) \times 10^{-34}$	J s
アボガドロ定数	Avogadro constant	N_A, L	$6.022\,141\,79(30) \times 10^{23}$	$\mathrm{mol^{-1}}$
電子の質量	electron mass	m_e	$9.109\,382\,15(45) \times 10^{-31}$	kg
陽子の質量	proton mass	m_p	$1.672\,621\,637(83) \times 10^{-27}$	kg
中性子の質量	neutron mass	m_n	$1.674\,927\,211(84) \times 10^{-27}$	kg
原子質量定数 (統一原子質量単位)	atomic mass constant (unified atomic mass unit)	$m_\mathrm{u} = 1\,\mathrm{u}$	$1.660\,538\,782(83) \times 10^{-27}$	kg
ファラデー定数	Faraday constant	F	$9.648\,533\,99(24) \times 10^{4}$	$\mathrm{C\,mol^{-1}}$
ハートリーエネルギー	Hartree energy	E_h	$4.359\,743\,94(22) \times 10^{-18}$	J
ボーア半径	Bohr radius	a_0	$5.291\,772\,085\,9(36) \times 10^{-11}$	m
ボーア磁子	Bohr magneton	μ_B	$9.274\,009\,15(23) \times 10^{-24}$	$\mathrm{J\,T^{-1}}$
核磁子	nuclear magneton	μ_N	$5.050\,783\,24(13) \times 10^{-27}$	$\mathrm{J\,T^{-1}}$
リュードベリ定数	Rydberg constant	R_∞	$1.097\,373\,156\,852\,7(73) \times 10^{7}$	$\mathrm{m^{-1}}$
気体定数	gas constant	R	$8.314\,472(15)$	$\mathrm{J\,K^{-1}\,mol^{-1}}$
ボルツマン定数	Boltzmann constant	k, k_B	$1.380\,650\,4(24) \times 10^{-23}$	$\mathrm{J\,K^{-1}}$
万有引力定数 (重力定数)	gravitational constant	G	$6.674\,28(67) \times 10^{-11}$	$\mathrm{m^3\,kg^{-1}\,s^{-2}}$
重力の標準加速度 [a]	standard acceleration of gravity	g_n	9.806 65	$\mathrm{m\,s^{-2}}$
水の三重点	triple point of water	$T_\mathrm{tp}(\mathrm{H_2O})$	273.16	K
理想気体 (1 bar, 273.15 K) のモル体積	molar volume of ideal gas (at 1 bar and 273.15 K)	V_0	22.710 981(40)	$\mathrm{L\,mol^{-1}}$
標準大気圧 [a]	standard atmosphere	atm	101 325	Pa
微細構造定数	fine structure constant	$\alpha = \mu_0 e^2 c/2h$	$7.297\,352\,537\,6(50) \times 10^{-3}$	
		α^{-1}	$137.035\,999\,676(94)$	
電子の磁気モーメント	electron magnetic moment	μ_e	$-9.284\,763\,77(23) \times 10^{-24}$	$\mathrm{J\,T^{-1}}$
自由電子のランデ g 因子	Landé g factor for free electron	$g_\mathrm{e} = 2\mu_\mathrm{e}/\mu_\mathrm{B}$	$-2.002\,319\,304\,362\,2(15)$	
陽子の磁気モーメント	proton magnetic moment	μ_p	$1.410\,606\,662(37) \times 10^{-26}$	$\mathrm{J\,T^{-1}}$

a) 定義された正確な値である。
b) 磁気定数 magnetic constant ともよばれる。
c) 電気定数 electric constant ともよばれる。

カッコの中の数値は最後の桁につく標準不確かさの大きさを示す。